Franz Joseph Hofer

Lehrsätze des chirurgischen Verbands

Zweiter Teil

Franz Joseph Hofer

Lehrsätze des chirurgischen Verbands
Zweiter Teil

ISBN/EAN: 9783743402997

Hergestellt in Europa, USA, Kanada, Australien, Japan

Cover: Foto ©berggeist007 / pixelio.de

Manufactured and distributed by brebook publishing software (www.brebook.com)

Franz Joseph Hofer

Lehrsätze des chirurgischen Verbands

D. Franz Joseph Hofers,
Hochfürstl. Augsburgischen Hofraths, der Anatomie und Chirurgie
öffentlichen Lehrers, auch Landschaftsphysikus zu Dillingen

Lehrsätze
des
Chirurgischen Verbands.

Zweyter Theil.
Erste Abtheilung,
welche
die chirurgischen Vorrichtungen
des Kopfs und Stamms insbesondere
enthält.

Mit V. Kupfern.

Erlangen,
bey Johann Jakob Palm 1791.

Dem

Wohlgebohrnen, Hochgelehrten Herrn

H e r r n

Johann Georg von Hoeßle,

der Arzneywissenschaft Doktor, Hochfürstl. Augsburg. Hof- und Regierungs-Rath, der Physiologie, Pathologie und Arzneymittellehre öffentl. Lehrer und d. Z. Dechant, Hof- und Stadt-Physikus,

meinem

werthesten Kollege

für alle Freundschaft

gewidmet.

Vorbericht.

Bey der Herausgabe des zweyten Theils dieser Lehrsätze muß ich von meinem Plan abweichen, und ihn in zwey Abtheilungen theilen, weil er ohne dies wegen den mehrern Kupfertafeln der zweyten Abtheilung zu einer etwas beschwerlichen Größe würde angewachsen seyn.

Ich habe bey Bearbeitung (man beehrte den ersten Theil mit dem Namen Kompilation, und wollte wissen, daß dies eine leichte Arbeit sey. Dies gaxte die Henne auch Lichtwer's Biene vor) des gegenwärtigen nichts ermangeln lassen, den Beyfall, womit unbefangene Kenner den ersten Theil beehrten, auch hier zu verdienen. Vermissen sie die erwartete Vollständigkeit, so bitte ich zu meiner Entschuldigung unter andern zu überdenken: daß ich keine öffentliche Bibliothek hierinn benutzen kann, und es unter meinem, zwar erleuchteten Horizonte, noch nicht so hell ist, um zu sehen, was jenseits in diesem Fache vorgehet.

Es sey mir erlaubt ein paar Worte mit dem Herrn Recensenten in der beliebten medizinisch-chirurgischen Zeitung, Nro. 67. B. III. 1790. zu sprechen. „Er zweifelte nicht, ich werde in meinen „Vorlesungen das alles praktisch zeigen, was ich theo„retisch in ein System ordne, denn ohne praktische „Kenntniß würde das Ganze wenig nützen (verstehe „sich bey meinen Schülern) u. s. w." Weit entfernt diesen Zweifel beleidigend aufzunehmen, können meine Schüler bezeugen, daß des Herrn Recensenten Urtheil über den Nutzen des Verbands auch mein

System ist. Ich hatte dabey das Vergnügen zu hören, daß sie den Mechanismus, der ihnen zur Prüfung vorgelegten chirurgischen Maschinen, z. B. Ravatons Reduktors — dieses von Hagen verbesserten — eben dieses von mir etwas erleichterten — Hussems-Glossokoms — Wathens Konduktors u. a. m. mit allen ihren Fehlern und Vollkommenheiten, befriedigend erklären konnten. Bey chirurgischen Handleistungen ist praktischer Unterricht eine wesentliche Erforderniß. Ein Lehrbuch mit den besten Kupfertafeln allein, würde einen elenden Schustermeister bilden.

Nun aber wird Herr Recensent auch nicht zweifeln, daß es nicht allezeit von des Lehrers Wille und Anordnung abhänge, praktisch zu lehren; und daß es sehr ungerecht wäre, dem Lehrer den evangelischen Vorwurf zu machen: dicit quidem et scribit, sed non facit, wenn Zeit und Umstände ihm den praktischen Unterricht nicht erlauben. So ganz ohne Nutzen bleibt indessen ein solches Lehrbuch doch nicht; sollte er auch nur darin bestehen: daß es den Lehrer für Vorwürfen und Beschwerden der Schüler sichert, die manchmal sehr geneigt sind, die Folgen ihrer Trägheit und Nachläßigkeit, oder des auf andere Gegenstände gerichteten Fleißes auf den Lehrer zu überschieben.

Noch eine gehorsamste Bitte:
       ut mihi dulces
ignoscant, siquid peccaro stultus, amici;
inque vicem illorum patiar delicta libenter

         Hofer.

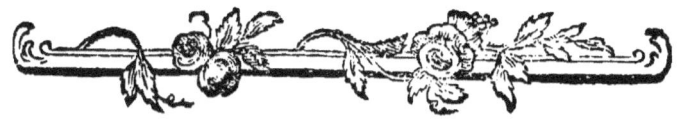

Inhalt
des zweyten Theils erste Abtheilung.

Erstes Kapitel.
Von den Verbandstücken für den Kopf.

Erster Abschnitt.
Die Binden, Instrumente und Werkzeuge für die Hirnschale.

Unterabschnitt 1. Die große Hauptbinde, oder die große viereckigte Hauptbinde   Seite 1
2. Die kleine, oder dreyeckigte Hauptbinde   5
3. Der Schaubhut   7
4. Die Schleuder des Galens   9
5. Die sechsköpfige Hauptbinde   13
6. Die Haubenförmige Binde, oder die Mütze   15
7. Der Verband bey der Trepanation   15

Inhalt

Unterabschnitt 8. Die vereinigende Hauptbinde Seite 18
9. Die Unterschied-Binde 19
10. Die Kahnförmige Binde 20
11. Die Sternbinde. 20
12. Herrn Bells Stahlfeder 22
13. Die Perücke 23

Zweyter Abschnitt.

Von den Binden, Instrumenten und Werkzeugen für die Augen.

Unterabschnitt 1. Die einäugige Binde Seite 28
2. Die zweyäugige Binde 29
3. Die dreyeckigte Binde 31
4. Die Augenbinde des Hrn. Wenzels 31
5. Der Verband nach operirtem Staar 32
6. Die Brillen 36
7. Die Augenwännchen 52
8. Die künstlichen Augen 52
9. Ein Werkzeug zum Thränensack 58

Dritter Abschnitt.

Von den Binden, Instrumenten und Werkzeugen für die Nase.

Unterabschnitt 1. Der Sperber Seite 60
2. Der Unterschied der Nase 62

des zweyten Theils erster Abtheilung.

Vierter Abschnitt.
Von den Binden, Instrumenten und Werkzeugen
der Mundhöle.

Unterabschnitt 1. Der künstliche Gaumen   Seite 67
          2. Der Verband beym Bluten der Zahn-
            höhle   68
          3. Die künstlichen Zähne   70
          4. Der Verband beym Bluten aus der
            Zunge, oder der Froschschlagadern   71

Fünfter Abschnitt.
Von den Binden, Instrumenten und Werkzeugen
der Lippen des Mundes.

Unterabschnitt 1. Die Vereinigungsbinde zur Hasen-
            scharte   Seite 72
          2. Die Binde zur obern Lippe   79
          3. Die Larve   80

Sechster Abschnitt.
Von den Binden, Instrumenten und Werkzeugen
des Ohrs.

Unterabschnitt 1. Der Verband bey Ohrenwunden   Seite 81
          2. Das künstliche Ohr   82
          3. Die Schleuder der Nase   64
          4. Die künstliche Nase   66

Inhalt

Siebenter Abschnitt.
Von den Binden, Instrumenten und Werkzeugen der untern Kinnlade.

Unterabschnitt 1. Die Halfter.   Seite 83
             2. Die doppelte Halfter mit 1 K.   85
             3. Die doppelte Halfter mit 2 K.   86
             4. Die Schleuder.   87

Zweytes Kapitel.
Die Verbandstücke, Instrumente und Werkzeuge des Stamms.

Erster Abschnitt.
Von den Binden, Instrumenten und Werkzeugen des Halses.

Unterabschnitt 1. Die gleichhaltende Binde   Seite 89
             2. Die zertheilende, auch grabehaltende Binde   91
             3. Die vereinigende Binde   93
             4. Die vereinigende T Binde des Herrn Evers   94
             5. Das Werkzeug bey den Luftröhren-Schnitt   95
             6. Herrn Bells Bandage beym schiefen Halse   98
             7. Die vierköpfige Halsbinde   99

des zweyten Theils erster Abtheilung.

Zweyter Abschnitt.
Von den Binden, Instrumenten und Werkzeugen für die Brüste.

Unterabschnitt 1. Die Milchbrustgläser, oder Brust-
pumpe   Seite 100
    2. Die künstliche Warze und Saugflasche 105
    3. Die einfache und doppelte aufhebende
     Binde der Brüste   108
    4. Die T Binde zu den Brüsten   110
    5. Die vierköpfigte Brustbinde   111
    6. Das Kindbettkamisol.   112
    7. Die Baabschüssel bey Krebshaften
     Brüsten   113
    8. Der Verband bey amputirten Brüsten 115

Dritter Abschnitt.
Von den Binden, Instrumenten und Werkzeugen der Brust.

Unterabschnitt 1. Die Binde beym Empyeme   Seite 116
    2. Die Schulter - Trag - auch Joch
     binde, das Skapulier   117
    3. Die Brustbinde, der Küras   119
    4. Die Brustbinde   120
    5. Der Brustgürtel   121

Vierter Abschnitt.
Von den Binden, Instrumenten und Werkzeugen des Unterleibes.

Unterabschnitt 1. Der Bauchgürtel   Seite 122
    2. Die Leibbinde   128

Inhalt des zweyten Theils erster Abtheilung.

Unterabschnitt 3. Die vereinigende Leibbinde   Seite 131
            4. Die vereinigende Leibbinde beym Kaiserschnitt   133
            5. Der Vereinigungsverband bey der Schaambeintrennung   136

Fünfter Abschnitt.
Von den Binden, Instrumenten und Werkzeugen des Rückens.

Unterabschnitt 1. Die Schnürbrüste.   Seite 138
            2. Glissons Estarpolette.   148
            3. Bells verbesserte Buckelmaschine.   149
            4. Der Herren le Vachers und Scheldracks Maschinen zum Buckel   151

Verbesserungen.

Seite 7. Linie 5. lese: eine Binde die zwölf Ellen. S. 10. L. 6. statt Wunden l. Wunde. S. 14. L. 14. das fehlerhafte dieser Figur wurde erst nach dem Abdrucke bemerkt. S. 15. L. 21. statt fioradanti l. fioravanti. S. 17. L. 21. soll heissen: um dadurch den Drang des Gehirns nach aussen und den Druck des Verbandes u. s. w. S. 24. L. 2. Verrichtung lese: Vorrichtung. S. 40. L. 11. vocus lese: focus. S. 43. L. ultima. lese: des Morgens. Man sollte die Sonne des Morgens nicht. S. 66. L. 17. kurchigten lese: knochigten. Ebend. unten in der Note, statt Maderer lese: Mederer. S. 69. L. 26. Hünters lese: Hunters. S. 72. L. 2. Pave lese: Pare. S. 102. die Note **) gehört zu *) Seite 103. und S. 103. die Note *) zu **) Seite 102. S. 105. L. 8. statt andere lese: untere. S. 133. L. 19. β β β lese: D. D. D. S. 144. L. 1. statt 45. lese: 47. weiter statt 47. l. 48. und statt 48. l. 49. S. 142. L. 13. lese: So sehr. S. 155. L. 20. statt zeigt lese: zeugt. S. 162. L. 22. wird lese: werden. S. 162. L. 23. lese: Druck-Schmerzen.

Erstes Kapitel.
Von den Verbandstücken für den Kopf.

Erster Abschnitt.
Die Binden, Instrumente und Werkzeuge für die Hirnschale.

Erster Unterabschnitt.
Die große Hauptbinde, oder die große viereckigte Hauptbinde.

§. 1.

Diese Binde war die vorzüglichste und gebräuchlichste Bandage bey Verletzungen der Hirnschale. Sie bestehet aus einem Stück Leinwand, einer Serviette, oder einem Schnupftuch, deren Größe man nach der Größe des Kopfs bestimmt, auch mehr lang als breit seyn muß. Fünf und ein halb Viertel Länge, dann vier und ein halb Viertel Breite, ist das wenigst angegebene Maas. Sie wird dergestalt in die Quere, gedoppelt, und ungleich zusammen gelegt, daß die untere Hälfte, welche unmittelbar auf's Haupt gelegt wird, zwey bis drey Querfinger breiter

ter ist, und hervorraget; darauf legt man sie noch einmal ins Gevierte zusammen, damit der mittelste Theil sehr genau könne bemerkt werden.

In einem Abstande von vier Querfinger von der Mitte, legt man beyde Daumen oben, die Hand aber nach einwärts, womit man dieselbe ausgedehnt hält.

Nun dreht man den Rücken der Hände etwas aufwärts, damit die Serviette auf demselben gleichsam ruht, und ein Gewölbe macht, um dieselbe wohl von oben niederwärts zierlich auf den Kopf, ohne z. B. die Kompresse in Unordnung zu bringen, legen zu können. Die angemerkte Mitte muß nun gerade auf die Nase herabgehen, und auf dessen Wurzel passen; damit aber bey der Anlegung der Serviette die übrigen Verbandstücke nicht verschoben werden, oder gar herunterfallen, muß ein Gehülfe mit der Hand dieselbe fest halten. Die Serviette wird nun dergestalt aufgelegt, daß der mittelste Theil auf den Scheitel zu liegen komme, der längere Theil inwendig seye, das hervorragende Ende die Augen bedecke, der obere kürzere Theil aber bis an die Augbraune reiche; indem ein Gehülfe die Hand auf den Scheitel legt, um die Serviette fest zu halten, werden die Zipfel, oder herunterhängende Ende der Serviette, von einander getheilet, die oberen unter den unteren an beeden Seiten nach dem Kinne zugeführt, die denn von einem Gehülfen, wenn es der Kranke nicht selbsten vermag, festgehalten werden

werden müssen. Der Wundarzt ergreift mit beeden Händen den über die Augen herunterhängenden Theil, so daß die Daumen inwendig, und die Finger auswärts sind, entfernt dieselben ein wenig, und schlägt ihn darauf über beyde untergelegte Zeigefinger, daß solcher also eben und glatt an die Stirne zu liegen komme, und gleichsam einen Saum mache, und führt ihn auf beeden Seiten rund um den Kopf bis ins Genicke, wo die beyden Enden mit einer starken Nabel nach der Quere befestiget werden.

Nachdeme dies geschehen ist, faßt man den einen Zipfel des kurzen Theils an, führt mit der rechten Hand die auf der Seite herabhängende Theile in den Nacken, und zieht den inneren dicken Theil nach hinten zu in die Höhe, bis in den Winkel von dem unteren Kinnbacken. Eben so verfährt man auf der andern Seite. Nun legt man die Seitentheile der Zipfel hinterwärts etwas zusammen, ordnet sie auf beyden Seiten in einige Falten, und macht unter dem Kinne einen etwas breiten Knoten. Ist der Knoten fertig, werden die Seitentheile der Serviette verglichen; dieses zu machen, ziehet man solche bald vor, bald rückwärts in kleine Falten, wie es sich am besten will thun lassen: man ergreift z. B. an der linken Seite des Kranken den Zipfel mit der rechten Hand, zwischen dem Zeig- und Mittelfinger, und läßt die andern Finger nebst dem Daumen unten; diesen zieht man gerade gegen den Winkel der unteren Kinnlade horizontal zu sich, mit der andern Hand ergreift man den unteren Theil dieses Zipfels, zieht solchen an, macht ihn gleich, faltet denselben einwärts, und macht zu gleicher Zeit mit der linken Hand die vorwärts Drehung, und fährt sogleich fort diesen Zipfel in die Höhe zu bringen, legt ihn an die Seite der Backen und des Kopfs, hält ihn alsdenn mit der linken Hand fest, und mit der rechten Hand breitet und zieht man denselben über die Seite des Kopfs, woselbst er mit Nadeln befestiget wird, so, daß dieser, mit dem von der andern Seite, nachher gerade auf die Nase zu sich kreutze. Man kann diese Zipfel auch herunter hangen lassen (s. Theil II. Tafel I. Fig. I.), allein dieses würde für den Kranken zu warm seyn.

Nun muß man auch den hinteren Theil der Serviette ordnen; diesen zerlegt man von beyden Seiten, den Zeigfinger einwärts, den Daumen vorwärts, und die andern Finger hinterwärts habend, faltet ihn von oben nach unten, nähert ihn von unten nach oben dem Kopfe zu, und befestiget ihn mit Nadeln (s. Fig. 2.). Bey Verletzungen, wo das Gehirn mit gelitten hat, kann dieser Verband nicht dienlich seyn, weil dieses die bey der Anlegung desselben unvermeidliche Bewegungen nicht verträgt.

Zwey

Zweyter Unterabschnitt.
Die kleine, oder dreyeckigte Hauptbinde.

§. 2.

Diese Binde bestehet aus einer viereckigt fünf Viertel bis anderthalb Ellen langen und breiten Serviette, wie die vorige. Der Kopf des Kranken giebt das beste Maas dazu.

Nachdem sie in Form eines Dreyecks zusammen gelegt worden ist, legt man sie von neuem in einen recht winklichten Triangel zusammen, um die Mitte zu finden.

Nun legt man die Serviette mit beyden Händen so auf den Kopf, daß die eingebogene Mitte auf die Wurzel der Nase paßt, und der mittlere Zipfel über den Nacken, die zween andere aber an den Backen herunter hängen. Man faßt dann beede Zipfel mit der Hand so an, daß der Daume inwendig, die andern Finger aber auswendig zu liegen kommen, führt dieselbe gerade um den Kopf über den hinteren Zipfel weg, nach dem Genicke, faltet auf beyden Seiten des Kopfs mit den Fingern die Serviette, und ziehet von beyden Seiten zugleich die Zipfel an. Hier hält man beede mit der linken Hand, doch so, daß der rechte nach oben zu liegen kommt, und ganz los, und macht mit der rechten Hand die Falten des obersten Zipfels auseinander und gleich; hierauf zieht man beyde

Zipfel mit beeden Händen an, woburch dann der unterste fest gemacht wird, welchen man sodann fahren läßt. Nun führt man mit der linken Hand den obersten Zipfel nach vorne, hält ihn allda feste, und zieht mit der rechten Hand den ganzen Zipfel gleich über die linke Seite des Kopfs, da er dann auf der Stirne mit einer Nadel befestiget wird. Mit dem zwoten Zipfel an der andern Seite des Kopfs verfährt man eben so, indem aber dieses geschiehet, müssen die Säume, oder Ränder der Serviette, allemal oberwärts seyn. Beyde Zipfel werden vorwärts auf der Stirne so befestiget, daß sie bey der Nase sich kreuzen, und ein Dreyeck bilden. (s. Taf. 1. Fig. 3.)

Beede Ohren werden auf solche Art wohl bedecket. Zulezt breitet man den hintern Zipfel ein wenig aus, schlägt ihn an den Seiten, wenn er zu breit ist, ein wenig ein, und führt ihn ohne auszuziehen, auf den Wirbel des Kopfs, wo er mit Nadeln befestiget wird; man kann ihn aber auch herunter hängen lassen. Der Gebrauch ist der vorigen gleich, und kann bey leichten Kopfwunden, und im Sommer, da sie weniger warm ist, der ersten vorgezogen werden. Bey rasenden Personen kann man sie aber nicht gebrauchen, indem sie leicht abgerissen wird.

Dritter

Dritter Unterabschnitt.
Der Schaubhut, die Hauptbinde, auch die Mütze des Hippokrates genannt.

§. 3.

Man bedient sich hierzu einer Binde, zwölf Ellen, auch noch mehr oder weniger lang, nach der Größe des Kopfs, und zwey bis drey Finger breit, und wird auf zwey ungleich große Köpfe gerollt.

Eigentlich wird der Grund der Binde nur an der Stirne angelegt; man kann sie aber auch an den Seitentheilen des Kopfs, oder am Hinterhaupte, je nachdem dieses oder jenes bey dem Hirnschädel abgewichen ist, anlegen.

Nachdem nun der Grund der Binde an die Stirne angelegt ist, werden beyde Köpfe über die Ohren weg zum Genicke geführt, und also ein Zirkel um den Kopf gemacht; hier legt man den einen unter den andern. Nun werden beyde Köpfe gewechselt; der oben liegende, z. B. rechte Kopf, wird mit der rechten Hand bis ans linke Ohr des Patienten geführt, und daselbst fest angezogen, die linke Hand kehrt indessen den untern Kopf längst dem Scheitel nach der Stirne zu um, über die Zirkelwendung nach der Nase herab. Diesen hält man nun stille, und führt den ober dem linken Ohr sich befindenden Kopf in einer Zirkelwendung über den ersten Kopf zur Stirne.

Nachdem dies geschehen ist, legt man den Zeigfinger der linken Hand z. B. auf den andern Kopf, und hält ihn damit, um die Wechslung der Köpfe zu machen; nun führt man den Kopf mit der linken Hand bis an das rechte Ohr, woselbst man stehen bleibt, um den umgekehrten zu befestigen, die rechte Hand führt alsdann den befestigten Kopf zurück, etwas nach der linken Seite des Kopfes vom ersteren abweichend, so, daß die erste Tour beynahe halb von dieser bedeckt wird, nach dem Genicke.

Indem man nun die Zirkelwendungen des einen Kopfes fortsetzt, umschlägt man allezeit auf der Stirne, und in dem Genicke den andern Kopf, mit abwechselnden Händen so, daß, indem man mit der obern Binde den Scheitel bedeckt, man abneigend bald rechts bald links allezeit die letzte Tour halb bedeckt, nach Art der Hobelgänge, welche vornen und hinten zulaufen, über den Kopf spitz hin und herführt, bis der ganze Kopf bedeckt wird. Auf jeder Seite des Kopfes sollen so viel Gänge, in Gestalt einer Melone, als auf der andern seyn.

Um die Binde zu befestigen, kann sie mit Stecknadeln, wo sie zurückgeführt worden ist, durchstochen werden. (s. Taf. I. Fig. 4)

Beym Anlegen der Binde ist annoch wohl zu bemerken, daß man die hin und herlaufende Gänge von der Seite des Hauptes anfängt, und erst nach und nach zu

bem

dem Scheitel hinansteigt, damit sie um so genauer von unten nach oben zu drucke, und auf solche Art die voneinander klaffenden Beine fester gegeneinander getrieben werden. Mehrerer Sicherheit willen müssen auch die untersten Führungen der Binde besser anliegen, als die obersten; diese sollen mehr locker seyn, damit man nicht zu befürchten habe, der von oben verstärkte Gegendruck treibe die Binden weiter auseinander. Will man die Binde wieder abnehmen, so ergreift man mit der linken Hand beede Köpfe, mit der rechten aber schlägt man sie zurück, und wieder vorwärts, und giebt sie allemal der linken Hand wieder zu halten, bis die ganze Binde dergestalt wieder abgenommen worden ist.

Diese Binde wurde von dem alten Arzte statt der großen Hauptbinde (§. 1.) gebraucht, itzt aber ist sie nicht mehr üblich, und wird hier nur dem Erfinder zur Ehre noch der Vergessenheit entrissen.

Vierter Unterabschnitt.
Die vierköpfigte Hauptbinde, die Schleuder des Galens.

§. 4.

Diese Binde ist nach Größe des Kopfes eine bis zwey Ellen lang, und vier bis sechs Querfinger breit. Weil Galen sie zuerst beschrieben hat, führt sie auch von

ihm

ihm den Namen. Die beyden Ende werden in der Mitte so gespalten, daß der mittlere Theil der Binde ohngefähr sechs Querfinger lang ganz bleibt, und auf vier Köpfe aufgerollt.

Die Anlegung der Binde geschieht auf fünferley Art, je nachdem die Wunden an dem oder jenem Theile des Kopfs ist, da dann allezeit der Grund derselben die Wunde bedecken muß. Ist z. B. 1) die Wunde auf der Stirne befindlich, so ergreift man die Binde so, daß der Grund zwischen den Daumen und Zeigfinger beyder Hände komme, und die Daumen oben liegen.

So legt man die Binde auf die verwundete Stelle, und läßt sie von einer aufgelegten Hand eines Gehülfen halten. Nun glitscht man denn mit den Händen nach den zwey untersten Köpfen, führt sie in Zirkelgängen um den Kopf herum, einen über den andern. Um dieses bequem zu bewerkstelligen, hält man beede Köpfe hinten im Genicke, doch mehr nach dem linken Ohr des Kranken, um dadurch den linken Kopf der Binde desto mehr ergreifen zu können; mit der rechten Hand bringt man den linken Kopf der Binde unter den rechten zu legen, und befestiget sie mit einer Nadel. (s. Fig. 5.)

Die Binde hat ihre Haltung auf dem gegenüberstehenden Theile des Kopfes, wo nämlich solche mit ihrer Mitte angelegt wurde, dahin man alsogleich mit den Händen,

den, nachdem man die beeden unterſten Ende gefaßt hat, zuführt.

Die zwey andern Köpfe kann man gleich anfänglich über den Kopf zuſammen legen, um die unterſten erſtlich wohl anlegen zu können, und ſonderlich wenn es vorne iſt. Sind nun die unterſten wohl angelegt, ſo führt man die zwey andern Köpfe ſchräg nach dem Genicke, nnd indem man ſie kreuzt, ſchlägt man alle beyde über den Zeigfinger dergeſtalt auf die Seitentheile des Kopfes zurück, daß man mit dem untern Kopfe und dem Zeigfinger der andern Hand anfängt, welche nicht zurückführt, und befeſtiget ſie mit Nadeln, nicht aber mit einem Knoten im Genicke.

2) Iſt eine Wunde auf dem Wirbel befindlich, ſo legt man die Mitte der Binde, wie vorher, auf die Wunde, die beyden hinterſten Köpfe führt man unter dem Kinne, um ſie daſelbſt mit einem Knoten zu befeſtigen, auf die Art, wie dies bey der großen Hauptbinde gedacht worden iſt. Die zwey andern Köpfe führt man ſchräge nach dem Genicke, um ſie daſelbſt zu befeſtigen, oder indem man ſie kreuzt und zurückführt, befeſtiget man ſie hinter den Ohren mit Nadeln, oder man macht noch mehrere Gänge. Man braucht dieſe Binde auch

3) Wenn in dem Nacken Haarſeil oder ein ätzendes Mittel iſt geſetzt worden, oder eine Wunde von einer andern Urſache hier ſtatt findet.

Man

Man steigt mit den zwey obersten Köpfen schräg um den Kopf, und befestiget sie auf der Stirne; entweder macht man damit einen Zirkelgang, oder kreuzt sie übereinander; die zwey andern Köpfe führt man um den Hals, um sie unter dem Kinne mit Nadeln befestigen zu können.

4) Im Fall, daß die Wunde auf dem Hinterhaupt ist, so führt man die vier Köpfe nach der Stirne, um sie daselbst befestigen zu können. Man macht nämlich mit den obersten einen Zirkelgang, und die untersten kreuzt man auf der Stirne, gerade der Nase zu. Man kann auch die untersten nach der Stirne, und die obersten nach dem Kinne zuführen, und sie daselbst mit einem Knoten befestigen.

5) Ist eine Wunde auf den Seitentheilen des Hauptes, z. B. über den Ohren, so legt man die Mitte der Binde auf den Wirbel, mehr oder weniger hinterwärts, nach der Lage der Wunde, und kreuzet die beyden Köpfe dieser Seite auf die Wunde, befestiget sie unter dem Kinne, und hinten im Genicke so, wie bey den vorigen Arten ist gelehrt worden.

Diese ist die bequemste Binde zu jeder geringen Verletzung des Hauptes, als Wunden, Quetschungen, Geschwüren, Fontanellen u. dergl. wo wenig Charpie-Meisel und Bauschen aufgelegt werden können, und eben nicht nöthig ist, den Kopf warm zu halten. Man braucht diese
Binde

Binde auch als eine contentive Binde, um den ganzen
Verband des Hauptes zu bedecken, und fest zu halten.

Fünfter Unterabschnitt.
Die sechsköpfigte Häuptbinde, des Galens Krebs
genannt.

§. 5.

Diese Binde bestehet aus einem Stücke Leinwand,
ohngefähr eine Elle lang und eine halbe Elle breit; beydes muß aber nach der Größe des Kopfes genommen werden. Man faltet das Tuch so, daß man es in drey gleiche Theile ihrer Breite nach abtheilen kann, und schneidet diese Theile von beyden Seiten mehr ein, um daran
sechs Köpfe zu machen.

Beym Anlegen legt man sie auf den Rücken seiner
Hände, um sie so über den Kopf ausbreiten zu können,
daß der vorderste Saum oder Rand die Augenbraunen oder
Nasenwurzel berühre; der mittelste muß dergestalt gleich
auf dem Scheitel liegen, daß die Köpfe an beyden Seiten gleich herunter hängen, oder man stellt es so an,
daß er fast bis über die Hälfte der Nase liege, und alsdenn macht man durch's Ueberschlagen auswärts von der
Stirn einen Saum, der den Augbraunen gleich zu liegen
kommt. Die zwey mittelsten Köpfe werden unter dem
Kinne mit Nadeln zuerst befestiget; nach diesem nimmt
man

man die vorderſten Köpfe, und führt ſie unter den hinterſten, welche auch über das Hinterhaupt zurückgeführt werden können, legt einen über den andern am Hinterhaupte an, auf die Art, wie die zwey unterſten Köpfe voriger Binde, um ſie dadurch zu befeſtigen.

Hierauf nimmt man die zwey hinterſten, und indem man ſie in ihrer Mitte, oder nach innen faltet, führt man ſie über den oberen um den Kopf, und legt einen unter den andern auf die Stirne über den Augbraunen, um ſie daſelbſt befeſtigen zu können. Andere legen dieſe Köpfe zuerſt an. Letztlich nimmt man die zwey Köpfe, ſo man unter dem Kinne befeſtiget hat, führt ſie über den Kopf zurück, und befeſtiget ſie daſelbſt. (ſ. Taf. I. Fig. 6.)

Iſt aber der Kranke in der Naſerey, und dieſer Verband müßte angebracht werden, befeſtiget man ſie unter dem Kinn. (ſ. ebend. Fig. 7.)

Andere legen dieſe mittlere Köpfe auch zuletzt an, und dies kann im letztern Falle geſchehen. Man ſchlägt die beyden Ende ein- oder auswärts, wenn man ſie über den Kopf zurückführen will, und dieſes thut man gleich Anfangs, wenn man ſie unter dem Kinne angelegt hat, um Unebenheit nachher zu vermeiden, auf den beeden Seitentheilen und unterwärts mehr als oben. Statt den Nadeln kann man die mittleren

Köpfe

Köpfe auch zuknüpfen, oder mit einem Bändelchen zusammenbinden.

Diese Binde dient vorzüglich bey äusseren Verletzungen und Hirnschalenbrüchen, doch ist sie schicklicher, wenn die Verletzung auf dem Wirbel und an den Schläfen sich befindet, als an dem Hinterhaupte, oder an der Stirne.

Sechster Unterabschnitt.
Die Haubenförmige Binde, oder die Mütze.

§. 6.

Diese ist eine gewöhnliche Nachtmütze, welche man unter dem Kinne mit Bändern zusammen bindet, und entweder hinten am Kopfe, oder vorne an der Stirne straff anzieht, und mit Nadeln zusammensteckt. Eine der besten, leichtesten und bequemsten Binden des Kopfes.

Siebenter Unterabschnitt.
Der Verband bey der Trepanation.

§. 7.

Vormals war ein sehr zusammengesetzter gewöhnlich. Unmittelbar auf die harte Hirnhaut legte man eine feine, an den Enden ausgefaserte Leinwand, Sindon genannt (Thl. 1. §. 20), die man mit Florabanti-Balsam, oder dem Liquor Meningum Schmukeri, auch mit dem Schuß-
wasser

waſſer u. ſ. w. befeuchtete, um zu verhindern, daß die ſcharfen angebohrten Ränder der Hirnſchale die Hirnhaut nicht reitzen ſollen, da doch dieſe Arzeneyen ſelbſt eine reitzende Eigenſchaft haben. Legt man den Sindon trocken auf, mag zwar dies feine Läppchen nicht viel reitzen, aber entweder verhindert es den erforderlichen Ausfluß der Feuchtigkeiten, oder es wird von dieſem verſchoben, ſomit entweder unnütz oder ſchädlich.

Ueber dieſes legte man das dünne durchlöcherte Bley-Plättchen des Mr. Belloſte. Auch dieſes iſt in Verfall gekommen; entweder es drückt das Gehirn, oder es verhindert den Ausfluß der Feuchtigkeiten, oder es iſt wenigſtens überflüſſig und unnütz. Selbſt beym Hirnſchwamme iſt es überflüſſig *).

Ueber das Blättchen kamen Charpie-Bäuſchgen, dann Kompreſſen, welche mit einer der obigen Binden (§ §. 1. 2. 3. 4.) bedecket wurden.

Der

---

*) Bley-Plättchen g a n z zu verbannen, finde ich etwas hart. Ein Bauernknecht von 22 Jahren wurde von einem Pferde an die Stirne geſchlagen, ſo, daß ein großer Theil dieſes Beins gleich ober den bogenförmigen Erhabenheiten (Sinus Frontales) zerſchmettert wurde. Ich mußte ſieben beträchtliche Knochenſplitter hinwegnehmen. Das Gehirn drang an dieſer Stelle, bey Erhebung des Kopfes, ſehr hervor; der Kranke war unruhig. Ich legte eine proportionirte, dünne durchlöcherte,

etwas

Der Endzweck der Trepanation ist, den Druck, welchem das Gehirn ausgesetzt ist, oder den Reitz auf dasselbe hinwegzunehmen. Bringt man aber nicht geflissentlich einen neuen Druck an, wenn man die Oeffnungen und Zwischenräume mit Substanzen ausfüllt, die nicht nur das Gehirn drücken, den freyen Ausfluß der Feuchtigkeiten hemmen, worauf doch alles ankommt, oder gar neuen Reitz veranlassen? Statt dessen muß man vielmehr den Verband so leicht und locker machen, als nur immer möglich ist, um alles reitzende auf das Gehirn und dessen Häute, die so sehr nach der Operazion der Entzündung ausgesetzet sind, zu vermeiden. Selbst trockne Charpie von bester Eigenschaft ist des Reitzes wegen, hier nicht anwendbar; Angemessener ist es, diese mit einer einfachen Salbe, z. B. aus Wachs und Oel, oder einfachen Digestiv dünn bestrichen, aufzulegen. Diese gelinden Mittel vertheilen und vermeiden die Entzündung, und befördern zugleich die Entstehung des jungen Fleisches

etwas konkave Bleyplatte, aber so über diese Stelle, daß sie auf dem gesunden Knochen ruhete, um dadurch den Druck auf's Gehirn, und den Druck des Verbandes selbst auf diese verletzte Stelle, zu schwächen, und verband mit G a l e n s Krebsbinde. Zwar starb der Kranke; aber diesen Augenblick noch glaube ich nicht, daß diese Platte zum Tode mitgewirkt hat. Das an dieser Stelle seiner Stütze beraubte Gehirn, würde ohne diese Platte gewiß einen nachtheiligern Druck erlitten haben.

Fleisches auf der Oberfläche der harten Hirnhaut und des Knochens, denn auch dieser wird mit einer gleichen Plumaceau bedeckt. Ueber diese legt man eine weiche Kompresse, und befestiget denn den ganzen Verband mit der Mütze des §. 6. auch §. 5. oder §. 2.

Auf diese Art ist es leicht, den Verband fest zu halten, der weder den Kopf zu sehr zwingt, noch den Ausfluß der Feuchtigkeiten aus der Wunde hemmt, den Kopf nicht zu warm erhält, und die Anwendung der kalten Umschläge begünstiget.

Den Pazienten muß man so ins Bette legen, daß der Ausfluß der Feuchtigkeiten aus der Wunde leicht und ununterbrochen geschehen kann, auch daß er sich nicht etwa an die trepanirte Stelle stoßen könne. Was in der Folge mit der Wunde zu unternehmen ist, lehrt die Chirurgie.

Achter Unterabschnitt.
Die vereinigende Hauptbinde, auch Fleischmachende genannt.

§. 8.

Diese ist eine auf zwey Köpfe gerollte Binde, und eben die nämliche, welche oben (Thl. 1. Taf. 2. Fig. 16.) ist beschrieben worden.

Neun=

Neunter Unterabschnitt.
Die Unterschied-Binde.

§. 9.

Diese Binde hat diesen Namen, weil sie den Kopf in zween Theile theilt, und kommt also von der mittelsten Führung her.

Sie ist vier bis sechs Ellen lang, zwey Querfinger breit, und auf einen Kopf gerollt; sie ist daher die allergemeinste und leichteste Binde, und wird bey Aderlässen an der Stirne und den Schläfen gebraucht. Man legt sie, wie folget, an.

Wird die Ader an der Stirne geöffnet, mißt man das Ende der Binde von derselben bis ins Genicke; diese Länge läßt man dann über das Gesicht herunter hängen, und drückt die bemerkte Stelle mit dem linken Daumen auf die Kompresse, führt dann den Kopf über die Pfeilnath zum Genicke, und läßt sie hier von einem Gehülfen halten, damit man mit der Binde um den Kopf, unter dem linken zitzenförmigen Fortsatze, und über die Kompresse, einen ganzen Zirkel machen kann, den man zu besserer Festigkeit wiederholt. Nun schlägt man das über das Gesichte hängende Ende über die Pfeilnath, oder über die erste Führung bis zum Genicke zurück. (Taf. 1. Fig. 8.) Darauf macht man die zweyte oder dritte Zirkel

Zirkelwendung, oder auch noch mehrere, wenn es nöthig und die Binde lang ist, um den Kopf über das zurückgeschlagene Ende und die Kompresse, und endiget den Verband. Auf eine ähnliche Art wird

Zehnter Unterabschnitt.
Die Kahnförmige Binde

§. 10.

Gemacht, welche auch haltbarer, als die erstere, ist, nur mit dem Unterschiede, daß man mit dem Ende schief über das Seitenwandbein zu dem Genicke fährt, und das herabhängende erstere Ende, abermal schief über das andere Seitenwandbein, nach dem Genicke zurückführt, nachher alles mit Zirkelgängen befestiget. (Taf. I. Fig. 9.) Auf welche Art die Binde, nach ihrem Anlegen, einem Schifferkahne gleichen soll.

Eilfter Unterabschnitt.
Die Sternbinde, Knotenförmige Binde, auch Verbutzische Sonnenbinde.

§. 11.

Die Länge dieser Binde ist sechs bis acht Ellen, und einen starken Daumen breit, und wird auf zwey gleiche Köpfe gerollt.

Man

Man legt den Grund der Binde auf die graduirte Kompresse, geht mit beyden Köpfen um den Kopf des Kranken bis zum gegenseitigen Schlafbein, da wechselt man die Köpfe, führt sie zurück, wechselt sie abermal, und macht zugleich auf der Kompresse und geöffneten Schlagader einen Packknoten (Fig. 9.), darauf führt man den einen Kopf, der von der Stirne herkömmt, über den Wirbel, und den andern unter das Kinn, den man aber nicht so sehr zuziehen darf, damit er den Kranken nicht am Essen hindere, wenn es die Noth nicht erfordert.

Nach diesem wechselt man die Köpfe am andern Schlafbein, kommt auf dem gemachten Gang wieder zurück, und macht abermal einen Packknoten, neben oder unter dem erstern, oder auf demselben, nachdem die Schlagader läuft, welche eröffnet worden ist, so, daß man den Kopf, der vom Kinne hinaufkömmt, nach der Stirne, und den andern nach hinten führt.

Wenn es nöthig ist, kann auch der dritte, über oder neben dem zweyten gemacht werden. Indem man die Knoten anzieht, muß es mehr mit der Rolle oder dem Kopfe geschehen, der nicht unter dem Halse durchgegangen ist, damit die Binde nicht zu fest werde.

Nun wechselt man die Köpfe abermal und erneuert die Gänge. Endlich geht man um den Kopf, und endiget die Binde mit Zirkelgängen.

Diese Binde drückt die verletzten Schlagadern zusammen, hält den Bausch feste, und befördert auf solche Art die Heilung. Man kann sich auch derselben bey Wunden der Ohr= Speichel= und Unterkiefer=Drüssen bedienen. (Taf. I. Fig. 10.)

Zwölfter Unterabschnitt.
Herrn Bells Stahlfeder.

§. 12.

Von den verschiedenen Binden, welche zu der Zusammendrückung der Schlaf=Schlagader, nach der Arteriotomie sowohl, als nach zufälligen Verletzungen derselben, empfohlen worden sind, hat Herrn Bell keine so leicht und wirksam den Endzweck erfüllt, als diese (Taf. I. Fig. 11.)

Denn solche Binden, die blos aus Leinwand, oder andern Dingen, welche nachgeben, bestehen, leisten bey weitem nicht so gute Dienste, als eine Stahlfeder, die allemal gewisser auf dem Fleck, auf den man sie zuerst angelegt hat, liegen bleibt; auch verursacht sie dem Patienten weniger Beschwerde. Dieses Instrument besteht aus einer gutgehärteten Stahlfeder, die mit weichem Leder überzogen, und von der nämlichen Stärke, als die Feder bey einem Bruchbande ist. Wenn man die Wunde verbun=

verbunden, und eine kleine Kompresse von Leinwand über dieselbe gelegt hat, so muß man die Schenkel des Instruments öffnen, und über den hintern Theil des Kopfes so anlegen, daß die beeden Ende B. und D. auf die Schläfe, und eines von ihnen gerade auf die Kompresse, welche die Wunde bedeckt, zu liegen kömmt. Ist das Instrument von einem gehörigen Metall, und zureichender Stärke, so wird dasselbe ohne irgend eine andere Beyhülfe genau auf dem Theile liegen bleiben, auf den man es zuerst angelegt hat. Um aber zu verhindern, daß dasselbe nicht durch einen Zufall herabgestossen wird, so ist es hier mit einer Schnalle C. und Riemen A. versehen, durch welche dasselbe völlig befestiget wird, indem man die Schnalle, und den Riemen auf der Stirne, fest zusammenzieht. Dieses Instrument muß ohngefähr dreyviertel Zoll breit seyn, und hat es zwölf bis vierzehn Zoll in der Länge, wird es sich zur Größe eines jeden Kopfes schicken.

Dreyzehnter Unterabschnitt.
Die Perücke.

§. 13.

Die Perücke, indem sie den erlittenen Verlust der Kopfhaare durch die Kunst ersetzt, und der dadurch erfolgten Verunstaltung abhilft, den geschwächten Kopf von dem, was ihm schädlich seyn könnte, befreyet, und schützt, ist eine Art chirurgischer Verrichtung, und behauptet hier ihre Stelle.

Zur Perücke befördern: erlittene Kopfverletzungen, fürnämlich, wenn ein merklicher Theil der Scheitelknochen verlohren gieng; der frühzeitige Kahlkopf (Calvitium) *); das Haarausfallen (alopecia, ophiasis, area,) bey Personen, deren Stand und Amt einen behaarten, oder wohl gar gekräuselten Kopf erheischen, deren Berufsgeschäfte eine andauernd öffentliche Kopfsentblösung erfordert, fürnämlich, wenn der Kopf sehr blöde, und gegen Kälte sehr empfindlich ist, sey es durch Krankheiten, Alter, oder zuvor angewöhnten Erwärmung desselben; die, auch die klügste tyrannisirende Mode; die Bequemlichkeit, sich

von

---

*) Wegen diesem wurden die Elisäische Knaben von den Bären zerrissen. Dank den Landessicherheits=Dikasterien, daß diese grimmige Thiere nicht geduldet werden!

Ovid singt: L. de Art. Amandi.

Turpe pecus mutilum, turpis sine gramine Campus,
et sine Fronde Frutex, et sine Crine Caput.

Daß aber das Alterthum den Kahlkopf auch schätzte, beweißt unter andern Synesius ein Philosoph, der behauptete: Klugheit und Haare bestehen nicht mit einander. Und ein gewisser Ludwig, Heerführer der Insubrier, ein sehr kluger Mann, soll deßhalb zu seinen Staatsbedienten meistens Kahlköpfige gewählt haben. So hat man noch zu allen Zeiten das nämliche geschätzt und getadelt.

von den Friseurs nicht martirisiren zu lassen; die Galanterie; die nicht beliebte rothe, oder zu frühe grauende Haare u. dergl.

Herr Abbe' la Riviere hat das Verdienst, vor etwan 150 Jahren die erste Perücke getragen zu haben. Die ersten müssen ziemlich groß gewesen seyn, denn manche haben bis zwey Pfund gewogen. Von der Perücke Ludwigs *XIV.* so, wie man sie an dessen Portrait anstaunt, sagt man: Er habe aller seiner Unterthanen Köpfe abscheeren lassen, um von derselben Haare die gallische Souvrainitätsperücke verfertigen zu können.

§. 14.

Es ist hier der Ort nicht, die Geschichte und Karakteristik aller Arten und Formen der Perücken zu beschreiben. Ich will denjenigen, welche eine Perücke zu tragen genöthiget seyn werden, den wohlmeinenden Rath geben, daß sie dafür sorgen, daß die Perücke nicht zu dicke, nicht zu fest geschnallt, öfters vom Kopfe gelöst, und gewechselt werde.

Dicke Perücken, wie alle dicke und schwere Mützen, unter welche vorzüglich die dicken Nachtmützen gehören *), halten den Kopf warm, der dann eine vorzügliche Empfind-

---

*) Der Unterhaltende Arzt ꝛc. von D. J. L. Tode. Erstes Bändchen. S. 69.

pfindlichkeit annimmt, und daher bey geringer Verkältung sogleich davon leidet, manchmal wird das ganze Nervengebäude dadurch in Unordnung gebracht. Der Kopf wird nicht warm gehalten, ohne daß mehr Blut dahin strömt, als sonst. Jemehr aber Blut nach dem Kopfe zuströmt, jemehr werden die innern Gefässe und das Gehirn selbst geschwächt. Dies giebt also Anlagen zu Schlagflüssen, und Fehlern der Sinne und des Verstandes. Vorzüglich leiden die Augen von diesem vermehrten Zufluß der Säfte. Arbeitet man zu gleicher Zeit mit dem Kopfe, oder trinkt man zu gleicher Zeit erhitzende Getränke, ist man den Aufwallungen des Bluts unterworfen, so muß die Gefahr um so viel gewisser und größer werden, und abermal größer, wenn die Perücke zu fest geschnallt ist, da dann die äusseren Kopfgefässe gedrückt und verengert, und die Säfte mehr nach innen getrieben werden. Indem nun eine dicke Perücke den Kopf zu sehr erwärmt, und empfindlich macht, wird er auch zu einer stärkern Ausdünstung gewöhnt, das jeder, der eine Perücke trägt, gewiß im Sommer oder nach einer stärkern Leibesbewegung erfährt. Diese wird nun bey einer ohne dieses unbedeutenden Veranlassung eben so leicht unterbrochen, und Krankheiten werden manchmal erzeugt, die man durch die Perücke verhüten will.

Man wird aus diesem von selbst erkennen, daß Personen, die viel studieren, oder ansonst viel Kopfarbeit haben, sehr wohl thun, zu dieser Zeit, wenn es die

Umstände

Umstände verstatten, die Perücke abzulegen, wenigstens sie locker zu schnallen.

Der Reinlichkeit wegen muß man die Perücke öfters wechseln, nur soll dies nicht zur Zeit der Erhitzung und Schweisses unvorsichtig geschehen, um die Kopfverkältungen zu verhüten; den Kopf aber, weil doch die gewöhnliche Ausdünstung und Zerstreuung desselben (wegen abgeschnittenen Haaren) mehr unordentlich ist, öfters zu reinigen nicht vergessen, wozu ich einen feinen enggeschnittenen Kamm von Elfenbein empfehle, fürnämlich wenn man den mit der Hautdrüsenschmiere vermischten Schweiß mittels etwas Haarpuder zuvor aufgetrocknet hat.

Es erhellet aus diesem, daß die zwar sehr elegante Tourperücken weniger schicklich, als schön sind. Wer einmal seinen Kopf an eine Perücke gewöhnt hat, und sie wieder ablegen will, soll den späthen Herbst und Winter zu dieser Epoche nicht wählen.

Ob die Gelehrsamkeit, seitdem die Gelehrte nicht mehr so dichte und schwere Dreyknotenperücken tragen, eine andere Gestalt angenommen hat, ist ein Problem, das die hinterlassenen Schriften größter Aerzte beantworten. Ohne Zweifel warfen sie diesen lästigen Schirm bey Bearbeitung ihrer Schriften auch hinweg, wie Tode und Weikard; was ich zur Nachahmung hier empfehle, denen, die faßlicher und freyer, als vorher, schreiben wollen.

Zwey-

Zweyter Abschnitt.
Von den Binden für die Augen.

Erster Unterabschnitt.
Die einäugige Binde.

§. 15.

Diese ist eine sechs bis sieben Ellen lange, und zwey starke Querfinger breite, auf einen Kopf gerollte Binde.

Man legt sie also z. B. am linken Auge an. Man fängt im Genicke an, steigt mit dem Kopf über das linke Seitenwandbein, die Stirne, und dann über das rechte Seitenwandbein bis zum Genicke hin, um den Anfang der Binde zu befestigen, dann fährt man unter dem Ohr über den linken Backen bis zur Nasenwurzel, nun über die Stirne und das rechte Seitenwandbein, wie zuvor, bis zum Genicke. Nun wiederholt man diese Tour so, daß Anfangs über dem Backen ein aufsteigender, über dem Kopfe ein absteigender Hobel ganz gemacht wird. Bey jedem Gange wird die Binde an der Wurzel der Nase gekreuzt, ohne daß man das andere Aug damit bedeckt. Eben so wird der dritte Gang gemacht. Hier kann aber der Hobelgang auf dem Backen groß seyn. (s. Fig. 12.)

Bey

Bey jedem Gang muß die andere Hand nie von dem andern Auge wegkommen, um die Binde gleich und sauber anzulegen. Ist das Auge noch nicht hinlänglich bedeckt, so macht man noch den vierten Gang, und endigt die Binde mit Zirkelführung um den Kopf, über die Ohren und Augenbraunen.

Diese Binde kann auch bey Krankheiten derer um die Augen gelegenen Theile, hauptsächlich bey Krankheiten, die im innern Winkel desselben vorfallen, wegen ihrer Kreuzgänge gebraucht werden, wo sie bey Krankheiten des Auges selbst mehr unbrauchbar ist; zwar dient sie Arzeneyen darauf zu erhalten. Indessen, wenn Kompressen an der Mütze, oder an einer einfachen Zirkelbinde um den Kopf befestiget, oder angeheftet werden, kann man auch seinen Zweck erreichen. Hiezu würde die dreyeckigte Augenbinde (§. 17.) bequemer dienen.

Zweyter Unterabschnitt.
Die zweyäugige Binde.

§. 16.

Diese ist zweifach, entweder
a) mit einem Kopfe, oder
b) mit zwey Köpfen.

Die Länge der ersten a), beträgt neun bis zwölf Ellen, die Breite ist die nämliche wie §. 13. Die Anlegung

legung geschieht, wie bey der vorigen, an einer oder der andern Seite, bis man mit derselben zum Backen hinaufsteigt, da man dann die Binde über den untersten Theil der Nase, von welcher nur eine kleine Spitze frey bleibt, legt. Nun fährt man schief über das andere Auge, und kreuzt die Binde auf dem Rücken der Nase.

Um die Binde recht zu befestigen, macht man so lange Zirkelführungen, bis die Binde aufhört. (s. Taf. I. Fig. 13.)

Die zwote b), ist gleich lang und breit, wie die erste a), nur daß sie auf zwey, zwar nicht gleich große Köpfe gerollt ist. Man legt den Grund der Binde auf der Stirne an, führt dann den einen Kopf zur rechten, den andern zur linken Seite, etwas schief bis zum Nacken, wo man sie kreuzt, und von beyden Seiten bis zu dem Winkel der Kinnlade herab, von da wieder in die Höhe über den Backen zum Auge, kreuzt, daselbst wieder Hobelgänge macht, und sie mit Zirkelführungen endigt.

Erstere aber ist bequemer, als diese, weil man die andere Hand, um der erstern zu Hülfe zu kommen, und alles wohl und gleich anzulegen, frey behält, welches eine allgemeine Regel ist.

Drit-

Dritter Unterabschnitt.
Die dreyeckigte Augenbinde.

§. 17.

Diese Binde bestehet aus einem Stücke Leinwand, das man länglich, und mehr oder weniger breit zusammen legen kann. Die beyden Köpfe werden übereinander, auf dem Kopfe, mit Nadeln befestiget.

Vierter Unterabschnitt.
Die Augenbinde des Herrn Wenzels.

§. 18.

Diese bestehet aus zwey Stücken glatt polirten Holzes, welche wie Schaalen ausgedrehet sind, und genau die Größe der Augen haben. Man bedeckt die Oeffnung mit einem schwarzen, oder grünen Seidenbande, und so ist die Binde zum Gebrauche fertig. (Taf. I. Fig. 14.)

Vermittelst dieser Binde kann man dem Kranken gerade so viel Licht, als nöthig ist, geben, und zugleich die Augen genugsam verwahren, ohne sie übermäßiger Wärme, oder allzugroßem Drucke, welches sonst bey den meisten Augenbinden der Fall ist, auszusetzen.

Fünfter

Fünfter Unterabschnitt.
Von dem Verbande nach operirtem Staar.

§. 19.

Der glückliche Erfolg der Staaroperation hängt ausserordentlich von dem guten und bequem angelegten Verbande ab. Ist dieser unschicklich, so geht öfters die beste Operation verlohren.

Der Wundarzt hat beym Verbande eine zweyfache Absicht; entweder will er die Augenlieder nur vereinigen und geschlossen erhalten, auch das Aug von allem äussern Reitze befreyt erhalten, oder er erzielt äussere Arzneymittel auf das verbundene Aug zu apliziren, und unter diesen entweder spirituöse u. dergl. Bähungen, oder Breyumschläge. Bey einer und der andern Verbandsart muß man Sorge tragen, daß der Verband nicht zu feste, aber auch nicht zu locker sey, daß er sich nicht verschiebt, und das Auge weder im Ganzen noch an einzelnen Stellen drücke, d. i. den Heilungsanzeigen ein Genügen leiste.

§. 20.

Der ersten Absicht entspricht einer der folgenden Verbande.

Ist der Staar durch die Niederdrückung operirt worden, so bedeckt man das Auge mit einer weichen Kompresse,

und

und befestiget sie ganz locker mit der dreyeckigen Hauptbinde. (§. 17.) Wäre es aber durch die Ausziehung geschehen, empfiehlt Herr Hofrath Richter *), das obere Augenlied, nachdem man es herabgezogen, und es dann mit dem untern vereiniget hat, mittels ein paar schmalen Streifen Heftpflaster (zum voraus gesezt, daß man weiter keine andere Absicht beym Verbande hat) an das untere zu befestigen.

Weil die Augenlieder gemeiniglich den andern Morgen angeklebt sind, kann man diese Pflaster dann abnehmen. Indessen thut man immer gut, wenn man sowohl den ersten, als auch die folgende Tage, eine Kompresse mittelst einer Binde, auf der Stirne, oder mittelst einer Nadel, an der Mütze befestiget, und über das Auge herabhängen läßt, um das Licht vom Auge abzuhalten, welches sonst durch die Augenlieder in die Augen fällt, und dem Kranken gemeiniglich sehr lästig ist.

Herr Richter zieht die Pflaster der Kompresse deßhalb vor, weil letztere durch die ausfliesende Thränen mehrentheils naß erhalten, und wenn sie trocknet, hart und spröde wird, und folglich dem Auge bald durch ihre kalte Nässe, bald durch ihre Härte lästig und schädlich ist.

Wären

---

*) Anfangsgründe der Wundarzneykunst. Dritter Band. Siebentes Kapitel.

Wären Pflaster nicht anwendbar, kann man nach Herrn Wenzels Vorschriften das Auge mit einer weichen trocknen Kompresse bedecken, und sie mit der Binde §. 15. befestigen; dabey aber den Verband täglich, wenigst bey gewöhnlichen Fällen, lüften lassen, um die angesammelten Thränen und den Schleim, der sich im inneren Augenwinkel, und an den Rändern der Augenlieder sammelt, abzuwischen. Unter acht bis zwölf Tagen nimmt man den Verband gewöhnlich nicht ab, wenn nicht besondere Umstände es erfordern, weil das Auge in dieser Zeit sehr empfindlich gegen das Licht ist; und nach Verlauf dieser Zeit soll man das Auge nie anders als an einem dunkeln Orte zuerst öffnen. Heftige Schmerzen, welche nach der Operazion früher oder später eintreten, machen eine frühere Oeffnung des Verbandes nothwendig, wenn man sie und die Entzündung, deren Wirkung sie sind, durch die erfoderliche Heilart nicht mässigen kann. Eben diese Zufälle machen oft erweichende, oder gelinde zertheilende Breyumschläge nothwendig; welche denn mittelst der Binde §. 13. oder 15. befestiget werden.

§. 21.

Noch verdient hier die Verbandesart beschrieben zu werden, welche der Herausgeber der Sammlungen der auserlesensten und neuesten Abhandlungen für Wundärzte, zweyten Stücks Nr. XIV. nach des in Italien und Holland vormals berühmten Okulisten *Casaamatas* Methode empfiehlt. (Beyde pflegen das operirte Auge mit einer

einer Mischung aus zween Theilen Wasser, und einem Theil Brandwein, sanft zu reinigen, zu waschen und zu bähen; welches aber Herr Hofrath Richter §. 336. miß-rathet.) Nachdem die Augenlieder gehörig geschlossen sind, nimmt man eine, aus gedoppelter Leinwand gemachte, drey Querfinger breite Binde. Auswärts wird in die Binde, an der Stelle der Augen, ein kleines viereckichtes Loch geschnitten, und nach innen zwey Stückchen feiner Schwamm, die etwas größer, als das Auge oder die Augenrunde, und in der Mitte etwas vertieft sind, in gehöriger Entfernung, jedes z. B. einen Querfinger breit von dem andern, daß sie so recht auf das Auge zu liegen kommen an die Binde angenäht. Dieser Verband wird durch eine kleine, von der Stirne bis zum Hinterhaupt gezogene, und vorn und hinten befestigte Binde, und eine andere, die um die Kinnbacken nach dem Scheitel geht, daß er sich so leicht nicht verrucken kann, befestiget. Durch die Schwämme erzielt man, theils einen leichten und weichen Druck, theils kann man sie, wenn es erfoderlich wäre, mittelst einer Spritze befeuchten, ohne die Binde zu sehr zu nässen.

Die Hauptsache bey diesen Verbandstücken, sagt Herr Richter a. a. O., hängt ebensowohl, wie bey der Kompresse, von der Binde ab, wodurch sie auf dem Auge befestiget wird. Liegt diese zu fest, so drücken die Schwämme das Aug eben so, wie die Kompressen.

Es giebt Fälle, wo es schädlich ist, das Auge warm zu halten, und dann wird dieser Verband zweckwiedrig seyn. Zur Erfüllung der zwoten Heilanzeige dienen die oben §§. 15. 16. 17. beschriebene Augenbinden.

Sechster Unterabschnitt.
Die Brillen.

§. 22.

Eine Brille ist ein, aus einem oder mehreren Gläsern zusammengesetztes Werkzeug, wodurch man die Gegenstände besser, heller und bestimmter sehen und erkennen kann.

Es ist aus der Physiologie bekannt, daß nebst andern körperlichen Erfordernissen, um deutlich zu sehen, der Brennpunkt der gebrochenen Strahlen in einem bestimmten Verhältnisse von der Markhaut entfernet seyn muß, so, daß der Sehepunkt weder zu sehr sich verlängert, und hinter die Markhaut, aber auch nicht zu kurz wird, und auf den Glaßkörper fällt. Den letztern Fall haben die Kurzsichtigen, bey denen sowohl die Hornhaut als Krystalllinse eine konvexere Gestalt hat; den ersten Fehler findet man bey Weitsichtigen, deren Hornhaut und Krystalllinse eine entgegengesetzte Bildung erhalten haben.

Gemei-

Gemeiniglich sehen Personen, welche in der Ferne ein scharfes Gesicht haben, in der Nähe sehr undeutlich. Die Ursachen liegen darinn, daß die Konvexität der Hornhaut vermindert, oder irgend eine Seite der Kryftalllinse platter wird; so kann auch die Markhaut von der Hornhaut oder der Linse zu weit entfernt, die Pupille zu enge werden; Fehler, welche in dem Zusammenschrumpfen der Theile ihren Grund haben. Dieser Fehler entsteht mit den Jahren, und um so früher, wenn Personen in ihrer Jugend am wenigsten Gebrauch von ihren Augen gemacht haben. Es ist wahrscheinlich, daß die Theile des Auges mit der Zeit zusammen schrumpfen, daß sie steifer und weniger biegsam werden, und daß die Markhaut und der Sehnerve an Empfindlichkeit abnimmt *). Die Beyspiele, daß Personen in späten Jahren die Brillen abgelegt, und wieder haben sehen können, erklärt Herr Adams aus dem Schwinden des Fettes in der Augenhöle, wodurch das Auge wieder in eine ovale Form ausgedehnt wird, und die Markhaut in eine gehörige Entfernung von der Kryftalllinse, um einen Focus zu bilden, gesetzt wird.

Auch durch die Gewohnheit kann man ein weitsehendes Gesicht erlangen. Schiffer und Landleute sehen gemeinig-

---

*) An essay on vision, briefly explaining the Fabric of the Eye, and the nature of vision. intended for the service of those whose Eyes are weak or impaired, by George Adams, in Hrn. Prof. Arenemans Bibliothek für Chirurgie und praktische Medicin. S. 43. Auch medizinisch = chirurgische Zeitung. B. e. Nro. 46.

meiniglich gut in der Ferne, und bedürfen eher [Brillen. Personen hingegen, die sich viel mit kleinen Gegenständen beschäftigen, z. B. Kupferstecher, Miniaturmaler, Uhrenmacher u. s. w. sehen am besten nahe Gegenstände.

Unsere Augen nehmen die Configuration am leichtesten an, wozu sie durch öftere Uebung gewöhnt sind; und daraus folgt, daß wir das Auge nicht an eine Art von Gegenständen allein, für eine lange Zeit gewöhnen müssen. Ebenfalls beruhet hierauf die Wahl der Brillen und Augengläser.

Die Ursache der Kurzsichtigkeit ist, wenn die Bilder der Gegenstände vereiniget werden, ehe sie zur Markhaut kommen. Diese liegt entweder in einer zu großen Konvexität der Hornhaut und der Krystalllinse, oder in einer zu großen Refractionskraft der Feuchtigkeiten des Auges; oder auch, daß die Markhaut zu weit zurück ist. Auch hier macht die lange Gewohnheit, die Gegenstände in der Nähe zu betrachten, daß solche Personen kurzsichtig werden. Gemeiniglich sehen Kurzsichtige entfernte Gegenstände recht gut, wenn sie gleich nahe Objekte dicht vor den Augen haben müssen, um sie genau zu sehen.

Hieher kann man auch den Mißbrauch der sogenannten Prä- oder Konservationsbrillen, und der Lesegläser zählen, die ein Stück der Galanterie und bon airs wurden. Ich sah manchen leeren Kopf damit paradiren.

Mancher

Mancher schwört darauf, daß er ein vorbey geführtes Fuder Heu, ohne Lorgnette, vom Strohe nicht unterscheiden könne, der doch seine Dulcinea oder einen Schuldner mit freyem Auge auf dreyhundert Schritte erkennt.

Und wie oft muß man die Fehler der Augen in den Hosen u. s. w. suchen? Ganz natürlich muß man diesen eine eigene Brille schleifen lassen, nach Tissotisch- oder Börnerischer Vorschrift, oder Focus.

§. 23.

Diese Unvollkommenheiten des Gesichts verbessern Brillen, welche den doppelten Nutzen haben.

1) Sie machen das Bild der Gegenstände auf der Markhaut deutlich. 2) Machen sie es stärker und heller, als wenn die Pupille im Diameter größer wäre. Das Glas ist ein Substitut, welches den Feuchtigkeiten der Augen analog ist. Dieweil aber die Fehler des Gesichts so verschieden sind, kann eben und das nämliche Glas nicht jedem passend seyn; es muß nämlich für Weitsehende konvex, und für Kurzsichtige konkav geschliffen seyn. Diese entfernen die Lichtstrahlen, bevor sie die Hornhaut berühren, von einander, und machen dadurch, daß sie von einem entfernten Gegegenstande so ins Auge fallen, als wenn sie von einem nahen kämen. Man nennt sie deßhalb Ferngläser. Ihr Nutzen aber ist nicht so groß, als er bey konvexen Gläsern ist, weil die Gegenstände nicht so vergrößert werden, und das Auge mehr Lichtstrahlen

erhält, indem die Strahlen mehr divergirend einfallen. Die konvexe Gläser bringen die Lichtstrahlen, die aufs Auge fallen, näher zusammen, und leiten sie folglich mehr ins Auge, erhellen und stärken das Gesicht mehr. Hier erprobet sich Hippokrates Ausspruch abermal: Contraria Contrariorum sunt Remedia.

§. 24.

Der Grad der Konvexität sowohl, als der Konkavität der Brillen muß jederzeit dem Grade der individuellen Kurzsichtigkeit oder Weitsichtigkeit angemessen seyn, das ist, die Brennweite (Vocus) des Glases muß in Absicht seiner Länge dem klaren Sehepunkt des Auges (Punctum Visionis distinctae) *) angemessen seyn.

Die Empfindung des Kranken bestimmt es gemeiniglich am zuverläßigsten, ob er es ist oder nicht. Indessen muß sich der Kranke wohl hüten, Brillen zu wählen, deren Focus auch nur um etwas weniges kürzer, als nöthig, ist, er vermehrt durch dergleichen Brillen den Grad seiner Kurzsichtigkeit allmählig immer mehr und mehr. — Eben diese Vorsicht muß man auch bey den konvexen Brillen beobachten, welche, wenn sie stärker sind, als es eben nöthig ist, nicht allein die Weitsichtigkeit vermehren, sondern auch überhaupt das Auge schwächen.

Herr

*) Herrn Richters Anfangsgründe der Wundarzneykunst. B. 3. K. 18.

Herr Adams giebt a. a. O. die allgemeinsten und vielleicht auch die besten Regeln, welche man geben kann, die man bey der Wahl der Brillen zu beobachten hat. Man soll solche Gläser wählen, welche die Gegenstände ihrem natürlichen Zustande am nächsten darstellen, weder vergrößern noch verkleinern; wodurch ferner die Buchstaben in einem Buche schwarz und deutlich scheinen, und das Auge nicht zu sehr angegriffen, oder die Pupille widernatürlich angestrengt wird. Bey der Wahl derselben sagt Herr Adams — müsse man dem Urtheile des Künstlers trauen, von dem man die Gläser kauft, und seine Anweisungen befolgen *). Nichts geschieht häufiger, wenn man viele Gläser probirt, als daß man gerade die wählt, welche am wenigsten für das Auge passen. Ohne mein Erinnern, wird man keine Brille kaufen, deren Gläser Fäden oder kleine Adern und Flecken haben. Die Fäden sind dem Gesichte am meisten nachtheilig, weil sie die Lichtstrahlen unregelmäßig brechen, die Objekte verkehren, und das Auge ermüden. Die Flecken verringern bloß die Menge des Lichts, allein nicht sehr beträchtlich. Nebst diesem sollen sie aus einer guten Masse, akurat geschliffen und fein polirt seyn.

§. 25.

Wir haben oben §. 24. gesagt: der Focus oder die Brennweite des Glases müsse in Absicht seiner Länge dem klaren

---

*) Herr Adams giebt den Rath eines ehrlichen Mannes und Künstlers, der nicht für alle Brillenhändler geltend ist.

klaren Sehepunkt des Auges angemessen seyn. Wir wollen dieses durch einige Beyspiele erklären.

Setzen wir: es wolle jemand für sein Gesicht, das auf 9 Schuhe weit lesen kann, eine Brille schleifen lassen, daß er auf $1\frac{1}{2}$ Schuhe weit lesen könne. Wie groß muß die Brennweite der Gläser seyn? Um dieses zu finden dividirt man das Produkt aus der kürzesten Weite, worauf man eine Schrift noch lesen kann, in die Weite, worauf man sie lesen will, mit dem Unterschied derselben, z. B.

$$\frac{= 9' \quad 1\frac{1}{2}'}{7\frac{1}{2}'} = \frac{90'' \quad 15''}{75''} = \frac{1350''}{75''} = 18''$$

Facit: 1 Schuh 8 Zoll, oder 18 Zoll.

Wollte man gerade auf die Hälfte der Weite durch die Brille sehen, auf welche man ohne Brille sieht; so ist die Brennweite (Focus) der Gläser, der letzten-Weite selbst gleich, z. B.

$$\frac{= 9' \quad 4,5'}{4,5'} = 9'. \text{ d. i. 9 Schuh, oder 90 Zoll.}$$

Was hier von Schuh und Zoll gesagt wird, kann man auf Zoll und Linien anwenden.

Umge-

Umgekehrt. Wenn jemand auf 9 Schuhe weit lesen will, was er nur ohne Brillen auf $1\frac{1}{2}$ Schuh lesen kann, so ist abermal

$$\frac{9 \cdot 1, 5}{7, 5} = 1, 8' \text{ der Focus 1 Schuh 8 Zoll}$$

oder 18 Zoll, den er nöthig hat. Für eine große Weite, in welchem Falle die Strahlen paralell kommen, ist der Zerstreuungspunkt der Gläser 1 Schuh 5 Zoll, oder 15 Zoll. Hier nämlich wird vor die vorige 9′ das Unendliche ∞ substituirt.

$$\frac{= \infty \cdot 1, 5}{\infty} = 1, 5'. \text{ und so weiter.}$$

Das mehrere und vollständigere über Weit und Kurzsichtigkeit lehrt Herr Hofrath Richter a. a. O.

§. 26.

Einige Brillen werden Konservationsbrillen genannt. Herr Adams setzt folgende allgemeine Regeln fest, das Gesicht zu prä- oder konserviren. 1) Daß man nie zu lange im Dunkeln, oder bey zu hellem Lichte sitzen, noch zu schnell mit beyden abwechseln müsse. 2) Daß man das Lesen feiner Schriften vermeide. 3) Nicht in der Dämmerung lese; oder, wenn die Augen davon leiden, nicht bey Lichte. 4) Nicht zu lange hellscheinende Objekte ansehe, am wenigsten des Morgens nicht ins Zimmer scheinen

nen lasse. Auch das Ammeublement (Gardinen) *) des Schlafzimmers sollten nicht weiß oder roth, sondern grün seyn.

Diese Regeln bestättiget die Natur; denn das Tageslicht kömmt nur allmählig stufenweise, und grün ist die allgemeine Farbe. 5) Die Fernesehenden sollten sich gewöhnen, bey wenigem Lichte und etwas näher, als gewöhnlich, zu lesen. Die Kurzsichtigen hingegen, so weit entfernt, als möglich. Nichts konservirt die Augen besser, als ein mäßiger Grad des Lichtes. Zu wenig Licht schadet nie, zu viel hingegen verderbt das Gesicht.

Herr Adams erzählt eine Geschichte von einer Dame vom Lande, die in die Stadt an einen freyen offenen Platz gezogen ist, wo die Strahlen der Sonne von dem hellgrauen Pflaster gerade in ihr Zimmer reflektirt wurden. Sie wurde bald mit heftigen Augenschmerzen befallen, und blos dadurch geheilt, daß sie Staubengewächse vor's Fenster stellte. Als ein gutes und unschädliches Mittel bey Augenschwächen, wenn sonst keine bekannte Ursache da ist, empfiehlt Herr Adams folgendes:

Man nehme zwey Unzen Rosmarinblätter, infundire sie mit einem Quart guten Brandwein, schüttle dieses täglich einigemal um, und nach drey Tagen giesse man es durch.

*) Nach schwäbischen Provinzialismen Vorhänge und Tapeten, um mich jedem deutlich zu erklären.

durch. Von diesem Aufguß mische man einen Theelöffel voll mit vier Theelöffeln voll warmen Wasser, und wasche damit die innere Seite der Augenlieder alle Abend, so, daß etwas ins Auge davon kömmt, nach und nach nehme man weniger Wasser, und endlich gleiche Theile.

§. 27.

Früher oder später — sagt Herr Adams — bedarf am Ende doch das Auge der Beyhülfe der Kunst; dies ist alsdenn der Fall, 1) wenn man genöthiget ist, kleine Gegenstände ziemlich weit vom Auge zu entfernen, um sie deutlich unterscheiden zu können. 2) Wenn man mehr Licht, als vorher bedarf. 3) Wenn nahe Gegenstände bey einer aufmerksamen Betrachtung dunkel scheinen, und wie ein Nebel. 4) Wenn beym Lesen die Buchstaben ineinander fliessen, oder doppelt und dreyfach scheinen. 5) Wenn die Augen bey wenigem Gebrauch so angestrengt werden, daß man sie von Zeit zu Zeit schliessen, oder auf andere Gegenstände richten muß. Wenn alle diese Umstände zusammen, oder einzeln eintreten, so ist der Beystand der Gläser nothwendig, und dann sollte man zur Präservation der Augen Gebrauch davon machen; je länger man dieses verschiebt, desto mehr werden die Augen verdorben. Ausser diesen Fällen aber, schaden sie den Augen mehr, als sie solche konserviren, denn im eigentlichen Verstande giebt es keine Konservatinsbrillen. Bey der Wahl der Gläser, ist hier nicht die Vergrößerung das, worauf man sehen muß, vielmehr, daß sie

dem

dem Auge angemessen sind, und in den Stande setzen, deutlich und leicht in solcher Entfernung zu lesen, oder die Augen zu gebrauchen, als wir vorher gewohnt waren. Jemehr, wie schon gesagt worden ist, eine Brille vergrößert, jemehr nöthigt sie das Auge, sich zur Stellung zu zwingen, die es immer weitsichtiger macht, und jemehr verderbt sie also das Gesicht.

Brillen hingegen, die mehr hell machen, als vergrößern, nöthigen auch das Auge mehr, sich zur Stellung zu zwingen, darinn es nahe sieht. Sie widerstehen also der Vergrößerung des Fehlers, und trachten ihn zu vermindern, und sind in dieser Hinsicht Konservations-Brillen. Allein solcher Gestalt ist eine Brille von 18 Zoll Brennweite, die ein Gesicht, das noch auf 6 Schuh weit lesen kann, zu Grunde richtet, eine Konservations-Brille für ein Gesicht, das nur noch auf 12 Schuh weit deutlich lesen kann, und auf diese Weise kann also eine jede Brille vor gewissen Augen diesen Namen führen.

§. 28.

So angemessen auch diese Brillen sind, muß man doch in dem Verhältniß, wie das Auge flächer wird, auch mehr konvexe Gläser anwenden. Doch soll man sich hüten, hierin zu weit zu gehen, weil, wie bekannt, diese Gläser das Gesicht mehr schwächen. Herr Adams mißräth die Brillen umzuwechseln, und durch fremde Brillen, woran das Auge nicht gewöhnt ist, zu sehen. Viele sehen bey

bey Tage recht gut, allein des Abends können sie nicht ohne Brillen sehen. Solche Personen sollten besondere Brillen für den Abend haben. Bey der gänzlichen Schwäche des Gesichts, bey stark und schwachem Lichte, empfiehlt Herr Adams den Gebrauch doppelter konvexer Gläser, und die Elektrizität. Der Fehler kömmt gewöhnlich von einer Unempfindlichkeit der Markhaut, folglich muß durch Sammlung der Strahlen ein stärkerer Eindruck auf sie gemacht werden.

§. 29.

Man hat die Brillen mit gefärbten Gläsern, fürnämlich die grünen, zur Konservation für zuträglicher gehalten, und geglaubt, daß, da sie die Wirkung der Strahlen ins Auge gelinder machen, das Auge bey seinem Gebrauche mehr geschont werde. Herr Adams erklärt es aber als ungegründet. Die grüne Farbe ist eine angenehme Farbe, wenn man sie ansieht; allein gar nicht, wenn man durch sie sieht. Alle Gegenstände, welche man durch ein grünes Glas betrachtet, erscheinen schmutzig, gelb, grün, dies macht sie nicht allein unangenehm, sondern auch nachtheilig. Der Kontrast zwischen den Gegenständen muß sehr nachtheilig seyn, wenn man die Gläser nicht beständig trägt. Noch größer ist die Unbequemlichkeit, daß solche Personen durch keine andere, als gefärbte Gläser sehen können. Grüne Gläser aber werden in dem Verhältniß dunkler, wie die Konvexität

zunimmt,

zunimmt, also weniger im Stande dem Auge zu Hülfe zu kommen, wenn es dessen am meisten bedarf.

§. 30.

Die Lesegläser erklärt Herr Adams dem Auge weit nachtheiliger, als die Brillen, durch die Unstätigkeit der Hand und der Bewegung des Kopfes sind diese Gläser in beständiger Bewegung, das Auge bestrebt sich jede Veränderung anzunehmen, und wird daher immer in Agitation erhalten; hiezu kommt noch der blendende Glanz, und die unregelmäßige Reflexion der Strahlen von der Oberfläche des Glases, wodurch nothwendig die Augen sehr angestrengt, und in kurzer Zeit ermüdet werden müssen. Solche Personen sind daher genöthiget, viel ältere Gläser zu gebrauchen, als sonst geschehen seyn würde. Aus diesen Gründen giebt er den Brillen, wenn man derselben bedarf, den Vorzug.

§. 31.

Personen, die am Staar operirt sind, brauchen gemeiniglich — aber etwas später nach der Operation, weil das Auge alsdenn noch geschwächt ist — zwey Brillen, für nahe und entfernte Gegenstände.

Die Brennweite solcher Staarbrillen liegt zwischen 6 und $1\frac{1}{2}$ Zoll. Einige Leute haben zweyerley Augen, deren eines diese oder jene Art der Brillen bedarf, das andere aber keine nöthig hat, oder auch deren eins ein

schär-

schärferes Glas als das andere bedarf. Es versteht sich von selbst, daß man die Weite des Brenn- oder Zerstreuungspunktes, im letzten Falle, vor ein jedes Glas besonders bestimmt, und im ersten Falle, in dem Ringe der Brille, der vor das gute Auge zu stehen kommt, gar kein Glas einsetzt.

§. 32.

Eine besondere Art Brillen ist die Röhrenbrille; eine gewöhnliche Brille, die aber statt der Gläser in ihren zwey Ringen, zwey konische Röhren enthält, deren Grundfläche nach dem Auge, die Spitze nach den Gegenständen, die man sehen will, gerichtet ist. Die Röhren sind aus schwarzem Leder verfertiget, drey bis vier Querfinger lang. Ihr Durchmesser in der Grundfläche ist so groß, als der Umfang der Augenhöle, an der Spitze ein wenig kleiner. Der Rand der Grundfläche ist so ausgeschnitten, daß er an dem Umfang der Augenhöle allenthalben genau anliegt. Die Hauptwirkung dieser Röhren bestehet darinn, daß sie alle Lichtstrahlen, die von der Seite kommen, abhalten, und nur diejenigen ins Auge fallen lassen, die von dem Gegenstande kommen, der in der Sehaxe befindlich ist. Jeder Wundarzt kann nach Verschiedenheit der Umstände, in welchen sich der Kranke befindet, diese Mittel auf mancherley Art vervielfältigen und verändern.

Herr Hofrath Richter empfiehlt diese bey der *Midriasis* *), als das beste und bequemste Mittel. Der Zweck derselben ist, das Licht, welches ins Auge fällt, zu mindern, und dadurch den Kranken nicht allein in den Stand zu setzen, an einem hellen Orte deutlich und ohne Beschwerde zu sehen, sondern sich auch ausser Gefahr zu setzen, das Gesicht gänzlich zu verlieren.

Diese Röhrenbrille schafft auch oft Kurzsichtigen vielen Nutzen, indem sie die Lichtstrahlen, die von den Gegenständen zur Seite ins Auge fallen, abhält, der Pupille folglich Gelegenheit giebt, sich stark zu erweitern, und das Aug in den Stande setzt, entfernte Gegenstände deutlicher zu sehen. Gemeiniglich bemerkt man — sagt Herr Richter — daß Kurzsichtige, aus eigner Empfindung, die Augenlieder zusammenziehen, wenn sie entfernte Gegenstände betrachten; ohne Zweifel leisten die zusammengezogenen Augenlieder dasselbe, was die Röhrenbrille thut.

§. 33.

Statt der Röhrenbrillen, dienen auch die Brillen mit schwarzen Kartenblättern.

Herr Martins hat schon diese als eine Brillenverbesserung vorgeschlagen **). Gemeiniglich, sagt er, sind die Brillen-

---

*) Dritter Band, zehntes Kapitel. §. 387.
**) Philosophia britanica. Th. 3. Anh. 2. Deutsche Encyclopädie &c. &c. Band 4. Brille. S. 402.

Brillengläſer 1½ Zoll breit, und der Stern muß ſehr weit ſeyn, bis ſeine Oeffnung das $\frac{1}{7}$tel eines Zolls beträgt. Es fällt alſo durch ein ſolches Glas ein großer Ueberfluß von Licht auf das Auge, daß das zarte Glied, das keine Gewalt ertragen kann, nothwendig dadurch Schaden leiden muß (um ſo viel mehr, wenn die Pupille widernatürlich erweitert iſt, was bey der Midriaſis geſchieht). Vermindert man die Breite des Glaſes bis auf ¾ Zoll, ſo bleibt es immer breit genug, um ein gehöriges Feld überſehen zu können, und fällt dem Auge, das nur noch den vierten Theil der vorigen Lichtmenge empfängt, nicht mehr beſchwerlich.

Man kann ſich alſo die Gläſer um ſo viel kleiner ſchleifen, und damit doch noch ihre Mittelpunkte ſo weit von einander bleiben, als die Mittelpunkte der Augen, ſie in einem Ring von Horn faſſen laſſen, der ihnen die Breite giebt, die ſie haben müſſen. Eine Brille, die man gut findet, und nicht ändern laſſen will, kann man am Rande herum mit ſchwarzen aufgeleimten Papier überziehen.

§. 34.

Die Augenſchirme, in Form kleiner Teleſkope, verwirft Herr Adams ganz. Die beſten Augenſchirme, ſagt er, ſind ſolche, die am Vorkopfe angebracht ſind, und zwey oder drey Zolle vorſtehen. Als Lichtſchirme, verwirft er alle dunkle Sachen völlig, weil der Kontraſt

mit

mit den übrigen Gegenständen zu stark ist. Ein Schirm von weissem Messing, oder dickem Papier, hält er für den besten; dies hält die zu hellen Lichtstrahlen zurück, und verdunkelt das Zimmer nicht zu sehr.

Siebenter Unterabschnitt.
Das Augenwännchen.

§. 35.

Ist ein eyrundes Schälgen, das von Porzellan, Glas u. s. f. verfertigt werden kann, und eine Handhabe, oder besser ein Fußgestell hat. Es soll gerade die Größe und Gestalt des Auges haben, welches man darin baden will, um fremde hineingebrachte Körper, die man auch bey der genauesten Besichtigung, im Auge nicht entdecken kann, z. B. Staub, Sand u. dergl. auszuwaschen. Statt dessen kann man sich einer kleinen Spritze aus elastischem Harze bedienen. Beyde findet man in Herrn Bells Lehrbegriffe der Wundarznenkunst, Dritten Theil. Tab. II. Fig. 17. 18. 19. 20. abgezeichnet.

Achter Unterabschnitt.
Die künstlichen Augen.

§. 36.

Da der Verlust eines Auges allezeit sehr verunstaltet, sucht man diesem Uebel durch die Kunst abzuhelfen. Zu

Zu diesem Zweck bringt man in die Augenhöle ein konkaves Tellerchen, welches die vordere Hälfte des Augapfels vorstellet. Auf der konvexen äussern Fläche wird die Bindhaut, die durchsichtige Hornhaut, die Pupille und Regenbogenhaut auf's ähnlichste mit dem natürlichen, noch gesunden Auge, doch so bezeichnet, daß der Diameter der Pupille nach dem mittlern Grade des gesunden Auges, so wie er beym mäßigen Licht beschaffen zu seyn pflegt, gemahlt werde.

§. 37.

Viele Köpfe, viele Augen! Beyden muß das künstliche Auge genau passen, in Hinsicht der Größe, Konvexität und Farbe; es muß aus einer Materie bestehen, welche die empfindlichen Theile des Kranken Auges nicht drücken, reiben, reitzen. Man rechnet gewöhnlich den Horizontaldurchmesser bey einem Erwachsenen 9 oder 10 Linien, höchstens 1 Zoll; den Vertikaldurchmesser aber 7. 9. bis 11 Linien. In der Mitte soll es $1\frac{1}{2}$ bis 2 Linien dick seyn; in der übrigen Substanz kaum 1 Linie. Das Gewicht eines gläsernen Auges soll selten 24 bis 28 Gran übersteigen, das goldene aber höchstens zwey Drachmen betragen *).

Bey der Auswahl des künstlichen Auges in jedem besondern Falle, sieht der Wundarzt darauf, daß das

*) B. D. Mauchart et respond. Ph. A. Haug, Diff. de Oculo artificiali, Ekblepharo, et Ypoblepharo. Tubingae, 1749.

künstliche Auge dem gesunden natürlichen, in Absicht der Farbe, der Regenbogenhaut, der mehrern oder geringern Konvexität, der durchsichtigen Hornhaut, der stärkern oder geringern Hervorragung des ganzen Auges aus der Höle, und aus der größern oder geringern Breite des Augapfels zwischen den beyden Augenwinkeln, auf's möglichste gleicht.

Man hat künstliche Augen von verschiedener Gestalt und Tiefe. Einige haben eine längliche, eyförmige Gestalt; diese wählt man bey Kranken, die langgespaltene Augenlieder haben. Andere nähern sich mehr einer runden Gestalt; diese wählt man bey Kranken, die kurzgespaltene Augenlieder haben. Kranke, die ein stark hervorstehendes Auge haben, legt man ein tiefes Tellerchen, denen aber, die ein kleines, tiefliegendes, natürliches Auge haben, ein flaches Tellerchen ein. Tiefe Tellerchen legt man auch ein, wenn von dem natürlichen Augapfel nur wenig *), flache aber, wenn viel davon übrig ist. Immer sucht der Wundarzt die möglichste Aehnlichkeit zwischen dem künstlichen, und noch übrig natürlichen Auge, um den Betrug **) unmerklich zu machen †).

§. 38.

---

*) Selten aber helfen sie hier viel; denn stopft man dann die Augenhöle nicht unter und hinter dem künstlichen Auge aus, so sinkt es zu tief hinein, und kann nie recht einpassen.

Bell.

**) Wegen der großen Aehnlichkeit des künstlichen Auges mit dem natürlichen, verschloß einstmals eine Bäurin, welcher Herr

§. 38.

Wie will der Wundarzt aber ein solch künstliches Auge dem Kranken verschaffen, wenn er es nicht auswählen kann, sogar vom Künstler entfernet ist? Herr Mauchart giebt folgende Anleitung: Man lasse das gesunde Auge, wie §. 34. genau abmalen, und formt von einer Bleyplatte ein Aug, welches die oben §. 37. beschriebene Eigenschaften hat, und genau in die Augenhöle passet, dessen man sich durch Versuche überzeugt. Indem man dieses formt, muß man den obern äussern Theil desselben, welcher unter die Thränendrüse zu liegen kommt, ein wenig mehr strecken, damit er unter die ganze Thränendrüse eingeschoben werden kann ††), und der Rand desselben, so fein er auch poliert ist, diese Drüse nicht ungleich drücke, oder reibe. Im Gegentheil soll der ganze untere Rand, den die untern Augenlieder bedecken, eine etwas

kleinere

Herr Mauchart ein künstliches Auge eingesetzet hatte, das gesunde Aug, um zu erfahren: wie sie mittelst diesem nun sehe; ach Gott! rufte sie auf: Ich sehe ja gar nichts! Eine Warnung für alle jene, welche künstliche Augen vonnöthen haben, daß sie ja niemal das gesunde Auge schließen, wenn es doch die Umstände erheischen, ein Aug zuzudrücken.

†) Herrn Hofrath Richters Anfangsgründe der Wundarzneykunst. Dritter Band. Drittes Kapitel.

††) Pars Oculi artificialis. *conjunctivam referens*, Loco suo superiore, quo glandulae lacrimali subjicitur, *latiusculus* est effiugendus, ut toti glandulae illi substernatur etc.

kleinere Höhe, oder auch kleinere Vertiefung (wie die Künstler dies nennen,) haben, weil die untern Augenlieder das Auge weniger, als die obern, bedecken, auch diese beweglicher, als jene sind. Diese Form und Zeichnung nun, schickt man dem Künstler, mit den Namen des Kranken, welcher dann sein Auge nach diesem verfertigt, sich den Namen einregistrirt, um im Falle einer abermaligen Bestellung, ein neues verfertigen zu können *). Man thut aber wohl, wenn man Anfangs sogleich zwey oder brey Stücke sich anschaft, damit man sie öfter der Reinigkeit wegen umwechseln, auch wenn eines verlohren geht, man sogleich ein anderes bey der Hand hat.

§. 39.

Die künstlichen Augen werden entweder von Glas, oder von Silber, oder Gold, welche mit Schmelzarbeit (Email) überzogen sind, verfertiget.

Ein Haupterforderniß ist es, daß sie sowohl nach innen, aussen, und dem Rande, sehr fein poliert und leicht sind. Herr Mauchard und Bell ziehen die gläsernen vor. Sie sind wohlfeiler, schöner, (denn die eingebrannten Farben sind nicht durchscheinend) dem gesunden Auge ähnlicher, sie reiben und beschweren weniger; allein sie sind zerbrechlicher, und mit der Zeit verliehren sie ihren

*) Eine gewisse Demoiselle Hacke in Nürnberg soll sich damit beschäftigen.

ren Glanz. Hauptsächlich aber kann man sie nicht abändern, abschleifen, abfeilen, was oft nothwendig wird, und was bey den emalirten leicht geschehen kann, weßwegen Herr Hofrath Richter diesen geneigter ist.

§. 40.

Die Handgriffe bey der Einlegung und Ausnehmung eines künstlichen Auges, sind so leicht, daß der Kranke gemeiniglich gar bald selbst diese Operation verrichtet. Man fasset den Rand der oberen Augenlieder mit dem Daumen und Zeigfinger der einen Hand, und ziehet dasselbe ein wenig abwärts vom Augapfel, um das künstliche Auge, welches man vorher befeuchtet, mittels der andern Hand unter dasselbe schieben zu können. Dies geschieht am leichtesten, wenn man den schmalen Winkel des künstlichen Auges zuerst unter das Augenlied schiebet, es dann in die Quere stellt, so hoch unter das obere Augenlied herauf drückt, daß der untere Rand des künstlichen Auges höher liegt als der des untern Augenlieds; das untere Augenlied alsdann mit einem Finger etwas abwärts ziehet, und dann das künstliche Aug herab unter das untere Augenlied sinken läßt.

Wenn man das künstliche Auge ausnehmen will, darf man nur den Rand des untern Augenlieds mit einem Finger ein wenig abwärts ziehen, den Kopf einer Stecknadel unter den untern Rand des künstlichen Auges bringen, und denselben ein wenig aufheben und hervorziehen, da dann

dann das künstliche Auge, sogleich aus der Augenhöle herabglitscht. Es ist rathsam, daß der Kranke das künstliche Aug täglich einmal ausnimmt, und dasselbe, vorzüglich aber die Augenhöle, von allerley Unreinigkeiten säubert, die sich in derselben erzeugen, anhäufen, und oft scharf werden, und eine Entzündung erregen, die den Gebrauch des künstlichen Auges auf eine Zeit lang unterbricht.

Es ist noch mehreres dabey zu beobachten, deren Behandlung man bey Herrn Hrofr. Richter a. a. O. nachlesen kann.

Neunter Unterabschnitt.
Ein Werkzeug zum Thränensack.

§. 41.

Man hat zur Zusammendrückung des Thränensackes verschiedene Werkzeuge empfohlen, unter welchen das (Taf. I. Fig. 15.) abgebildete, von Herrn Bell, als das Beste, also beschrieben wird.

A. A. Ist eine gekrümmte stählerne Platte, welche mit Flanell, oder Taffet überzogen, und an der Stirn mit Bändern C. C. befestiget seyn muß. B. Ist eine zweyte mit A. zusammengefügte Platte, welche bis zum Hinterhaupt reicht, und mit dem daran genähten Bande befestiget

get wird. D. Ist eine kleine bewegliche Stange von Stahl, welche durch eine Oeffnung in der Platte A. gehet, und mittelst der Schraube F. so hoch als man will, gestellt werden kann. G. Ist ein rundes stählernes Blech, an welchem ein mit Taffet, oder weicher Baumwolle überzogenes Kissen befestiget wird. Man legt dieses Kissen auf den innern Winkel, dicht über den Thränensack, und drückt es vermittelst der Schraube H. so fest, als man will, an. Die bewegliche Stange besteht aus zween bey E. zusammengeschraubten Stücken, so, daß man mittelst dieser Verrichtung das Kissen G. nach Gefallen mehr oder weniger auswärts drehen kann, je nachdem es die besondere äussere Form des Theils, den man zusammendrücken will, erfodern.

Das Werkzeug ist so, wie es hier abgezeichnet ist, für's linke Auge eingerichtet. Man kann es aber eben so leicht für's rechte Aug brauchen, wenn die Stange D. durch eine Oeffnung an der entgegengesetzten Seite der Platte A. gesteckt wird.

Drit-

Dritter Abschnitt.
Von den Binden, Instrumenten und Werkzeugen für die Nase.

Erster Unterabschnitt.
Der Sperber, oder die Habichtsbinde.

§. 42.

Diese ist eine zusammengesetzte Binde. Man schneidet ein Stückgen Leinwand dreyeckigt, so groß, daß der Verband die Nase, nicht aber die Augen bedeckt. Am untern breitern Theil des Triangels macht man in diese Leinwand zwey Löcher — auch nur ein Loch — die mit den Nasenlöchern passen, damit der Kranke sowohl bequem athmen kann, als auch der Eiter u. dergl. einen freyen Ausfluß bekomme. Oben an die Spitze des Triangels, näht man eine kleine, zwey Finger breite, und eine halbe, auch dreyviertel Ellen lange Binde, damit sie zum Genicke reiche. Man kann auch den Triangel und diese Binde aus einem Stück Leinwand machen. Den untern breiten Theil des Triangels macht man an die Mitte einer drey Ellen lang, und einen Querfinger breiten Binde, deren jedes Ende auf einen Kopf gerollet wird.

Nach

Nach geschehener Einrichtung legt man zu jeder Seite eine Fig. 16. förmige Kompresse, und über diese eine größere, welche man mit der Binde befestiget.

Beym Anlegen der Binde ergreift man mit beyden Händen die Köpfe, nahe an dem Dreyecke, so, daß die Daumen vorwärts zu liegen kommen. So legt man den Grund des dreyeckigten Stücks quer über die Oberlippe, und läßt durch einen Gehülfen, den Zipfel mit dem angemachten Stück Band über die Nase und den Kopf, gerade bis zum Nacken führen;—hierauf geht man mit der Binde zu beyden Seiten über die Ohren bis zu dem Nacken, über das kleine Stück Band, welches man, indem man mit beyden Köpfen kreuzt, befestiget, und führt alsdenn diese Köpfe, wie bey dem doppelten Auge (§. 16. b.), über die Winkel der Kinnlade und des Backens bis zu der Wurzel der Nase, doch daß man der Nase etwas näher kömmt, an deren Wurzel alsdenn, wie in dem Nacken gekreuzt wird; sodann geht man über die Seitenbeine hinweg, kreuzt ebenfalls an dem Hinterhaupte, und befestiget die Binde mit einem Zirkelgang um den Kopf. (s. Taf. 2. Fig. 17.)

Noch bequemer kann dieses mit der von Herrn Böttcher *) empfohlenen, von Pflaster gemachten Binde (Fig. 18.) geschehen; wovon der Theil a. unter der Nase

---

*) Abhandlung von den Krankheiten der Knochen, Knorpel und Sehnen. 1 Thl. §. 176.

Nase an der Oberlippe, und an den Backen zu liegen kommt, die Enden aber b. b. werden über die Kompressen (Fig. 16.) welche noch mit einer größern bedeckt, sämtliche aber mit einer schicklichen Feuchtigkeit benetzt worden sind, geführt, an der Wurzel der Nase gekreuzt, und an der Stirn befestiget.

Zweyter Unterabschnitt.
Die Nasenbinde, der Unterschied genannt.

§. 43.

Diese ist eine, sechs bis acht Ellen lange, einen Daumen breite, und auf einen Kopf gerollte Binde.

Nachdem die Nase mit Kompressen bedeckt ist, nimmt man den Kopf der Binde in die eine, das Ende derselben in die andere Hand, und mißt die Binde von der Seite der Nase bis zu dem Nacken an. Dieses freye Ende, etwan zwey Spannen lang, läßt man nun über dem Munde oder Kinn herabhängen (auch von einem Gehülfen halten) fängt abermal bey der Nase an, führt den Kopf derselben über die Stirne, etwas seitwärts über das Ohr, bis nach dem Hinterhaupte, von da unter dem Zitzenfortsatz der andern Seite wieder hervor, und quer über das herunterhängende Ende, das noch gehalten wird, dergestalten, daß dessen unterer Rand etwas über die
Spitze

Spitze der Nase hervorrage, um dieses Ende zu befestigen. Darauf geht man an der andern Seite über die Backen, gleichfalls unter dem Jochbeine und Ohren nach dem Genicke, und macht also einen Zirkelgang um den Kopf, welchen man nochmal wiederholt. Nach diesem schlägt man das von der Nase abhängende Ende, indem man mit der Binde unter dem Ohre wartet, über den Scheitel, wie die ersten zurück, um es im Genicke mit der Binde befestigen zu können. Nach diesem geht man wieder nach vorne unter dem Winkel des Unterkiefers, und steigt längst dem Backen hinauf, glitscht, längst der Nase bis zu deren Wurzel zwischen den Augbraunen durch, über den mittelsten Theil des Seitenwandbeins zum Hinterhaupt, um über den mittelsten Theil des andern Seitenwandbeins wieder zurückzukommen, und zwischen den Augbraunen über der Wurzel der Nase ein Kreuz zu bilden, von da steigt man längst der Nase nach dem untersten Theil der andern Backe, zu dem Winkel des Unterkiefers und zu dem Genicke, um einen gleichmäßigen Gang, welcher auf dem vorigen zu liegen kommt, zu machen, und endlich die Binde mit Zirkelgängen um den Kopf, über den Augbraunen zu endigen (Fig. 19).

Ich will hier nur erinnern, daß man bey Brüchen der Nasenknochen, pflegte, silberne Röhrchen, auch in Abgang dieser schickliche Federkiele, die mit Pflaster überzogen sind, in die Nase zu stecken, damit der Luft ein freyer Durchgang durch die Nase verschaft werde, was aber selten nothwendig ist.

Dritter

Dritter Unterabschnitt.

Die Schleuder der Nase, auch die vereinigende Nasenbinde genannt.

§. 44.

Man nimmt eine Binde, welche eine Elle lang, und zwey bis drey Querfinger breit ist, spaltet dieselbe an beyden Enden so, daß in der Mitte zwey Querfinger breit ganz bleibt, in diese Mitte macht man zwey Löcher, daß der Kranke frey und ungehindert durch die Nase athmen kann. Die Mitte der Binde legt man auf die Nase, mit den zwey untersten Köpfen fährt man dann aufwärts gegen dem hintersten Theil des Kopfes, kreuzt sie daselbst, fährt vorwärts nach der Stirne, und knüpft oder heftet sie zusammen. Mit den obern Köpfen steigt man dann abwärts nach dem Genicke, kreuzt sie daselbst, und führt sie abermals vorwärts auf die Stirne, allwo man sie, wie die untere knüpft, oder zusammenheftet. (Taf. 2. Fig. 20.)

Man kann diese beyden obere und untere Köpfe auch kleiner machen, und an die Mütze anheften. Man hüte sich aber diese Ende ungleich stark anzuziehen, weil daburch eine krumme und ungestaltete Nase verursacht wird. Diese Binde dient zu allerley Wunden und Brüche der Nase — ingleichem nach Ausziehung eines Polyps —

nach Eröffnung einer zusammen gewachsenen Nase — auch Röhrchen u. dergl. in der Nase zu erhalten.

§. 45.

Herr Boß rühmt eine andere zusammenfügende Nasenbinde. Man macht sie aus einem Stücke Leinwand, das eine völlige Spannen lang, und so breit ist, daß es die Nase bedecken kann, fast wie ein Kegel zugeschnitten; der unterste Theil aber muß eine schmale Hervorragung haben, einen Zoll lang, und einen kleinen Finger breit seyn, um die Nasensäulen und das Grübchen der obern Lefze zu bedecken. An dieses nähet man den Grund einer schmalen Binde, die kaum einen Querfinger breit, und $1\frac{1}{2}$ Ellen lang ist, so, daß sie zween Köpfe von gleicher Länge ausmacht. Den breiten Theil der Binde, der mit seiner Oeffnung die Kugel der Nase aufnimmt, und die Nase bedeckt, befestigt man oben an der Schlafmütze mit einer Nadel, und die beyden Köpfe der schmalen, in die Quere angenähten Binde, führt man über die Backen und Ohren zu dem Genicke, um ein Kreuz zu machen, von da aber zu dem Scheitel, um sie auch an die Mütze fest zu heften.

Vierter Unterabschnitt.
Die künstliche Nase.

§. 46.

Es sind der Fälle mancherley, die einem ehrlichen Deutschen seine Nase kosten können, da man, um die Ungestaltheit zu vermeiden, eine andere von leichtem Holze, oder Papiermasse verfertigt, sie nach der Gesichtsfarbe gut bemalt, und mittelst zwey Federn in den hintern Nasenöffnungen befestiget.

Der seel. Herr Prof. Camper hat einem gewissen, den meisten Aerzten Deutschlands bekannten, und in Bruchsal gestorbenen Johann Beck, dem im 28sten Jahre seines Alters, die Nase durch einen heftigen Schlag so soll zerquetscht worden seyn, daß ein kalter Brand daraus entstand, wodurch nicht nur die Nasenbeine, sondern auch der größte Theil des Pflugscharbeins, die beyden untern schwammichten Beine, der rechte Theil des furchigten Gaumens über die Hälfte, und der ganze weiche Gaumen mit dem Zäpflein zerstört wurden *), diesen Verlust mit einer künstlichen Nase (s. Taf. 2. Fig. 21.) von Lindenholz ersetzt. A. B. C. D. ist die Lage von der

hintern

---

*) NB. Herr Hofrath und Professor M a d e r e r in Freyburg ließ dessen Kopf abzeichnen, und war entschlossen sie auf mehreren Kupferplatten herauszugeben.

hintern Seite vorgestellt, inwendig ist sie ausgehölt, worinn eine silberne Klammer E. mit einem beweglichen Ringe sich befindet, woran die aus gewichster Seide bestehende Schnur F. befestigt ist, welche durch die Nasen-Oeffnung gezogen, und an die Zähne, zur Befestigung der Nase, angehängt wird.

Vierter Abschnitt.
Von den Binden, Instrumenten und Werkzeugen der Mundhöle.

Erster Unterabschnitt.
Der künstliche Gaumen.

§. 47.

Tafel 2. Fig. 22. ist der nämliche Beckische Gaumen. Dieser besteht aus einem weichen Schwamm B. E. der auf einem ovalen Stückchen Kalbleder A. B. angenäht war; beyde füllten die Gaumen und Nasenhöle aus. C. ist ein kleines länglichtes Plättchen, das von Gold, oder von einer Schuppe von Schildpatte gemacht seyn kann, und mit einem kleinen Schwamm D. versehen ist. Dieses soll

soll statt des Zäpfleins dienen, weil der sel. Beck ohne dieses im Schlucken Beschwerniß soll gehabt haben *).

Anstatt des Leders A. B. kann man ein silbernes Plättchen nehmen, an welchem der Schwamm befestigt ist. Doch ist das lederne bequemer und leichter zu verfertigen, es reibt und drückt die weichen und zarten innern Theile des Gaumens weniger, und bequemt sich besser in die Wölbung. Weil das Leder aber mit dem Schwamm durch die Feuchtigkeiten der Nase, des Mundes, der Getränke und Speisen verdorben wird, und einen unangenehmen Geruch annimmt, müssen beyde öfters erneuert werden, das mit sehr wenigen Kosten geschieht.

Zweyter Unterabschnitt.
Der Verband beym Bluten der Zahnhölen.

§. 48.

Nach ausgerissenen Zähnen, manchmal nur bey lockeren **), welche nachher ausgerissen werden, ist der
Blut-

*) Die Abbildung und Beschreibung der Nase, des Gaumens, und obiger Figuren, kann man annoch in der Sammlung der auserlesensten und neuesten Abhandlungen für Wundärzte 1 St. finden.

**) Jourdain's Abhandlung über die chirurgischen Krankheiten des Mundes ꝛc. ꝛc. Zweyter
Theil

Blutfluß so heftig, daß er durch die gewöhnlichen angewandten Mittel (das Brennen ausgenommen, welches Hr. Bell in diesem Falle empfiehlt) nicht gestillt werden kann.

Man bringt in den Boden jeder Zahnhöhle ein kleines rundes Bourdonet von Charpie, das in einer Auflösung von Vitriol mit Wasser getränkt ist. So füllt man den Ueberrest der Zahnhöhlen bis an das Zahnfleisch aus, oben darauf legt man ein Stückchen Schwamm. Um alles dieses fest zu halten, legt man ein Stück Korkholz, das gerade zwischen die benachbarten Zähne und Zahnfleisch hinein paßt, hinein, und befestiget es mit einem Faden an den benachbarten Zähnen. Wenn ein Bruch vorhanden ist, legt man den Keil auf das locker gewordene, oder abgebrochene Stück so, daß ein Theil dieses Keils die Trennung des stetigen genau bedeckt und fest hält. Der Vortheil dabey ist der, daß der Kranke diesen Keil mehrere Tage lang behalten kann, der wie ein künstlicher Zahn sitzt, und durch keine Bewegung in der Nacht aus seiner Stelle verruckt wird. Wenn dieser Keil gut gemacht, und gut befestiget ist, so kann der Druck seine Wirkung auf keine Art verlieren. Dieser so einfache als wirksame Verband ist die Ursache, warum ich eine Maschiene, die Herr Foucou der ältere zu diesem Zweck erfunden

Theil. XV. Kap. 4. 5. 6. Beobachtung. Aus dem Französischen. Auch Johann Hunters natürliche Geschichte der Zähnen, und Beschreibung ihrer Krankheiten, zwey Theile, aus dem Englischen übersetzt. S. 236.

funden, und im siebenden Theil der Abhandlungen der königlichen Akademie der Chirurgie beschrieben hat, nicht — in fremden Bibliotheken — nachsuchte.

Dritter Unterabschnitt.
Die künstliche Zähne.

§. 49.

Personen, welche alle Zähne verlohren haben, wird durch ein Werkzeug ein künstliches Gebiß verschaft. Dies besteht aus zwey aufeinander liegenden Halbzirkeln, auf deren jedem eine Reihe künstlicher Zähne befestiget ist. Dies Instrument wird im Munde dergestalt befestiget, daß sich der Kranke desselben mittelst der Kinnbacken zum Kauen bedienen kann.

Herr Jourdain giebt in dem Journal de Medicine Tome XIII. die Beschreibung und Abbildung eines neuen Instruments dieser Art von der Erfindung des Herrn Massez, das vor allen bisher bekannten große Vorzüge haben soll. Es hat vorzüglich die Eigenschaft, daß es sich im Munde nicht allein öffnen und schliessen, sondern auch seitwärts bewegen läßt, welches leztere, das doch zur Zermalmung der Speisen sehr nothwendig ist, den bisher bekannten Instrumenten dieser Art fehlt.

Ohne

Ohne Kupfer kann keine deutlichere Beschreibung davon gegeben werden. Da aber dergleichen Instrumente selten gebraucht werden, schien mir die Abbildung hier überflüssig; deßhalb ich mich allein damit begnüget, den Schüler aufmerksam darauf zu machen. Lehrer können diesen Mangel leicht ergänzen.

Vierter Unterabschnitt.
Der Verband beym Bluten aus der Zunge, oder Froschschlagadern.

§. 50.

Herr Jourdain hat eine Maschine zu diesem Zweck erfunden, und in seiner, oben §. 48. bemerkten Abhandlung beschrieben, und Tafel 3. abgezeichnet. Ich verweise den Wissensbegierigen zur Quelle, da diese Abhandlungen ohnehin jedem Wundarzte ein wichtiges Lesebuch sind.

§. 51.

Eben allda im ersten Theil Tafel 2. findet man eine Maschine zur Hemmung des Blutflusses nach gewissen Operationen am Gaumengewölbe, und den ausgeschnittenen Mandeln beschrieben und abgezeichnet, welche ich hier übergehe, und sie angezeigt zu haben für hinreichend halte.

§. 52.

§. 52.

Bey Wunden der Zunge haben die, um die ältere Wundarzneykunst sehr verdiente Pave und le Blanc einen Beutel erdacht; er ist aber überflüssig. Besser befestiget man die untere Kinnlade an die obere mittelst der Schleuder (§. 62.), da dann die Zunge durch die beyden Kinnladenbögen, in die Mundhöle eingeschlossen, am besten geheilt werden kann.

Fünfter Abschnitt.
Von den Binden, Instrumenten und Werkzeugen der Lippen des Mundes.

Erster Unterabschnitt.
Die Vereinigungsbinde zur Hasenscharte.

§. 53.

Unter den Krankheiten der obern Lippen, welche einen Verband vorzüglich nothwendig machen, ist die Hasenscharte die gewöhnlichste. Die Vereinigung derselben geschieht entweder durch die trockene, oder durch die blutige Nath. Es ist ein sehr wichtiger Grundsatz, sagt Herr Bell*), daß unter zwey gleich würksamen Heilmethoden

*) Lehrbegriff der Wundarzneykunst. 3. Thl.

methoden diejenige allezeit den Vorzug verdienet, welche die leichteste und mit der wenigsten Beschwerde für den Kranken verknüpfet ist.

In dieser Voraussetzung hat man sich sehr viel Mühe gegeben, zu beweisen, daß blutige Näthe sehr selten würklich nothwendig seyen, und daß man ihrer, besonders zur Kur der Hasenscharte, nicht bedürfe. Auch hat man sich auf die Erfahrung berufen, daß die Kur in solchen Fällen sehr oft blos durch vereinigende Binden bewerkstelliget worden sey; ja man ist so weit gegangen, zu behaupten, daß die Hasenscharte auf diese Art leichter und sicherer, als durch die blutige Nath, geheilet werden könne, indem der Reiz, welchen die leztere verursachet, dem Endzweck, den man sich vorgesezt hat, in hohem Grade hinderlich sey. Wenn die Ränder der Hasenscharte abgeschnitten sind, so macht die Zusammenziehung der Muskeln die meiste Schwierigkeit, und dieser soll, wie man glaubt, durch die Nath so wenig abgeholfen werden, daß sie vielmehr dadurch vermehrt werde. Da hingegen eben dieser Endzweck, ohne alle Beschwerde, durch eine vereinigende Binde erreicht werden könne, welche die zu vereinigende Theile in genauer Berührung erhält, und die umliegenden dergestalt unterstüzt, daß dadurch die Gegenwürkung der Muskeln verhindert wird.

Herr Bell zweifelt nicht, daß man eine Hasenscharte, vermittelst der vereinigenden Binde, oder mit gut

gut angelegten Heftpflastern, eben so vollständig zusammenheilen könne, als wenn man blutige Näthe gebrauchte; und da diese Behandlungsart mit weniger Schmerzen, als jene, verknüpft ist, so würde sie unstreitig den Vorzug verdienen, wenn man sich gewiß darauf verlassen könnte. Allein sehr oft wird man, aller angewendeten Mühe und Sorgfalt ungeachtet, bey dem Gebrauch der Heftpflaster oder Binden den erwünschten Endzweck verfehlen; denn wenn bey der Kur der Hasenscharte die zu vereinigenden Theile nicht in genauer Berührung erhalten werden, bis sie völlig verwachsen sind, so muß die Operation fehlschlagen, und man ist nachher genöthiget, sie aufs neue zu wiederholen, die Lefzen der Wunde wieder roh zu machen, und entweder die Binde wieder anzulegen, oder eine blutige Nath zu machen, durch welche man, wenn sie gleich Anfangs gemacht worden wäre, dem Kranken viele Beschwerlichkeit erspart haben würde; denn in solchen Fällen, wo die Operation anwendbar ist, schlägt die blutige Nath, wofern sie nur gut gemacht wird, niemals fehl. Zwar wird zuweilen, mittelst der Heftpflaster und der vereinigenden Binde, z. B. der Thl. 1. Tafel II. Fig. 16. abgezeichnete, unter welche man zu beyden Seiten auf die Backen Kompressen legt, eine vollständige Kur bewürkt.

Oder man bedient sich folgender: *) „Man nimmt zwey dicke, weiche, halbrunde Kissen, welche aber groß genug

---

*) Chauparts und Deffaults Anleitung zur Kenntniß aller chirurgischen Krankheiten, und der dabey erforderlichen Ope-

genug seyn müssen, um die Backen zu bedecken; ein jedes
derselben wird an die Haube oder Kopfdecke, vermittelst
einiger seidenen Bänder, befestigt, welche durch die Ringe,
die bey der Haube an den Schläfen angenäht sind, und
bey andern unter den Ohren gezogen werden, unterdessen,
daß die Kissen vorn, der obern Lippe gegenüber, um die
Lippen der Zerspaltung einander zu nähern, durch ein
Bändgen, welches an das rechte Kissen angenäht und
durch einen Ring an dem linken gezogen ist, ein zweytes
Bändgen, welches, der untern Lippe gegenüber, auf entgegengesezte Weise befestigt ist, und endlich durch ein drittes unter dem Kinne zurückgehalten werden."

Da man sich aber nie selbst, durch die gröstmög-
lichste Sorgfalt und Aufmerksamkeit, mit völliger Gewißheit dergleichen Erfolg versichern kann, hingegen die blutige Nath niemal fehl schlagen, hat Herr Bell daher die
Vereinigung der Hasenscharte durch Heftpflaster und Binden ganz aufgegeben, und noch, sagt er, hat er keinen
Grund, diesen Entschluß zu bereuen. Herr Hofrath Richter hält sie sogar für schädlich.

Nachdem nun, um die blutige Nath zu machen, die
Nadeln gehörig durchstochen worden sind, drückt ein Gehülfe

rationen. Aus dem Französischen übersezt. Erster Band.
S. 282. Schade! daß diese zween Kollegen nicht Freunde
geblieben sind, sie würden vieles geleistet haben. So wan-
delbar ist freylich der Karakter der deutschen Aerzte-Kolle-
gen nicht!

hülfe die Wangen noch mehr vorwärts, so, daß die Ränder der Wunde einander genau berühren, nimmt der Wundarzt einen einfachen gewichsten Seidenfaden, hängt die Schlinge an die unterste Nadel auf der einen Seite an, und umwindet mit dem Faden die Nadel so, daß der Faden die Gestalt einer umliegenden ∞ macht. (f. Tafel 2. Fig. 23.) Ist dies geschehen, steigt er zur nächsten fort, umwickelt diese eben so, und so verfährt er mit der dritten. Der Faden muß genug angezogen werden, um die Wundlefzen in dichter Berührung zu erhalten — aber nicht zu fest, damit kein Reiz, noch Entzündung entstehen. Einen besondern Faden um jede Nadel zu legen, damit man, wenn es nöthig ist, jeden einzeln herausziehen könne, ist überflüssig, indem der Fall, wo man dieses thun müste, nie vorkömmt.

Längst dem Schnitte muß man einen Streifen Heftpflaster auflegen, um die Wunde vor der Luft zu sichern, auch muß man die Enden der Nadeln auf ähnliche Art bedecken, damit sie nicht an den Betten, oder sonst hängen bleiben.

Dies ist alles, sagt Herr Bell, was man in Ansehung des Verbandes zu beobachten hat. Zwar pflegen einige über die Nadeln eine vereinigende Binde anzulegen, um die Muskeln der Wangen fester zu halten und zu verhindern, daß die Nadeln nicht die Theile, durch welche sie gestochen sind, durchschneiden oder reitzen, welches leicht gesche-

geschehen kann, wenn die Lücke zwischen den Lefzen der Hasenscharten sehr groß ist. Herr Bell hat aber dies in vielen Fällen nachtheilig gefunden, denn man kann die Binde nie so fest anziehen, daß dadurch die Muskeln der Wange gehörig unterstüzt würden, ohne dem Patienten Beschwerden zu verursachen, auch werden dadurch die Enden der Nadeln angedrückt, wenn man gleich da, wo die Nadeln sind, Löcher in die Binde macht. Hiezu kommt noch, daß die Binde, wenn man sie gleich anfänglich fest genug anlegen kann, dennoch gemeiniglich durch die Bewegung der Kinnlade so bald schlaff gemacht wird, daß ihr Nutzen ganz wegfällt. Ist die Lücke in der Lippe sehr groß, und kann man die Ränder nur mit großer Mühe zusammenbringen, so läßt sich von folgendem Heftpflaster einiger Vortheil hoffen.

Man nimmt zwey Streifen Leder, das entweder mit Leim, oder mit Gummi (dergleichen zum englischen Pflaster kommt) bestrichen ist, und legt auf jede Wange einen solchen. Jeder dieser Streifen muß so groß seyn, daß er von dem Kinnbackenwinkel bis ohngefähr einen Zoll weit von den Nadeln reicht. Jeder muß am vordern Ende mit drey starken Fäden oder Bändeln *) versehen seyn, welche, indem ein Gehülfe die Wangen zusammendrückt,

---

*) Einige rathen Schnallen anzunähen, durch diese einen starken Faden zu bringen, solchen wohl anzuziehen, und dadurch die Ränder zu vereinigen. Obiges ist aber besser. Dies gilt von jener

drückt, über dem Schnitte fest gebunden werden. Bindet man die Bänder zwischen den Nadeln, und nicht gerade über denselben zusammen, so verursachen sie dem Kranken gar keine Beschwerden. Man bedarf indessen dieser Heftpflaster nur selten, denn in den meisten Fällen halten die Nadeln die Wunde genugsam zusammen, ohne einer weitern Befestigung zu bedürfen. Nach 5 bis 6 Tagen pflegen die Nadeln locker zu werden. Man zieht zuerst die oberste, jetzt die unterste aus. Dabey muß man aber die Vorsicht gebrauchen, daß man die Finger der andern Hand allezeit dagegen setzt, um die vereinigten Ränder nicht wieder von einander zu ziehen. Auf beyden Seiten, nahe an der Wunde, legt man sodann dicke Kompressen an, befestiget die Ränder mit englischen Pflaster, und legt die vereinigende Binde zur Sicherheit noch einige Tage an. Während der Kur, und so lange die Hasenscharte nicht völlig geheilt ist, darf der Kranke nicht kauen, und muß sich nur mit Brühen, oder andern dünnen und flüssigen Speisen nähren. Er darf nicht reden. Dieses, und alle übrige Bewegungen der Lippen durchs Schreyen und dergl. zu verhüten, wird eine Binde, wie eine Schleuder, unter dem untern Kinnbacken angelegt.

§. 54.

jener Methode, da man ein Werkzeug von Stahl in den Nacken anlegt, und dadurch die Haut an beyden Backen vorwärts drückt.

§. 54.

Es ereignet sich, daß Kinder zugleich mit einem gespaltenen Gaumen gebohren werden, womit manchmal eine doppelte Hasenscharte verbunden ist. Je größer der Spalt ist, desto mehr Beschwerniß leidet das Kind vom Speichel und Schleim, auch kann es die Nahrungsmittel nur schwer zu sich nehmen u. s. w. Um diesen Fehler zu heben, bindet man die Zähne, welche dem Spalte zunächst stehen, zusammen, nachdem nämlich die Hasenscharte operirt worden ist, drückt durch einen schicklichen Verband eine Wange gegen die andere, oder verstopft den Spalt mit einem Meissel, welcher aus einer goldenen, oder silbernen einfachen, oder emaillirten Platte, die durch zween Stiele, welche an den anstossenden Zähnen mit einem goldenen oder seidenen Faden fest gemacht werden, oder mit einem andern, durch den Spalt auf den Boden der Nasenhölen gebrachten, und mit der erstern, durch einen Stift oder Schraube unzertrennlich verbundenen Platte, befestiget wird, besteht *).

Zweyter Unterabschnitt.
Die Binde zur obern Lippe.

§. 55.

Bey Wunden u. dergl. der obern Lippe, wird diese Binde, nach der Art der Schleuder, zur Nase (§. 44.) gemacht.

*) Chaupart und Dessault a. a. O. Thl. 1.

gemacht. Sie ist aber nur einen Daumen breit, und ohne Loch, wird auch wie jene angelegt.

Dritter Unterabschnitt.
Die Larve.

§. 56.

Um diese zu verfertigen, nimmt man eine der Größe und Breite des Gesichts proportionirte Leinwand, schneidet für die Augen, die Nase und den Mund passende Oeffnungen, die, daß sie nicht ausfasern, mit Faden umschlungen werden. An jede Seite dieser Leinwand nähet man drey Bänder, womit sie bequem an dem Kopfe befestiget werden kann. Man kann sie auch aus einem Stücke schneiden, und auf jeder Seite in drey Köpfe spalten.

Sechster Abschnitt.
Von den Binden, Instrumenten und Werkzeugen des Ohrs.

Erster Unterabschnitt.
Der Verband bey Ohrenwunden.

§. 57.

Wenn ein schneidender Werkzeug das Ohr zum Theil vom Kopfe getrennt hat, kann man durch Heftpflaster und eine vereinigende Binde die Heilung bewirken, der Hirnschädel giebt dieser einen hinreichend festen Punkt. Die blutige Nath ist nur bey unregelmäsigen Wunden, oder, wenn das Ohr ganz vom Kopfe getrennt ist, und derhalb die trockene Nath allein, die Ränder der Wunde nicht genug in der Annäherung erhalten kann, nothwendig.

Nachdem man das Ohr wieder vereiniget hat, füllt man den Gehörgang, die Ungleichheiten und Vertiefungen des Ohrs, mit Charpie ordentlich an, legt eine Kompresse darüber, und befestiget dieselbe gegen die Hirnschale mit einer schleuberförmigen Binde, z. B. Fig. 30. a. doch ohne das Loch in der Mitte.

Man legt die Binde der Länge nach so an, daß die zwey obern Köpfe um den Kopf des Kranken, die untern aber um den Hals geführt, und so befestiget werden.

Wäre diese Vereinigung nicht möglich, oder das Ohr zerstöhrt, ist

Zweyter Unterabschnitt.
Das künstliche Ohr

§. 58.

Nothwendig; zu welchem Ende man das Fig. 24. abgezeichnete, und von Silber verfertigte, brauchen kann. Die Spitze wird in den Ohrgang gesteckt, und mit den Bändern befestiget.

Eben dieses kann man mit Nutzen anwenden, wenn die Taubheit eine Folge der Erschlaffung des Trommelfells ist, da man dieses in das Ohr steckt, und an demselben befestiget. Herr Heister sagt *) von diesem, daß es das Gehör sehr vermehren soll, und da man es so leicht unter den Haaren, Hauben, oder Perücken verstecken kann, ist es bequemer, als die übrigen zwey Hornförmige, von ihm Tab. XIX. Fig. 2. und 3. abgezeichnete; die man auch bey Herrn Bell (dritten Theil Tab. XIV. Fig. 47. 75.)

*) Dokt. Lorenz Heisters ꝛc. Chirurgie.

75.) finden kann; deren Abzeichnung ich deßhalben weggelassen habe.

Siebenter Abschnitt.
Von den Binden, Instrumenten und Werkzeugen der untern Kinnlade.

Erster Unterabschnitt.
Die Halfter.

§. 59.

Diese Binde erhält den Namen Halfter (Capistrum simplex), von der Aehnlichkeit, die sie mit einer Pferdhalfter haben soll. Sie ist sechs bis sieben Ellen lang, zwey Querdaumen breit, und auf einen Kopf gewickelt; will man diese Binde anlegen, so faßt man mit einer Hand den Kopf, mit der andern das Ende der Binde, legt dieses im Genicke an, und macht darauf um den Kopf eine Zirkelführung, z. B. nach dem rechten Seitenwandbein, wenn man die Binde am linken Unterkiefer anlegen will, um das Ende der Binden zu befestigen. Nun führt man die Binde rechts vorwärts um den Hals, nach der linken kranken Seite hin, (Herr Böttcher rathet, nach der einen Tour um den Hals, erst die aufwärts gehende, an der gesunden Seite zu machen, damit die zwote Tour um das Kinn, der erstern entgegengesetzt, nämlich von der gesunden nach der kranken Seite, gerichtet werde) allhier steigt man längst dem Backen, neben dem äussern Augenwinkel in die Höhe, gerade über den Kopfwirbel, von da steigt man hinter dem Ohr der andern rechten Seite, bis zum Genicke wieder herunter, kommt wieder unter dem Kinne rechts hervor, und macht die vorige Führung mit einem Hobelgang, steigt auf dem kranken Backen bis nach dem Wirbel hinauf;

Hierauf geht man schief nach dem Genicke, und kommt nach vorne an die kranke Seite, geht in der Rundung herum, über dem Kinne an dem Rande der untern Lippe, nach der andern Seite bis zum Genicke, um den untern Kinnbacken rundum einzuschliessen. Diesen Gang macht man noch einmal über den ersten, kommt darauf wieder nach vorne am Halse unter das Kinn, und steigt längst dem andern gesunden rechten Backen, neben dem äussern Augenwinkel, schief in die Höhe, über den Wirbel hinweg und nach hinten, fährt dann unter dem rechten Ohr weg, über das Kinn nach der linken Seite.

Nun geht man nochmals um den Hals, steigt dann an dem linken Backen mit einem Hobelgang in die Höhe, wie zuvor schon, und befestiget diese Gänge mit einigen Zirkelführungen um den Kopf. (s. Taf. 2. Fig. 25.)

Der

Der Gebrauch dieser Binde ist, wenn der untere Kinnbacken an einer Seite entweder verrenkt, oder zerbrochen, oder auf eine andere Art verletzt worden ist, wenn die Schleuder nicht hinreichend ist, weil sie die Verbandstücke manchmal nicht gehörig festhält, und nicht genugsam befestigt.

Zweyter Unterabschnitt.
Die gedoppelte Halfter mit einem Kopfe.

§. 60.

Diese Binde ist einige Ellen länger, als die vorigen sind.

Man faßt die Binde, wie zuvor, und wickelt eine Elle, auch mehr, nach Erforderniß, von dem Kopfe ab. Die Mitte dieses legt man unters Kinn, und führt dieses Ende rechts, den Kopf links, über die Backen, nächst den äussern Augenwinkeln, auf den Scheitel, allwo man sie kreuzt und das Ende befestigt; alsbann fährt man mit dem Kopf ober dem rechten Ohr über den Hals, steigt mit einem Hobelgange über den rechten Backen, auf den Scheitel, allwo die Gänge eine Kornähre (Spica) bilden, ober dem linken Ohr ins Genicke, von da unter dem rechten Ohr vorwärts, über den Halse, und über dem linken Backen abermal mit einem Hobelgange, auf den Scheitel. Diese Gänge werden nochmal wiederholt, alsdann macht man zwey Zirkelgänge übers Kinn, (oder wie §. 59.) schief über den Backen, macht nachher auf den beyden Backen noch einen Hobelgang, und endiget die Binde mit Zirkelgängen um den Kopf. Die kreuzförmigen Gänge auf dem Scheitel können zur besseren Haltbarkeit mit Nadeln befestiget werden, auch muß man sonderlich dahin sehen, daß die Umführungen um den Kopf wohl anzuliegen kommen, um die Binde fest und gleich zu behalten. (s. Taf. 2. Fig. 26.)

Einige legen diese Binde auf gleiche Art an, nehmen aber dazu eine Binde auf zwey Köpfe gerollt, da dann der Grund derselben unterm Kinne angelegt wird, und deßhalb nennt man sie

Dritter Unterabschnitt.
Die gedoppelte Halfter mit zween Köpfen.

§. 61.

Weil die vorige bequemer anzulegen, und von gleichem Nutzen ist, kann man diese entübrigen. Man bedient sich dieser Binde, wenn der untere Kinnbacken an beyden Seiten verrenkt, zerbrochen, oder auf eine andere Art verletzt worden ist.

Zur

Zur Befestigung des gebrochenen Kinnbackens, wird eine Kompresse und Schiene von Pappe Fig. 27. 28. 29. zu Hülfe genommen.

Vierter Unterabschnitt.
Die Schleuder zur untern Kinnlade.

§. 62.

Die Schleuder ist, wie aus vorhergehenden bekannt ist, eine vierköpfigte Binde. Diese ist etwan $1\frac{1}{2}$ Ellen lang, und 6 Querfinger breit. Die beyden Ende werden gleich gespalten, so, daß in der Mitte eine gute Handbreit ganz bleibt, worein eine kleine Spalte, um das Kinn darinn zu lagern, gemacht wird. (Fig. 30. a.) Diese legt man nun in der Länge unter das Kinn an, und führt die untern Köpfe längst dem Backen auf dem Scheitel, und befestiget sie allba mit Nadeln. Hierauf ergreift man die andern Köpfe, faltet den vordern Rand nach inwendig um, und führt sie unter den Ohren nach dem Genicke, kreuzt sie daselbst, oder befestiget sie mit Zirkelgängen um den Kopf. (Fig. 30. b.) Sie wird zu den Brüchen des Unterkiefers gebraucht. Wollte man sie, wenn ein schiefer Bruch des Unterkiefers vorhanden wäre, gebrauchen, müßten die äussern Köpfe nicht im Genicke befestiget werden, sondern man steigt schief über die Ohren nach dem Hinterhaupt, kreuzt sie daselbst, und führt sie, wie die andere, in Zirkelgängen um den Kopf, wo sie dann auf der Stirne oder auf dem Hinterhaupte mit Nadeln befestiget werden.

Diese Schleuder, etwas schmäler und ohne Einschnitte, kann auch bey Krankheiten der Unterlippe gebraucht werden.

Zweytes Kapitel.

Die Verbandstücke, Instrumenten und Werkzeuge des Stamms.

Erster Abschnitt.
Von den Binden für den Hals.

Erster Unterabschnitt.
Die gleichhaltende Halsbinde.

§. 63.

Diese Binde besteht aus zwey Binden, davon die eine bis 1½ Ellen lang, und eines Zolls breit ist, die andere aber ist 2 bis 3 Ellen lang, 2 bis 3 Querfinger breit, und auf einen Kopf gewickelt.

Nachdem die kleinere quer über den Kopf gelegt worden ist, so, daß die Enden bis auf beyde Schultern reichen, umwickelt man die große in Zirkelgängen über diese. So dies geschehen ist, schlägt man die zwey andern Ende zurück auf den Kopf, und befestiget sie an den Zirkelgängen mit Nadeln, wodurch verhindert wird, daß die Zirkelgänge nicht abglitschen können, was sonderbar bey langem Halse zu befürchten ist.

Die Zirkelbinde kann auf zweyerley Art geendiget werden. Entweder man steigt schief damit nach dem Kopfe, über die Ohren hinauf, und endiget sie daselbst mit Zirkelgängen, und befestiget zugleich die auf den Kopf zurückgeschlagenen Enden der andern Binde, oder aber, wenn der Patient seine Mütze nicht abnehmen will, endiget man sie mit Zirkelgängen um den Hals, und die zwey hängenden Enden der ersten Binde, steckt man mit Nadeln an der Mütze und den Zirkelgängen um den Hals fest. Diese Binde wird bey Verwundungen und Beschädigungen des Halses, bey Aderlässen an der Drosselader, auch die äusserlich aufgelegten Arzneyen, und übrige Zugehör des Verbandes, auf dem Halse fest zu halten, gebraucht. Bey kurzen Hälsen kann auch nur die große Binde, aber in Hobelgängen, hinreichend seyn.

Es kann sich ereignen, daß der Druck durch diese Binde nicht hinreichend ist; (denn zu stark darf der Druck, wegen der Luftröhre und den übrigen Halsgefäsen, nicht seyn.) In diesem Falle ist das von Herrn Chabert in Paris erfundene Werkzeug, welches Herr Pell auf der zweyten Kupfertafel fig. 1. des vierten Theils Lehrbegriffs 2c. hat abzeichnen lassen, sehr bequem. Eben dieses kann man auch anwenden, wenn man eine Drosselader öffnen will, indem man das Kissen C. dicht unter die Stelle anlegt, die man öffnen will.

Zwey-

Zweyter Unterabschnitt.

Die zertheilende Halsbinde, auch die geradehaltende Binde des Halses.

§. 64.

Diese Binde ist ebenfalls eine zusammengesetzte und zweyfache Binde, sie bestehet aus einer kleinen, und aus einer größern 8 bis 9 Ellen langen, drey Querfinger breiten, auf zwey Köpfe gerollten Binden. Die kleine Binde wird so über den Kopf, längst der Pfeilnath gelegt, daß das eine Ende über die Nase, bis auf die Brust, das andere aber über das Genicke, bis zwischen die Schultern, herunter hängt.

Nun faßt man jeden Kopf, der größern Binde, in die Hand, legt den Grund der Binde auf die Stirne, über die erste Binde, (man könnte sie aber auch am Hinterhaupte anlegen, und auf der Stirne kreuzen,) geht über die Ohren um den Kopf, in's Genicke, wechselt die Köpfe, steigt unter beyden Achseln, welche mit Kompressen gefüttert sind, vorwärts über die Schulter, kreuzt sie abermal, führt sie unter den Achseln über die Brust, wechselt die Köpfe abermal, und endiget die Binde mit Zirkelgängen.

Nun nimmt man die beyden hängenden Ende der kleinen Binde, führt sie über den Kopf zurück, und befestiget

festiget sie mit Nadeln daselbst, oder an den andern Gängen, nachdem man den Kopf hinterwärts gezogen hat. (s. Taf. 2. Fig. 31.)

Diese Binde dient zur Zurückziehung des Kopfs, welches in den Querwunden in dem Genicke zur geschwinden Vereinigung, ingleichem bey Verletzungen des Vorderhalses, welche einige Zeit offen erhalten werden müssen, oder, wo man sich eine Biegung des Halses zu befürchten hat, sehr nöthig ist. Auch hält sie den Kopf gerade und aufrecht, damit nicht, nach geschehener Zerschneidung oder Verletzung der Halsmuskeln — oder nach einem Brandschaden, der Hals krumm, oder der Kopf vorhangend werde. In dieser Absicht kann man sie bey Kindern und alten Personen, die aus Gewohnheit, oder wegen Schwachheit der Muskeln den Kopf nicht gerade halten können, mit Nutzen anwenden.

Man hat noch eine komponirte, das ist, mit mehrern Gängen auf der Brust und dem Rücken, die, wenn etwa nebst obigen Fehlern, auch Schäden oder dergleichen auf der Brust vorhanden wären, zum Gebrauch angerühmt wird. Diese Fälle sind äusserst selten, und denn wird ein Wundarzt, wenn er diese und dergleichen Binden anzulegen weiß, sich auch in diesem Falle zu berathen wissen.

Dritter Unterabschnitt.
Die vereinigende Halsbinde, auch die fleischmachende Halsbinde.

§. 65.

Man nimmt eine vierfach zusammengelegte Serviette, legt sie über die Unterkleider unter die Achsel, und steckt sie vorn auf der Brust mit Nadeln zusammen; alsdann nimmt man zwey Stückgen Leinwand, befestiget das eine Ende derselben an der Schlafmütze, das andere an der Serviette, so, daß, wenn die Wunde an der Luftröhre, oder dem Vordertheile des Halses ist, die Enden, nachdem das Haupt etwas vorwärts gebogen ist, an dem vordern Theile des Tuchs festgesteckt werden, um das Haupt in dieser Lage zu erhalten. Ist aber die Wunde im Genicke, so kann man das Haupt ein wenig nach hinten biegen, und in dieser Stellung durch eben diese Binde erhalten, wenn man die Enden der zwo kleinen Binden mehr nach hinten zu an die Servietten anzieht und fest macht. Diese Binde soll sehr gute Dienste in weit von einander klaffenden Halswunden leisten, die man durch das Heften mit Nadeln und Faden zusammengebracht hat, und mit Pflaster, weichen Polstern — und einer Binde verbunden um den Kopf sorgfältig unbeweglich zu erhalten, daß die Haft die Wundlippen nicht zerreisse und aufsprenge.

Vierter Unterabschnitt.
Die vereinigende T Binde zum Luftröhrenschnitt des Herrn Evers *).

§. 66.

Diese Binde besteht aus zwey Stücken. Man nimmt eine drey Querfinger breite, und 5 Ellen lange, auf zwey Köpfe gerollte Binde, an deren Mitte eine andere, eben so breite, und 3 Ellen lange angenäht wird, daß sie die Figur eines T bilden (Taf. 7. Fig. 32.). Die kleinere Binde wird nun so gespalten, daß eine halbe Elle ganz bleibt. Beym Anlegen kommt die Stelle, wo die zwote angenäht ist, so auf das Genicke, daß die kleine über das Hinterhaupt auf dem Scheitel zu liegen kommt. Nun fährt man mit beyden Köpfen über die Schultern vorwärts unter den mit Kompressen gefütterten Achseln auf dem Rücken, wechselt und kreuzet die Binde, fährt abermal auf die Brust vorwärts und befestiget dieselbe. Nach diesem werden die gespaltenen Enden der kleinen Binde auf dem Scheitel gekreuzt. Man fährt mit diesem über das Gesicht unter die Achseln, zieht das Kinn nach Erforderniß auf die Brust, und befestiget diese Binde wie die erste. Diese Binde ist zur Vereinigung bey Querwunden der Kehle sehr vortheilhaft.

Fünf-

---

*) Neue vollständige Bemerkungen und Erfahrungen zur Bereicherung der Wundarzneykunst und Arzneygelahrheit.

Fünfter Unterabschnitt.

Das von Herrn Monro erfundene Werkzeug, um das Röhrchen nach der Operation der Bronchotomie zu befestigen.

§. 67.

Der jüngere Herr Doktor Monro hat Herrn Bell die Abbildung eines dienlichen Werkzeuges mitgetheilt, um das Röhrchen nach der Operation des Luftröhrenschnitts zu befestigen (s. Taf. 3. Fig. 33). A. Eine Platte von dünnem polirten Stahl mit einer Krümmung, die auf den vordern Theil des Halses passet. B. B. Die Enden dieser Platte A, mit welchen die Riemen C. C. verbunden sind, um durch solche das Instrument vermittelst einer Schnalle an dem hintern Theil des Halses zu befestigen.

E. E. Ein bewegliches Stück oder Schieber, welcher sich auf den beyden gerade herunterstehenden kleinern Steften von glattem Stahl D. D, die an der innern Seite der Platte A. befestiget sind, hinauf und herunter schiebt. In diesem Stücke E. ist eine Oeffnung ein wenig oberhalb E, um das Röhrchen F. aufzunehmen. In der Mitte des Schiebers E. aber ist eine kleine Schraube G. befindlich, welche durch den untern Theil des Stücks geht, und indem sie auf den untern Theil des Röhrchens F. drücket, hierdurch solches genau an denjenigen Ort festhält, wohin es nach der Operation gebracht worden ist.

Da

Da dieses Stück E. sich leicht auf den beyden Stiften D. D. hin und her schieben läßt, und da man das doppelte Röhrchen F. so tief, als man will, in die Luftröhre bringen, und in dieser Lage durch die kleine Schraube G. befestigen kann, so erfüllt dieses Werkzeug alles das, was man von ihm verlangt, vollkommen. Hr. Doktor Monro hat sich dieses Werkzeuges in verschiedenen Fällen mit Nutzen bedient.

Herr Hofrath Richter bedient sich einer einfachen Röhre, die an den Hals befestigt wird. Damit die Ränder des Röhrchens die Wunde nicht reitzen, legt man lockere Charpie dazwischen; die Oeffnung des Röhrchens bedeckt man mit einer durchlöcherten Kompresse und einem zarten Flor, um das Eindringen fremder Körper in die Luftröhre zu verhüten.

Nachahmenswerth scheint mir Herrn Bells Methode. (eben allda S. 407.) Bevor er den Troikar mit dem Röhrchen hineinstößt, durchsteckt er dieses mitten durch drey oder vier Kompressen von Leinwand, auf die Wunde selbst legt er eine durchlöcherte, mit einer erweichenden Salbe bestrichene Plümaceau. Durch diese Kompressen kann er nach Gefallen und Bedürfniß die Länge des Röhrchens vermehren oder vermindern. Die Erfahrung hat gelehrt, daß diese Vorsicht, im Falle eine Geschwulst um die Wunde herum entstehen sollte, eine Sache von großer Wichtigkeit ist, weil, wenn man hierauf nicht gehörig

Acht

Acht hat, eine sehr geringe Geschwulst an den Seiten der Oeffnung das Röhrchen gänzlich herausziehen würde. Das Röhrchen sollte zu diesem Zwecke nie weniger als zween Zoll lang seyn. Zu Anfang, wenn man es hinein stößt, soll von dem Ende desselben gerade so viel durch die Kompressen unbedeckt bleiben, daß es leicht in die Luftröhre einbringe. Kömmt eine Geschwulst dazu, so wird, wenn man eine, zwey, oder mehrere Lagen von der Leinwand abschneidet, das Röhrchen immer noch eben so tief hinein reichen. Ereignet sich aber im Gegentheil der Fall, daß zur Zeit der Operation die Theile etwas geschwollen sind, so kann, wenn die Länge des in der Luftröhre steckenden Stücks durch die niedersinkende Geschwulst zu sehr vergröfert würde, der sonst daraus entstehenden Unbequemlichkeit leicht dadurch abgeholfen werden, daß man einige wenige Lagen von zusammengelegter Leinwand zwischen zwo Kompressen einschiebt, ohne das Röhrchen herausnehmen zu dürfen.

Dies gab Herrn Bell Anlaß zu dem beschriebenen Werkzeug, bey welchem diese Kompressenänderung nicht nöthig ist. Hält man es für rathsam, das Röhrchen abermals herauszunehmen, so muß man die Haut sogleich wieder über die Oeffnung ziehen, um sie in dieser Lage durch Heftpflaster, Kompressen und Zirkelbinde zu erhalten.

Eben dies geschieht auch, wenn der Luftröhrkopf, oder die Luftröhre, oder die Speisröhre durchschnitten werden worden ist, um fremde Körper u. dgl. herauszuziehen, die abermalige Vereinigung zu bewürken.

Sechster Unterabschnitt.
Herrn Bells Werkzeug beym schiefen Halse.

§. 68.

Wenn die, wegen spasmotischer Zusammenziehung, oder durch eine Geschwulst ausgedehnten Zitzenbrustbeinmuskeln durchschnitten werden müssen, verfehlt man, nach Herrn Bells Erfahrung, die Heilung, wofern man nicht dem Kopfe eine feste Lage und Unterstützung giebt. Zu dieser Absicht empfiehlt er folgendes Werkzeug: (Fig. 34.) A. B. C. Ist eine gekrümmte Eisenplatte, welche an den Schultern befestigt wird. Sie steht mit einer andern, an deren obern Ende die Platte D. E. F. angebracht ist, in Verbindung, welche, weil der Kopf darauf ruhen soll, mit weichem Leder oder Barchent gefüttert werden muß. G. H. I. Ist ein Riemen nebst Schnalle, womit das Instrument am Halse fest gemacht wird.

Siebenter Unterabschnitt.
Die vierköpfige Halsbinde.

§. 69.

Diese Binde läßt sich aus der Ansicht der Fig. 39. von selbst begreifen. Man nimmt ein proportionirtes Stück Leinwand a, das gegen dem Halse zu etwas schmäler ist. An jeder Ecke desselben nähet man eine, zwey Querfinger breite Binde. Die obern b. b. befestiget man, mittelst einer Schleife, auf der Brust, indem man sie über die Schultern vorwärts ziehet. Die untern c. c. führt man um den Leib, und befestiget sie auf gleiche Weise.

Man gebraucht diese Binde, wenn auf dem Genicke ein Vesikatorpflaster oder eine Haarschnur applicirt wird; macht man die Leinwand a. etwas länger, so kann man sie zur nämlichen Absicht auf dem Rücken gebrauchen.

Dritter Abschnitt.
Von den Binden und Werkzeugen für die Brust (Mamma).

Erster Unterabschnitt.
Die Milchbrustgläser und Milchpumpe.

§. 70.

Erstgebährende leiden oft die heftigsten Schmerzen, wenn sie das neugebohrne Kind zu säugen versuchen.

Diesem beugt man am besten vor, wenn man 8 bis 14 Tage, auch wohl noch länger, vor der Geburt die Warze zubereitet und zu ihrer Verrichtung geschickt macht. Eben dies geschiehet bey kleinen eingedruckten Warzen. Nach der Geburt werden sie gebraucht bey allzusparsamer Milchabsonderung, bey Milchversetzungen, zur Zertheilung der schmerzhaften Knoten der Brüsten, die von zäher angehäufter Milch entstehen u. s. w.

In ersten Fällen bilden sie die Warzen; in diesen ziehen sie die Milch zu und aus den Brüsten, wenn diese Absichten durch das Säugen stärkerer Kinder, erwachsener Personen, oder auch junger Hunde nicht erreicht werden können, oder nicht hinreichend sind. Man soll sich allzeit beym Gebrauche dieser Zugwerkzeuge für Gewalt und zu starkem

starkem Zuge hüten, vornämlich bey Frauenspersonen, deren Brüste und Warzen sehr reitzbar sind. Ich sahe, daß statt Milch, Blut hervorgezogen wurde mit nachfolgender heftigen Entzündung, selbst mit Verlust der Warze.

Diese Heilsanzeigen zu erzwecken, hat man verschiedene Werkzeuge erfunden.

1) Tabackpfeife von Köllnischer Erde. Man setzt den Kopf auf die Warze, die Frau selbst oder eine andere Person nimmt das Röhrchen in den Mund und zieht die Luft an sich; weil aber der scharfe oder dünne Rand des Kopfs zu schmerzhaft oder die Würkung zu schwach ist, hat man

2) verschiedene Arten von Milchgläsern erfunden, die zu bekannt sind, als daß sie einer Beschreibung bedürfen.

Man hat diese Brustgläser neuerlich *) mit biegsamen Saugröhren versehen, wodurch die Frauensperson selbst, oder eine andere die Milch sehr bequem aussaugen kann. An dem Rande desselben, wo insgemein der Zugzapfe ist, ist eine gut verkittete Oeffnung, in welche eine neun Zoll lange biegsame Röhre gesteckt wird, den obern, etwas breiten beinernen Theil desselben nimmt die Frau in den Mund,

*) Verzeichniß der wichtigsten Fabrikaten, welche in Würzburg bey Herrn Pickel, Professor der Chemie, zu haben sind, besonders für Aerzte, Apotheker und Materialisten merkwürdig. Das Stück kostet 1 fl. 30 kr.

Mund, und zieht dadurch die Luft aus der Flasche, da denn die Warze die Milch in die luftleere Flasche ergießt.

In den Fällen, da ein anhaltender gelinder Zug erfodert wird; z. B. bey eingedruckten tiefen Warzen sind diese Zuggläser nicht hinreichend.

3) Herr Hofrath Stein hat diesen Gläsern eine Pumpe beygefügt, welche, nachdem die Luft aus dem Glase ausgezogen ist, abgeschraubt werden kann; und so kann man das Glas den ganzen Tag an der Brust sitzen lassen *).

Eine ähnliche, nur zusammengesetztere hat

4) Herr Professor Stegmann beschrieben **) und abgebildet gegeben, bey welcher die Pumpspritze auch zu anderem Nutzen gebraucht werden kann.

Da beyde Milchpumpen, von den Instrumentenmachern ***) verfertiget, sich angeschaft werden müssen, will

---

*) Kurze Beschreibung einer Brust- oder Milchpumpe, samt der Anweisung zu deren vortheilhaften Gebrauch bey Schwangeren und Kindbetterinnen. Kassel 1773.

**) Neue Bemerkungen und Erfahrungen zur Bereicherung der Wundarzneykunst und Arzneygelahrheit. Zweyter Theil. Tab. I. Fig. III. s. auch Herrn Bells Lehrbegriff der Wundarzneykunst. Dritter Theil. Tab. XIV. Fig. 181.

***) Als einen sehr geschickten Meister und sehr traitablen Mann, mit dem ich in allem bis hieher zufrieden zu seyn Ursache habe, will ich die weitläuftigere Beschreibung und Abbildung derselben hier unterlassen.

Weniger kostbar und zerbrechlich ist

5) die von Herrn Theden beschriebene *) und abgebildete Milchpumpe von elastischem Harze, an welchem $1\frac{1}{2}$ Zoll langes warzenförmiges Glas befestiget ist. Beym Gebrauche dieser drückt man die Luft erst ganz heraus, indem man die Flasche mit der warmen Hand zusammendrückt, und sezt dann das Glas auf die Warze; sogleich läßt man vom Drucke der Flasche etwas nach, da dann die Warze in die luftleere Flasche an und in das Glas herausgezogen wird.

Die elastische Flasche muß wenigstens $3\frac{1}{2}$ Zoll lang und 3 Zoll im Durchschnitte breit seyn, weil sie ansonst nicht stark genug anzieht; auch muß man beym Kaufen derselben bedacht seyn, daß die Flasche durchaus die erforderliche Stärke hat.

Ist sie zu steif, so kann man sie nicht genug zusammendrücken, um sie luftleer zu machen; ist sie aber zu weich,

habe, kann ich Herrn Johann Jakob Weber, Messerschmid, wohnhaft in der Kiefergasse in Straßburg, anrühmen und empfehlen.

*) Beschreibung der Milchpumpe, und Anzeige, wie sie gebraucht und im Stande erhalten werde, von M. Jo. G. Stegmann, öffentlichen ordentlichen Lehrer der Mathematik u. s. w. — mit einer Kupfertafel. Kassel 1783.

weich, (wie man dergleichen oft erhält) so ballt sie sich in der Hand und zieht nicht an. Hätte sie durch den öftern Gebrauch ihre Schnellkraft verlohren, so hängt man sie einige Tage in den rauchenden Kamin, wodurch sie wieder brauchbar werden soll.

Da man diese Milchpumpe ebenfalls schon verfertigt kauft, fand ich die Abbildung überflüssig.

§. 71.

Es entstehen zuweilen kleine Geschwüre und Wunden an den Brustwarzen, welche wegen des zarten Baues dieser Theile sehr schmerzhaft sind, und bey fortgesetztem Stillen und anderem äusseren Reiz und Reiben des Hemdes immer schlimmer und langwieriger werden.

Nebst andern äussern schicklichen Heilmitteln bedeckt man sie mit den Hütgen. Taf. 3. Fig. 35. 36. welche von Elfenbein, Silber oder auch von Bley verfertigt werden.

Sie haben an ihrem Rande einige Löcher, wodurch man sie um den Leib befestigen kann. Auch daß der Ausfluß der Milch nicht gehindert wird, sind an der Spitze derselben 5 Löcher eingebohrt.

Zwey-

Zweyter Unterabschnitt.
Die künstliche Brustwarze.

§. 72.

Es ereignet sich nicht selten, daß wenn eine Mutter das Kind stillen will, das Kind aber auf keine Weise dazu zu bringen ist, die Brust zu nehmen. In diesem Falle fand Herr D. Melitsch *) folgendes zuträglich.

Man nehme ein frisches Kuheiter, und die andere Fläche von einem sogenannten Warzenhute, der rund, an der äussern Fläche convex, an der innern concav ist, daß er gerade auf die Brust passe, in der Mitte hat er eine Oeffnung, durch welche die Warze der Mutter hervorgeht, und an dem Rande sind mehrere kleine Oeffnungen zur Befestigung des Kuheiters angebracht, dieses kann man aus Pflaumenholz bereiten. Von dem Eiter wird der untere Theil mit der Warze abgeschnitten, erst in klarem Brunnwasser gehörig ausgewässert, über die hölzerne Fläche so angespannt, daß nur die Warze gehörig gestaltet bleibe; diese auf diese Art befestigte Vorrichtung wird nun in ein mit Zucker vermischtes Wasser geworfen und auf die Brust angelegt, wo alsdenn dem Kinde die Brust gereicht wird, welche es gewiß nicht mehr verschmäht. Wenn es zu trinken aufhört, wirft man diese Maschine

bis

---
*) Hrn. Hofr. Starks „Archiv für die Geburtshülfe,„ 2. B. 4. St. S. 185.

bis zum fernern Gebrauch wieder in klares reines Wasser. Hr. D. Melitsch hat einigemal den glücklichen Erfolg gesehen, und dies bewog ihn, Herrn Hofr. Stark diese Beobachtung mitzutheilen. Wofern die Kinder nur einige Tage auf diese Art gesogen haben, so thun sie es auch ohne dieses Hülfsmittel.

§. 73.

Da die Fälle mannichfaltig sind, die den Säuglingen die mütterliche Brust entziehen können, und man entweder keine Amme halten kann, oder derselben die erforderlichen Eigenschaften mangeln, ist dem Kinde eine künstliche Brust, ein schickliches Saugmännchen oder Saugfläschgen nothwendig. Hr. D. Reichhardt *) empfiehlt folgendes.

Mann nimmt ein etwas starkes Arzneyglas; (auch ein Melissengläschen, das wegen seiner Weisse ein besseres Ansehen giebt) erst von 2 Unzen, und in der Folge, da das Kind mehr Nahrung braucht, von 4 Unzen, verschließt dessen Oeffnung mit einem Korkstöpsel, in welchem mit einem dünnen Drath, oder Stricknadel, ein Loch gebrannt wird. Weil aber der Kork durch die Feuchtigkeit leicht aufschwillt, und den gebrannten Kanal in selbigem verengert, und am Ende wohl gar verschließt, wo es dann immer etwas zu thun giebt, auch das Kind, da der Zufluß der Feuchtigkeit geringer ist, als der Abzug,
mehr

*) Eben allda 2. B. 2. St. S. 145. und 4. St. S. 184.

mehr Luft einsaugt, die sich in den Schwamm zieht, welche alsdann den Wasserkindern meistentheils einen aufgetriebenen Unterleib, und die daher entstehenden Zufälle veranlaßt, ist es rathsamer, diesen Kork wegzulassen, und den Schwamm unmittelbar auf die Oeffnung zu befestigen.

Man nimmt ein Stückchen Waschschwamm, das gut ausgesteinigt und ausgebrüht ist, von der Größe einer kleinen Haselnuß, dieses bindet man mit Zwirn in die Mitte eines reinlichen leinenen Läppchens, so, daß es die Gestalt einer Brustwarze erhält; die Zipfel des Läppchens bindet man alsdann hinter dem Rande, oder an dem Halse des Glases, mit Zwirn zusammen, und befestigt die künstliche Warze solchergestalt an das Glas.

Durch diesen Schamm wird die unnütze und schädliche Luft ausgeschlossen, und das Kind bekömmt, bey einem mäßig geneigten Glase, so viel als es braucht, ohne fruchtlos saugen zu müssen, was doch bey den gemeinen Säugfläschgen so oft geschieht.

Bey diesen Säuggläsern hat man aber eine doppelte Vorsicht nothwendig. 1) Daß die Kindermagd — vorausgesetzt, daß sie einen reinen Mund hat — die alte, im Schwamm enthaltene Milch, zuerst abziehe, bevor sie dasselbe dem Kinde zu saugen reicht. 2) Daß die äußerste Reinlichkeit zu beobachten ist, so wie bey allen dergleichen

chen Instrumenten. Man darf daher ein solches Gläschen, zumahl im Sommer, nicht über 12 Stunden brauchen; und allezeit muß man einige Gläser, ein halb Dutzend Läppchen und Schwämmchen vorräthig haben, damit man fleissig umwechseln, und das Sauerwerden derselben verhindern kann. Die gebrauchten muß man sogleich mit heissem Wasser gut ausbrühen und auswaschen, wenn man sie abermal gebrauchen will.

Durch eigene Erfahrung kann ich diese Saugfläschgen nicht empfehlen; ich war noch nicht so glücklich, denselben Beyfall zu verschaffen, weil diese Erziehungsart meistens den Kinderwärterinnen u. s. w. zu mühsam ist. Wer mit mir gleiches Schicksal hat, dem rathe ich, bey dergleichen Kindern, auf die, von der mit dem Wasser eingeschluckten Luft verursachten Zufälle, aufmerksam zu seyn.

Dritter Unterabschnitt.
Die einfache und doppelte aufhebende Binde der Brüste.

§. 74.

Diese Binde ist 6, 8 bis 10 Ellen lang, 4 Querfinger breit, und auf einen Kopf gerollt.

Man

Man legt das Ende zwischen die Brüste, geht über die Schulter der kranken Seite, kommt unter dem Arm hervor, um die Brüste zu heben, indem man über die Schulter der gesunden Seite herüber geht, unter demselben Arm hervor über die gesunde Brust auf die kranke Schulter, und geht von da hinab unter dem kranken Arm, hervor über die Brust nochmals mit einem aufsteigenden Hobelgange, und nachdem man den vorigen Weg gegangen, macht man Hobelgänge, und steigt nochmals über die gesunde Schulter hinab. Wenn man aber von da unter dem Arm hervorkommt, muß man die Quer über beyde Brüste, um dieselbe zu bedecken, unter dem kranken Arm hinterwärts gehen, und etliche Gänge also um den Leib machen, daß sie die Hobelgänge, mit welchen die Brüste gehoben werden, auf der untern Seite befestigen. Dies ist, wenn nur eine Brust krank ist.

Sind aber beyde Brüste krank, so muß man, wenn man das erstemal unter der Achsel hervor kömmt, unter beyden um den Leib herumgehen, und alsdann eine um die andere mit gleichmäsigen Hobelgängen heben.

Nachdem diese gemacht sind, und man beyde Brüste auch mit dem Quergange bedeckt hat, führt man die Binde über den Rücken unter dem gegenüberstehenden Arm über die Achsel dieser Seite um den Rücken zu dem andern, und von da ebenfalls über die Achsel um den Rücken, um beyde Schultern hinterwärts ziehen zu können,

und

und befestiget die Binde alsdann eben so, als wenn nur eine Brust krank ist. (s. Taf. 3. Fig. 37.)

Die Hebung der Brust ist überhaupt in allen Krankheiten derselben so nöthig, daß man ohne dieselbe nicht viel ausrichten kann, besonders kann man durch dieselbe bey Säugenden, wenn die Milch sich zu verstopfen anfängt, die Entzündung und Verhärtung verhindern, und die Schmerzen derselben werden merklich gelindert. Nur ist diese Binde oft sehr lästig, und viele Frauenzimmer werden sich dieselbe nicht oft anlegen lassen. Man kann, statt dieser, mit gleichem Nutzen und weniger Beschwerniß die

Vierter Unterabschnitt.
T Binde zu den Brüsten

§. 75.

Gebrauchen. Man nimmt ein Stück Leinwand, das nach der Erfoderniß breit und lang ist, um die Brust zu bedecken, und von derselben über beyde Schultern auf den Nacken reicht, um es allda zu befestigen, z. B. eine Viertelelle breit, und $1\frac{1}{4}$ bis $1\frac{1}{2}$ Ellen lang. Das obere Ende wird bis auf die Hälfte der Länge gespalten; an das untere aber näht man der Breite nach eine drey Querfinger breite, und $3\frac{1}{2}$ Viertelelle lange Binde.

Diese

Diese legt man unter der Brust dergestalt an, daß man die Enden abermal allda befestigen kann. Die beyden herunterhängenden Köpfe hebt man mit der Brust in die Höhe, kreuzt sie und führt sie, wie gleich unten §. 76. über die Schultern, und befestiget sie auf dem Rücken gehörig, doch nicht mit Stecknadeln, sondern mit Fadenstichen, weil erstere beym Liegen die Kranken belästigen könnten, und nicht wirksam genug die Binde befestigen. Dieser ist nicht ungleich

Fünfter Unterabschnitt.
Die vierköpfigte Brustbinde.

§. 76.

Man nimmt eine zwey und $1\frac{1}{2}$ Viertel lange, und ungefähr zwey Viertel breite Leinwand a. Taf. 3. Fig. 38. (Doch muß man sich nach der Größe der Brüste, und ob eine oder beyde Brüste zu verbinden sind, richten.) An die vier Ecken dieser Leinwand nähet man vier Binden, jede 2 Ellen lang und 3 Querfinger breit, so daß die zwey b. b. an dem äussern Rande, die andere c. c. an dem obern befestiget sind. Nun legt man die Bänder b. b. wie oben — so nahe, als möglich unter die Brüste, führt sie über den Rücken, kreuzt sie allda, kömmt abermal hervor, und befestiget sie mittelst einer Nadel oder Schleife unter den Brüsten. Nach diesem hebt man das Stück Leinwand, und mit dieser auch die Brust in die

Höhe

Höhe, führt die andern Binden c. c. über die Schultern auf den Rücken, und nachdem man sie allda gekreuzt hat, unter dem Arm hervor, und befestiget sie über den beyden Brüsten an das Stück *a*. Ist nur eine Brust krank, so muß die Mitte gerade unter derselben angelegt werden, und man befestiget die beyden untern Köpfe wie vorher. Man kann diese Binde auch bey amputierter Brust gebrauchen.

Doch ist die §. 79. zuverläßiger, wenn eine starke Hämorhagie zu befürchten ist.

Sechster Unterabschnitt.
Das Kindbett-Kamisol.

§. 77.

Dieses kann manchmal die Stelle der Binden § §. 72. 73. 74. vertretten, wenn man unter die Brüste eine Serviette legt, und das Kamisol von unten an so zusammenbindet, daß die Brüste die erforderliche Unterstützung haben.

Sieben-

Siebenter Unterabschnitt
Die Badschüssel bey krebshaften Brüsten.

§. 78.

Herr Georg Bell *) hat zu Erleichterung der Schmerzen bey krebshaften Brüsten, wenn die Ausrottung nicht statt hat, und die Stelle, wo die Krebsfeuchtigkeit sich ansammelte, geöffnet worden ist, ein Baad von mäßig warmen (105°) Wasser empfohlen. Er läßt den Kranken vorwärts, der Länge nach, auf Sackdrillig, über eine Art Bettgestelle gespannt, legen, so, daß der Sackdrillig eine Oeffnung hat, wodurch die Brust in das warme, gleich darunter stehende Baad, getaucht werden kann. Ist aber die Brust von Natur flach, oder vom Schaden so verzehrt, daß sie nicht ins Wasser reichen kann, nimmt man es herauf, und legt es fast mit dem selben Vortheil auf, als wenn die Brust selbst eingetaucht würde. Das unrein gewordene Wasser muß erneuert werden; auch ist es gut, wenn während dem Baden, ohne das Gefäß zu berühren, das Wasser gelind umher bewegt wird. Ragt die Brust hervor, so wird

---

*) Georg Bell über den Krebs an der Brust, aus dem Englischen. S. Neue Sammlung der auserlesensten und neuesten Abhandlungen für Wundärzte, aus verschiedenen Sprachen. St. 24. S. 345.

wird ein gemeines erdenes Geschirr zu dieser Absicht recht gut seyn. Soll aber eine platte Brust gebadet werden, dann wird sehr weiche Leinwand dienlich seyn. Man kann ein Stück vielfach zusammen legen, oder mehrere Stücke eines über das andere, bis zu einer beträchtlichen Dicke, und so breit, daß sie über die Ränder des Geschwürs herüber ragen.

Diese einzelne Lappen, oder die Falten des ganzen Tuches, müssen zusammengeheftet werden, damit sie gehörig liegen bleiben.

Einen solchen Bausch taucht man in warmes Wasser, und legt ihn so voll davon gezogen, wie möglich, auf die kranke Stelle. Man kann auch Wasser oben herein fließen lassen, wenn er aufliegt, nur daß man in allem Falle dafür sorgt, daß das ablaufende Wasser irgend abgeleitet werde, um nicht den ganzen Körper naß werden zu lassen. Das Taf. 4. Fig. 48. abgebildete Werkzeug, oder Schüssel, wird dies verhüten.

A. Ist eine dünne Zinnplatte, welche mit ihrem Rande dergestalt auswärts gebogen ist, daß von beyden Seiten eine Art von Rinne herabläuft, worinn das beym Bähen herablaufende Wasser sich sammelt, um in die unten angefügte Röhre, und aus dieser weiter, in ein untergesetztes Gefäß zu laufen.

Achter

Achter Unterabschnitt.
Der Verband bey amputierter Brust.

§. 79.

Es ist manchmal schwer, bey der Amputation einer Brust, das Bluten zu stillen.

Folgender Verband bewirkt es zuverläßig *). Nachdem man über die Brustwunde eine proportionirte Lage weicher Charpie, und über diese eine schickliche Kompresse gelegt hat, nimmt man einen Zinnteller, drückt ihn, nach Erforderniß des Drucks, mit dem Plenkischen Tourniket, mittels zweyer Riemen, welche sich auf dem Rücken kreuzen, und an die Arme des Werkzeuges eingehängt werden, auf die Kompresse und Teller.

---

*) Ich erinnere mich diese Verbandsmethode in einer der neuern Schriften gelesen zu haben, wo aber? — das könnte ich nicht mehr finden. Dies soll ein Beweis seyn, daß ich andrer Erfindungen mir nicht zueignen will. Nutzen ist mein Zweck, nicht Prahlerey.

Vierter Abschnitt.
Von den Binden der Brust (Thorax).

Erster Unterabschnitt.
Die Binde bey dem Empyeme.

§. 80.

Es ist schon aus dem vorhergehenden bekannt, daß die vormals gewöhnliche Wiecke schädlich ist, und man statt derselben ein ausgefasertes Leinwandbändchen (Th. 1. Taf. 1. Fig. 9.) gebrauche.

Ueber dieses legt man eine schickliche Kompresse, und die Binde. (Th. 2. Taf. 3. Fig. 40.) Sie bestehet aus einem Stücke Leinwand, das $1\frac{1}{2}$ bis 2 Vierteleellen breit, und nach dem Umfange des Körpers $2\frac{1}{4}$ bis $2\frac{1}{2}$ Ellen lang ist.

An dem einen Ende macht man vier Einschnitte, welche, daß sie nicht ausreissen, mit Faden umschlagen werden, am andern Ende schneidet man vier Köpfe. In der Mitte gegen oben macht man der Länge nach einen Einschnitt.

Wenn man die Binde anlegt, steckt der Kranke den Arm kranker Seite durch diese Oeffnung, die vier Köpfe aber

aber steckt man durch die vier Oeffnungen, und macht mit jenen zweyen, auf der gesunden Seite, eine Schleife. Diese Binde ist sehr leicht anzulegen, und beschwert den Kranken nicht.

Zweyter Unterabschnitt.
Die Schulter- Trag- auch Jochbinde, Skapulierbinde, das Skapulier.

§. 81.

Diese Binde bestehet aus einer Serviette a. und einer Art von Hebe b. (Taf. 3. Fig. 41.)

Die Serviette wird, nachdem dieselbe breit ist, ein paarmal zusammengelegt, und alsdann auf zwey ungleiche Köpfe gerollt, der mittlere Theil wird, wo möglich auf den Schaden, sonst aber unter dem Arme anf die dem Schaden nächste Seite also angelegt, daß der große Kopf über den Rücken der andern Seite, der kleinere aber über die Brust gegen eben diese Seite geführt, die beyden Köpfe aber über einander gelegt, und also befestiget werden. Diese Binde würde sich sehr leicht verschieben, wenn man dieselbe nicht durch die Hebe befestigte.

Man macht diese Hebe (Skapulier) auf dreyerley Art. Die gemeinste ist diese:

Man nimmt ein Stück Binde, welches ohngefähr 1½ Ellen lang, und drey Querfinger breit ist, näht beyde Ende zusammen, läßt den Kopf durchstecken, und befestiget das eine Mittel vorn, das andere hinten an der Serviette, mit einer Nadel.

Die andere, welche fast noch gemeiner ist, wird aus einem Stück Leinwand gemacht, welches zum höchsten eine Elle lang, und 5 bis 6 Querfinger breit ist. Diese schneidet man in der Mitte entzwey, bis auf ein Stückchen, welches an beyden Enden ganz bleibt; durch den Schlitz steckt man den Kopf, und befestiget die beyden Ende, wie bey der ersten.

Die dritte wird aus einem gleich großen Stück Leinwand gemacht, welches man von einem Zipfel zum andern spaltet, und zwar also, daß derselbe in der Länge von drey Querfinger ohngefähr ganz bleibt. Dieser wird hinten an der Serviette angesteckt, die beyden Köpfe um den Hals vorwärts geführt, daselbst gekreuzt, und ebenfalls angesteckt. Man kann sich dieser Binde fast in allen Fällen der Brust bedienen, wo nicht sowohl die Theile zusammen gehalten, als die darauf gelegte Arzneymittel befestiget werden sollen. Auch bey einfachen Wunden des Unterleibs ist sie sehr dienlich, da sie statt der mehr lästigen Zirkelbinde sehr bequem gebraucht werden kann.

Drit-

Dritter Unterabschnitt.

Die Kreuzbrustbinde, die Harnischbinde, der Küras, der Wagen mit vier Pferden.

§. 82.

Herr Henkel hat unter diesem Namen eben die nämliche Binde beschrieben.

Herr Doktor Kühn *) aber unterscheidet sie nach Herrn Baß in den Küras, oder Harnischbinde (Catephraeta), und in die Kreuzbrustbinde, den Wagen mit vier Pferden (Quadriga).

Der Küras ist eine vierköpfigte Binde, die aus einem Stück Leinwand gemacht wird. Die obersten zwey Köpfe sind eine Elle lang, und eine Viertelelle breit; die hintersten zwey Köpfe sind mehr ungleich; beyde sind eine halbe Elle lang, der eine aber ist Dreyviertelellen, der andere hingegen nur eine Querhand breit. Der mittlere Theil dieser Binde ist zwo Spannen lang, und $1\frac{1}{2}$ Ellen breit. In diesem wird oben, zwischen den zwey großen Köpfen, ein Halbzirkel ähnliches Loch, von dem Umfange einer Spanne lang geschnitten, das um den Hals schließt. Diese Binde wird also angelegt. Man wirft die

Binde

---

*) Chirurgische Briefe von den Binden oder Bandagen, für angehende Wundärzte. 1786.

Binde über die Schultern, so, daß der Hals durch das halbzirkelähnliche Loch durchkömmt, und die zween breiten Köpfe auf dem Rücken aufliegen. Diese Köpfe führt man um die Brust herum, heftet sie mit Nadeln an die etwa unterliegende Zirkelbinde an. Die vordersten längern Köpfe legt man kreuzweis auf die Brust übereinander, und befestiget sie sowohl vorn, als auf der Seite.

Wird diese Binde gut befestiget, und überall angestochen, soll sie den ganzen Verband der Brust und des Unterleibes gut, wie ein Brusttuch befestigen.

Man gebrauchte sie beym Bruche des Brustbeins, bey Verrenkungen, oder auch gebrochenen Rippen; da aber auch die Joch- oder Skapulierbinde §. 81. das nämliche leistet.

Vierter Unterabschnitt.
Die Brustbinde.

§. 83.

Die Kreuzbrustbinde (Quadriga) hat ihren Namen von den kreuzweis laufenden Gängen, welche die Zügel oder Riemen von 4 Pferden an einer Kutsche vorstellen sollen. Diese ist eine auf zween Köpfe gerollte Binde, welche 8 bis 15 Ellen lang und 2 bis 3 Querfinger breit ist.

Man

Man faßt beyde Köpfe, und legt den Grund unter eine und die dem Wundarzt gegenüberstehende Achsel an, fährt auf die Schulter der nämlichen Seite, kreuzt daselbst die Binden, und fährt über Brust und Rücken zur andern Achsel, wo man eben diese Gänge macht, abermal auf dieser Schulter kreuzt, und über Brust und Rücken — woraus ein Kreuz entsteht — zur ersten Achsel fährt. Unter dieser Achsel wechselt man beyde Köpfe, so, daß der vordere der hintere und untere wird, das man bemerken muß, denn dieser Kopf wird überschlagen. — Beyde aber gerade um den Leib zur Höhle der andern Achsel geführt, wo eben auf diese Art gekreuzt wird. Diese beyden ersten Gänge um den Leib müssen das vordere und hintere Kreuz unten gleichsam schliessen. s. Fig. 42.

Fünfter Unterabschnitt.
Der Brustgürtel.

§. 84.

Die oben §. §. 81. 82. 83. beschriebene Binden leisten bey Verenkungen oder Brüchen der Rippen, des Brustbeins oder der Rippenknorpel nicht allzeit die gewünschte Wirkung, und die §. 83. ist insgemein dem Kranken sehr beschwerlich. Bey einfachen Brüchen der Rippen und Rippenknorpeln bestehet der Verband in zweyen über einen Zoll dicken Kompressen, welche auf die

die Enden der Rippen gelegt werden, und in einer Zirkelbinde. Die schicklichste zu dieser Absicht ist unstreitig ein lederner innen gefütterter Gürtel von gehöriger Breite. An dem einen Ende befestiget man 2. 3 bis 4 Schnallen, an dem andern eben so viel kleine Riemen, mittelst welcher man den Gürtel nach Erforderniß erweitern oder verengern, sehr bequem abnehmen und wieder anlegen kann. (s. Taf. 4. Fig. 43.) Selbst bey Wunden, wo man die Kreuzbinde nicht brauchen kann, und die Jochbinde zu schwach ist, empfiehlt sie sich vorzüglich.

Damit sie sich aber nicht verrücke, wird dieselbe mittelst zweyer Riemen, wie ein gewöhnlicher Hosentrager, nach Art eines Scapuliers unverrückt erhalten.

Fünfter Abschnitt.
Von dem Verbande des Unterleibes.

Erster Unterabschnitt.
Der Bauchgürtel bey der Operation des Bauchstichs.

§. 85.

Fig. 44. ist der von Monro erfundene Bauchgürtel, der aus weichem Leder verfertiget und mit Flanell gefüttert seyn muß. Im Nothfall kann man ihn, wie Monro

Monro, von feinem Flanell verfertigen und mit fester Leinwand füttern.

A. Ist der Körper desselben, der von einer solchen Länge seyn muß, daß er von dem einen Darmbeine bis an das andere geht, wo derselbe durch die Riemen b. b. b. b. in die Schnallen c. c. c. c. befestiget wird.

Die Riemen D. D., die über die Schulter gehen, dienen, die Schnallen E. E. zu befestigen, welche zwischen den Schenkeln durchgehen, auf welche Weise denn fast jeder Theil des Unterleibes hinlänglich zusammengedrückt wird. Nahe an dem untern Rande des Gürtels, und nicht weit von jedem Ende ist ein kleines Loch F. eingeschnitten, welches man mit zwo Schnallen H. und Riemen G. wieder verschliessen kann; wie dieses bey I. vorgestellt worden ist.

Nachdem man die Stelle, wo man den Troikar einstechen will, bemerket hat, legt man den Gürtel so um den Leib, daß die mit Flanell oder Leintuch überzogene Seite desselben, welche mit Benzon, Mastir und andern dergleichen trocknenden und stärkenden Arzneymitteln recht gut durchräuchert ist, auf die Haut zu liegen kommt, wobey man Sorge tragen muß, daß der zum Stich bemerkte Punkt in der Mitte der Oeffnung F. des Gürtels steht. Hierauf legt man eine leinwandene Kompresse, oder ein Stück Flanell auf den Rücken, damit ihn die Schnallen nicht

nicht verletzen; eine Longuette aber von Flanell legt man unter die Schnallen, damit solche die Haut nicht wund reiben, und endlich zieht man die Riemen oder Bänder durch die Schnallen und ziehet sie ein wenig zu. Hierdurch nun wird das Wasser nach derjenigen Stelle getrieben, wo sich der wenigste Widerstand findet, welches derjenige Ort ist, den der Gürtel nicht bedeckt, d. i. wo die Oeffnung F. ist; dieser Ort wird höher und gespannter, das das Durchstechen erleichtert, und macht, daß eine gewisse Entfernung zwischen den Decken des Unterleibes und den Eingeweiden entstehet, so, daß die Gedärme und andere in der Bauchhöhle enthaltene Theile weniger Gefahr laufen, durch die Spitze des Troikars verwundet zu werden.

So wie das Wasser nach und nach herausläuft, muß man auch die Riemen fester zuziehen; dabey muß man aber bemerken, daß man sie weder zu fest, noch zu locker anziehe, beydes ist gefährlich und manchmal tödlich.

Ist der Kranke nur aufrichtig, und giebt er seine Empfindungen recht genau an, so kann sowohl die ganze Operation über, als auch nach der gänzlichen Abzapfung der Unterleib eben so fest zusammengedrückt bleiben, wie solcher es vorher war, ehe noch ein Tropfen Wasser herausgelaufen ist. Junge Wundärzte, wenn sie nicht sehr vorsichtig sind, können aber vom Kranken leicht getäuscht werden, wenn sie auf ihre Aussagen allein vertrauen.

trauen. Er muß sein Augenmerk auf das Athemholen des Kranken setzen, und diesem gemäß verfahren; so bald daher der Kranke oder der Operateur es bemerkt, daß das Athemholen freyer ist, muß man die Riemen fester zuziehen, bis der Kranke empfindet, daß er nunmehr wieder eben so schwer, als vorher athmet; denn so ist vom Anfang der Operation bis zum Ende derselben kein Augenblick, wo die Eingeweide des Unterleibes nicht gleichfort gedruckt sind, und man kann ohne Gefahr alles Wasser auf einmal abzapfen, welches eine Sache von großer Wichtigkeit ist. Wird diese Vorsichtsregel vernachlässiget, und das Wasser gleich ohne Unterstützung der nun erschlafften und beynahe gelähmten Bauchmuskeln ausgeleeret, so folgt ein Schütteln der Eingeweide, eine Erschlaffung der Gefäße im Unterleibe, es wird ein häufiges und gewaltsames Eindringen des Bluts in dieselben veranlasset, welches den wassersüchtigen Kranken, die ohnehin wenig Blut in den Gefäßen haben, leicht einen tödlichen Blutmangel in den obern Theilen, und eine tödliche Ohnmacht zuziehen kann, und schon zugezogen hat; oder es kann geschehen, daß, weil die durch die lange Berührung des Wassers und widernatürliche Ausdehnung der Bauchhöhle erschlafften Gefäße das in sie eindringende und ausdehnende Blut nicht forttreiben können, Blutergießungen, Stockungen, Entzündungen und Brand entstehen, die den Kranken töden, welcher bey erforderlicher Behandlung durch den Bauchstich erhalten worden wäre.

Wenn

Wenn das Wasser alles abgezapft ist, welches durch eine gelinde Zusammenpressung des Unterleibes sehr befördert wird, so legt man auf die Wunde, aus welcher die Röhre nach der gewöhnlichen Weise herausgezogen wird, einen kleinen Bausch von Charpie, und verschließt die Oeffnung F. durch die Riemen G. nnd die Schnalle H. Man muß aber diese Riemen so fest anziehen, daß der Gürtel hier eben so fest, als an seinen übrigen Theilen anliegt.

Diese Oeffnung kann man nach Belieben auf und zumachen, wenn man die Wunde verbinden will, und es kann nachher der ganze Gürtel so, wie man es für nöthig hält, nachgelassen oder angezogen werden.

Herr Bell glaubt, daß der fortgesezte Druck und die Unterstützung, welche der Gürtel auf die geschwächten Theile machte, etwas zur Verhütung eines Rückfalls und einer neuen Anhäufung des Wassers beytragen kann.

Einige, denen dieser Gürtel wegen der vielen Schnallen und Bänderwerk nicht gefällt, pflegen an dessen Statt ein breites Handtuch so um den Leib zu legen, daß sie es nach Bedürfniß enger zusammenziehen können. Ich will ersterem nicht widersprechen, und letzteres nicht tadeln. Nur erlauben mir diese Herrn, folgendes beyfügen zu dürfen.

Herr.

Herr Monro hat sich Anfangs dieser Gürtel ohne den untern schief geschnittenen Fleck, und ohne die Riemen D. D. und E. E. bedient. Dieser Gürtel war daher eben das, was die auch breite Serviette ist. Er hat aber gefunden, daß derselbe sich nicht recht anbringen läßt, wenn der Bauch ausserordentlich geschwollen ist. In solchem Falle verhindern die ungenannten Knochen des Beckens, daß der Gürtel an dem untern Theile des Bauches, welcher über die Schenkel des Kranken herunterhängt, nicht recht anliegt. Da der obere Theil des Unterleibs viel schmäler, als der untere ist, so wird er nicht gehörig zusammengedrückt, und nach der Operation pflegt sich der Gürtel völlig um die Lenden zusammen zu runzeln, besonders, wenn der Kranke unruhig und nachlässig ist. Er setzte dann diesen Fleck samt den Riemen bey, dieser drückt nun die Gegend unter dem Nabel zusammen, welche der Gürtel nicht berühren konnte, und die Riemen erhalten den Gürtel in seiner völligen Breite ausgedehnt, wenn man sie scharf anzieht *).

*) Alexander Monros, des ältern, sämtliche Werke praktisch und chirurgischen Inhalts. XVI. St.

Zweyter Unterabschnitt.
Die Leibbinde.

§. 86.

Aus der Entbindungslehre ist der Nutzen und die Nothwendigkeit dieser Leibbinde bekannt. Sie hier zu wiederholen wäre überflüssig.

Eine gute nützliche Binde, die den Unterleib geschickt einschliessen soll, muß so beschaffen seyn, daß sie, der Breite nach, den ganzen Vordertheil des Leibes von der Schaam bis über den Nabel bedeckt, damit die zusammengezogene Gebährmutter und die Gedärme nirgends neben ihn heraustretten können. Diese vordere Fläche des Unterleibes macht nun ein stumpfes Dreyeck, folglich muß das Vordertheil der Binde eben diese Figur bekommen, wenn sie den Unterleib nach allen Richtungen bedecken soll. Ueber den Rücken und die Hüften hin aber ist nur diejenige Breite der Binde nöthig, welche zum bequemen Anschluß und Halt dieses dreyeckigten Vordertheils erfodert wird; (s. Taf. 4. Fig. 45.) denn wird die Binde nach hinten zu breit gemacht, so wird eben das erfolgen, was bey einer ganz gleichseitigen Binde geschieht. Die Hüftbeine, über welche eine so breite Binde alsdann hinabreichen muß, um auch die Schaamgegend zu bedecken, werden die Binde bald über sich hinaufschieben, unbequeme drückende Falten auf den Seiten und dem Rücken verur-

verursachen, und durch dieses Zusammenfalten der Binde wird der Leib in der Schaamgegend immer mehr entblößt, und seines Einschlusses frey werden.

Diese Binde wird von Leder oder Barchet verfertiget. Herr Jördens *) empfiehlt sie von Leder; allein eine von Barchet leistet gleiche Dienste; sie soll aber nach der innern Seite von leinen Tuch gemacht seyn; man kann sie aber auch ganz von leinen Tuch machen, doch giebt ihr der Barchet eher die gehörige Steife; allezeit muß sie mit Baumwolle gefüttert, und etwas eng abgenäht werden. Vornehmlich muß das Vordertheil der Binde wohl mit Baumwolle gefüttert, und durch das enge abnähen so steif, als möglich, gemacht werden, damit dasselbe sich nicht so leicht zusammenfalte. Sie bleibt doch immer noch geschmeidig genug, um nicht schädlich zu drücken. Um die gehörige Weite oder Länge der Binde zu haben, muß solche in dem ersten Vierteljahr der Schwangerschaft schon angemessen werden. Hat man aber diese Zeit versäumt, so findet man späterhin das Maas am leichtesten an einer vor der Schwangerschaft getragenen Schnürbrust, oder wohl anpassenden Korsette, indem man die Weite und die halbe Länge derselben abmißt, um die gehörige Länge und Breite der Binde zu erhalten. Die beyden

---

*) Differtatio inauguralis de Fafciis ad Artem Obftetriciam pertinentibus. Auch übersetzt in den neuen Sammlungen für Wundärzte. St. 23.

beyden Ende der Binde kommen am bequemsten in der Mitte des Vordertheils zusammen, besonders bey einer ohnehin fetten Frauensperson, oder bey einer, die von vorhergegangenen Geburten einen auch auſſer der Schwangerschaft gewölbten Bauch behalten hat. Solche runde Bäuche laſſen sich beſſer einschlieſſen, wenn die beyden Ende der Binde vorne in der Mitte übereinander gehen. Bey glattbauchigten hingegen können die Binden auch so zubereitet werden, daß sie zur Seite übereinander gehen *). Die Zuſammenfügung beyder Enden geschieht hier durch Haften a. und Haken b. die man besonders bey Fettbäuchen so setzen muß, daß die Haften gegen den obern und untern Rand zu, immer mehr zurückstehen, als die in der Mitte, damit die Binde oben und unten fester einschlieſſt, oder, daß sie bey ihrer Anlage der Wölbung des Bauchs angemessen wird. Um sie nach Erforderniß weiter oder enger machen zu können, müssen die Haften in drey oder vier, einen Daumen breit von einander entfernten Reihen gesetzt werden.

Herr Jördens läßt an seine Binde kleine Riemen und Schnallen befestigen, nach der Art Fig. 44. um sie nach Bedürfniß fester und lockerer machen zu können.

Beque-

---

*) F. B. Osianders ꝛc. Beobachtungen, Abhandlungen und Nachrichten, welche vorzüglich Krankheiten der Frauenzimmer und Kinder, und die Entbindungswissenschaften betreffen. III. K. 1787.

Bequemer als Barchet und Leder ist elastisches Harz, woraus man diese Binde gegenwärtig verfertiget, sie bequemt sich, wie ein elastisches Nabelbruchband, nach den verschiedenen Veränderungen des Unterleibs einer Schwangern. Nur sind sie nicht jedermanns Beutel gemäs. Ein gewisser Herr Baron le Febure königl. französischer Augenarzt ꝛc. hat jüngsthin dergleichen Leib-Suspensoires nebst andern dergleichen Maschinen und Instrumenten, vornämlich elastischen Bruchbändern, mittels Zeitungsblättern um 18 fl. dem dürftigen Puplikum dienstfertigst angebothen.

Dritter Unterabschnitt.
Die vereinigende Binde.

§. 87.

Bey den schief- oder querlaufenden Wunden des Unterleibes ist die Lage das unumgänglich nothwendige Mittel, um die Wiedervereinigung der Theile zu erlangen, so wie der Verband den länglichten Wunden wesentlich ist *). Diese einfachen Wunden vereinigen sich also, wenn man den Kopf und die Brust gegen das Becken, das erhoben oder nebst dem Schenkel etwas gebogen wird, biegt, in dem Falle, daß die vordern Muskeln des Unterbauchs schief oder quer, und die Muskeln des Rückens nach der Achse

---
*) Der Herren Choparts und Defaults Anleitung u. s. w. Zweyter Band. S. 153.

Achse des Körpers zertheilt sind; und wenn man in den entgegengesetzten Fällen diese Theile ausdehnt, und den Rumpf auf die verwundete Seite neigt, wenn die Wunde an den Seitentheilen des untern Bauchs in einer schiefen, oder horizontalen Richtung hinläuft; und auf die entgegengesetzte Seite, wenn die Wunde der Länge nach geht. Die Lippen der Wunde erhält man durch Longuetten von Heftpflastern, welche nach der Größe und der Beweglichkeit der Wunde, in einer beträchtlichen Weite aufgelegt werden, aufeinander stossend, und in einer genauen Berührung. Diese Wirkung der Longuetten verstärkt man noch durch Kompressen, welche nach der Tiefe der Wunde 1, auch 2 Zoll von ihren Rändern angelegt werden, und durch eine Leibbinde.

Diese bestehet aus 6 bis 7 leinenen Binden, die 2 oder 3 Zoll breit, und lang genug sind, um den Leib zu umkreisen. Diese Binden werden eine an die andere gelegt, so, daß sie den Leib ganz bedecken, und ihn so stark zusammenziehen, daß die Wirkung der Muskeln und der Eingeweide, bey dem Athemholen vermindert oder unterbrückt wird. Die Enden der einen Seite werden mit den Enden der andern Seite bedeckt, und endlich durch eine Nath, oder durch Stecknadeln befestiget. Um zu verhindern, daß sich der Verband verrücke, befestiget man seinen obern Theil mit einer Schulterbinde, welche aus einer leinwandenen Binde bestehet, die länger als der Rumpf, 4 bis 5 Zoll breit, und in mehr als die Hälfte

gespal-

gespaltet seyn muß, welche hinten mit dem ganzen Ende an die Mitte des zusammenhaltenden Verbandes angenäht wird, und deren Köpfe an dem andern Ende über die Schultern des Kranken gezogen, auf der Brust gekreuzt, und vorne an dem nämlichen Verband befestiget werden; dann befestiget man seinen untern Theil mit zwey Binden, welche, nachdem sie zwischen den Schenkeln durchgezogen worden sind, auf die nämliche Art an die Leibbinde angeheftet werden.

Vierter Unterabschnitt.
Die vereinigende Leibbinde beym Kaiserschnitt.

§. 88.

Dieser Verband ist von dem vorhergehenden §. 85. nicht viel verschieden. Statt der schmerzhaften blutigen Nath *) vereiniget man die Wunde mit Heftpflastern, Longuetten, und der vereinigenden Unterleibbinde.

Nachdem man die Binde mitten auf die Lenden der Weichen eingelegt hat, nimmt man 6 lange, und schmale Heftpflaster c. c. c., β. β. β., die blos aus dem Diapalmapflaster bestehen dürfen (den mittlern Theil derselben, der die Wunde berührt, ausgenommen) und wovon D D. D. in der Mitte offen seyn müssen, damit man die andern e. e. e.

---
*) die doch nicht allzeit vermieden werden kann — —

e. e. e. durchstecken könne. (s. Taf. 4. Fig. 46.) Indem ein Gehülfe die Wundlappen A. B. zusammendrückt, faßt man die beyden Enden der Pflaster D. D. D. mit zwo Händen, und zieht sie schief über die ganze Fläche des Bauchs, damit die beyden Enden derselben über die Hüften laufen, und an den Lenden festgehängt werden können.

Eben so verfährt man mit den Pflastern c. c. c. Zur bessern Befestigung derselben legt man zu beyden Seiten auf die Enden der Pflaster eine dichte Longuette E. E. die an die Hüfte anschließen muß. Längst der Wunde zu beyden Seiten, und auf der Stelle, wo die Enden e. f. der vereinigenden Binde zusammenstossen, legt man dreyfach graduirte Kompressen, in die Wunde selbst, bey B. ein langes Läppchen (Taf. 1. Fig. 9.) um den Ausfluß der Feuchtigkeiten zu begünstigen, auf die Wunde aber weiche Charpie.

Die Binde selbst wird aus Barchet, der nach innen mit weicher Leinwand gefüttert ist, verfertiget. Der Rückentheil ist schmäler, und ganz wie §. 86. Der vordere aber muß so geschnitten werden, daß sie der Breite nach den ganzen Bauch, von der Schaam bis über den Nabel bedeckt, und allda bey e. c. f. f. zusammengeschniert werden kann. (s. Fig. 47.) Damit diese Leibbinde nicht aufwärts verschoben werde, befestigt man an dem Rückentheil zwey Binden, welche, nachdem sie zwischen den Schenkeln durchgezogen worden sind, zu beyden Seiten

ten über den Hüften, vermittelst eines Bandes e. D. an die Leibbinde angeheftet werden.

Herr Professor Jakob *) läßt den ganzen Verband mit Wein befeuchten, und dies so oft wiederholen, als derselbe trocken wird.

§. 89.

Noch verdient hier die vereinigende Leibbinde beschrieben zu werden, welche Herr Hofrath und Professor Siebold zur Vermeidung der Bauchnath bey dem Kaiserschnitt beschrieben hat **). (s. Taf. 5. Fig. 48.)

Die vier kleinen Binden a. a. b. b. sollen so lange seyn, als es die Wunde ist. An jeder dieser Binde sollen drey andere g. g. g. f. f. f. befestiget seyn, welche so lange sind, daß sie den Unterleib der Wöchnerin umgeben. An dem Rande der Binden a. a. b. b. befestiget man starke seidene Schnüre, so, daß die Schnur von dem

---

*) Praktischer Unterricht der Entbindungskunst von Herrn Busch übersetzt.

**) Comparatio inter Sectionem Caesaream et Dissectionem Cartilaginis et Ligamentorum Ossis Pubis. Respondente J. P. Weidmann. 1779. Da ich diese wichtige Operation nur bey bereits Verstorbenen zu machen Gelegenheit hatte, habe ich von dem Gebrauche dieser Binde keine Erfahrung. Einem Ungeübten rathe ich die Binde Fig. 47. die vielen Schnüre verwickeln sich leicht.

dem Rande der Binde a. befestiget seye, somit eine Schnur mit der andern sich kreuze, die Schnüre c. an dem Rande c. — und die Schnur D. bey D.

Nachdem die Wunde mit Heftpflastern vereiniget worden ist, legt man die Mitte dieser Binde gerade auf die Wunde, da dann die äussern Binden a. b. auf den Rücken zu liegen kommen; indem man nun die Binde f. g. auseinander zieht, vereinigt man die Wundlippen. Findet man diese durch die Zwischenräume der Fäden gehörig vereinigt, werden die Binden Fig. g. durch eine Schleife, oder mit Nadeln befestiget. Man kann, wenn man es nöthig findet, über diese Binde, nach Erforderniß die angemessenen Bähungen u. dergl. anwenden, und wie die erzielte Vereinigung gedeihe, leicht einsehen.

Fünfter Unterabschnitt.
Der Vereinigungsverband bey der Schaambeintrennung.

§. 90.

Nach geendigter Operation bringt man die entfernten Schenkel wieder allgemach zusammen, fügt die Schaambeine genau aneinander, trägt aber Sorge, daß die darunter liegende Theile nicht eingeklemmt werden. Die äussere Wunde vereinigt man mit kleinen Heftpflastern, und legt über diese eine Kompresse; die Schenkel werden dann

dann mit einer Serviette, welche man unter dem Heiligenbein hervorbringt, und vorne zusammennäht, ohne daß man sie zu feste anzieht, zusammengebunden, welche dann auch bey fernerer Besorgung der Wunde, bis zur gänzlichen Heilung beybehalten wird.

Die Kindbetterin muß die ganze Zeit durch ruhig, mit etwas noch aufwärts gebogenen Knien, auf dem Rücken liegend verbleiben.

Unter andern unangenehmen Folgen dieser Operation, ist auch das Unvermögen, gerade, frey und ungehindert gehen zu können, welches manchmal Monate, nicht selten Jahre lang zurückbleibt. Wieder diese Beschwerde dienet eine nach der Art eines doppelten elastischen Bruchbandes verfertigte Bandage. Welche in der zweyten Abtheilung dieses Theils, Kapitel 3. Abschnitt 2. Unterabschnitt 4. wird beschrieben werden.

Sechster Abschnitt.
Von den Binden und Werkzeugen des Rückens.

Erster Unterabschnitt.
Die Schnürbrust.

§. 91.

Ist die erste Schnürbrust auch keine chirurgische Erfindung gewesen, und bestimmt, ein bucklichtes Geschöpf wieder gerade zu machen — (der sel. von Haen hat die Königin Elisabethe in England als Erfinderin erklärt) — wurde sie doch in der Folge dazu gebraucht.

Wir lesen bey Herrn Heister *):

„Wenn man dem Buckel nicht bey Zeiten vorkommt,
„verwachsen endlich die Wirbelbeine so krumm, daß
„hernach nicht mehr zu helfen ist, und derohalben
„ist es unmöglich, einen alten Buckel mehr zu kuriren. Wenn aber gleich anfänglich dazu gethan
„wird, so kann man solche wieder zurecht bringen,
„oder doch verhindern, daß selbe nicht gar zu häßlich werden.

„Dieses

*) Dokt. Lorenz Heisters Chirurgie. 110 Cap. S. 677.

„Dieses geschieht, wenn man solchen Kindern
„steife Brüste von starken Fischbeinen, dicken Pappe,
„oder gar mit dazwischen gelegten eisernen Blechgens
„machen und tragen läßt, welche sonderlich so ge-
„macht seyn sollen, daß sie am härtesten sind, wo
„der Buckel heraus will, und diese Brüste sollen
„sie Tag und Nacht tragen *) bis man nicht mehr
„zu besorgen hat, daß derselbe größer werde u. s. w.

§. 92.

Herr Camper dachte **) und handelte ganz anders.
„Die Schnürbrüste (sagt er) dienen nur zum Putz, und
einer zierlichen Kleidung. Diesen Gebrauch könnte man
ohne Schwierigkeit erlauben, wenn nicht die Gestalt des
Körpers dadurch eine Veränderung litte. Allein man
zwingt da, wo von Natur die Seiten am weitesten, und
die Rippen am längsten sind — das ist, bey Kindern von
2 bis 6 Jahren — diese mit Gewalt einwärts, blos in
der Absicht, in der Mitte einen dünnen Leib zu bekommen, und den kleinen Brüsten dreyjähriger Mädchen ein
vollkommnes Ansehen zu geben.

Indessen

---

*) Diese Torturähnliche Heilmethode, raubte mir eine Schwester, im 16ten Jahre ihres Lebens; umsonst bath sie, daß man sie doch Nachts verschone! Es war verbothen, und sie starb an der Auszehrung.

**) Von der Behandlung der neugebohrnen Kinder. S. Samm-lung auserlesener Abhandlungen zum Gebrauche für praktische Aerzte. B. 2. St. 1.

Indessen wächst das Kind; das Rückgrad, welches sich in einem mannigfaltigen Zwange befindet, und nach dem Schnürleibe richtet, wird schief, und das Töchterchen, welches mit aller Gewalt schön und angenehm werden sollte, wird eben hieburch bucklicht gemacht. Nirgends — fährt er fort — sieht man dergleichen lächerliche (?) Figuren mehr, als in den Städten *) und vornehmlich unter den Reichen, so, daß von tausend Frauenzimmern, kaum zehn ein gerades Rückgrad haben. Die Folgen hievon sind, große Schwachheit des ganzen Körpers, Engbrüstigkeit **), Nierenkrankheiten und schwere Geburten, die oft wegen der widernatürlichen Verengerung des Beckens den Müttern tödtlich werden. Zuweilen wird dadurch der Kopf, ja sogar das Angesicht schief, indem das Gehirn, weil es auf einer ungleichen Stütze ruhet, selbst dem Hirnschädel eine widernatürliche Gestalt giebt. Zu diesem kommt noch ein andrer Mißbrauch. Man will den Kindern das Ansehen einer langen Statur geben, und

macht

---

*) Hier kommen andere vorbereitende, und mitwirkende Ursachen — unreine Säfte mit in Anschlag.

**) Dies bewirken auch die Gängelbänder, die aus breiten Gurten, oder einem Schnürleibe aus türkischem Leder gemacht sind, woran zwey Riemen oder Bänder befestiget werden, damit das Kind sonder Mühe der Wartfrauen gehen lerne. Wie sie immer gemacht sind, schieben sie sich hinaufwärts, sobald die Kinder damit gehalten werden. Die ganze

Last

macht ihnen die Schnürleiber zu lang, was eine höchst-
schädliche Gewohnheit ist. Man gebe demnach den Schnürleibern gänzlich den Abschied, sobald das Rückgrad sich zu
krümmen anfängt, welches gar bald an der schiefen Haltung des Kopfs, und dem Herausstechen des Schulter-
blatts, hauptsächlich um das vierte oder fünfte Jahr zu
merken ist.

Die Natur muß alsdann ihre völlige Freyheit haben,
daß das Kind wieder gerade wachsen kann. Vor allen
Dingen muß man keine Bausche, auch nicht von Flanell
gemachte, auf die Schultern legen, und eben so wenig
von vorne den Hals stützen. Alles, was hier unter dem
Namen Hülfsmittel gebraucht wird, verschlimmert das
Uebel. Herr Camper redet hier vom schiefen Rückgrad,
Verdrehung derselben (Scoliosis) und nicht von solchen,
die hinten auswärts gekrümmt sind, Buckel (Gibber.).
„Ein Hauptumstand — sezt der gelehrte Uebersetzer dieser
Abhand-

Last des Körpers ruhet alsdann einzig und allein auf den
Schlüsselbeinen; diese werden hiedurch noch mehr, als bey
den Schnürleibern ausgerenkt; der Körper bekömmt eine ganz
andere Gestalt, und die Kinder werden schwächlich. Sehr
oft wirken Gängelbänder und Schnürleibe vereint einen Krip-
pel zu bilden. Ich bin ein so großer Feind der Gängelbänder, so sehr sie noch Freunde und Liebhaber haben, daß
mir jederzeit der Kopf schwindelte und das Herz beklemmt
ward u. dergl. wenn ich Kinder am Gängelbande laufen seh.
Wie schädlich sind sie Kindern nicht?

Abhandlung bey — ist noch, und von sehr großer Wichtigkeit, daß man auf die Lage des Körpers des Kindes im Sitzen, Gehen und Liegen Acht hat. Die Federbette schaden, da sie dem Druck des Körpers zu leicht nachgeben, und die Kinder aus Gewohnheit in ihnen leicht krumm liegen. Man lasse sie daher lieber auf Matratzen schlafen.„

Es ist hier meine Absicht nicht, den Schaden, welchen sich die Frauenzimmer durch die Schnürbrüste zuziehen, weitläuftig zu erklären; ich verweise die Leser auf eigene Abhandlungen über diesen Gegenstand *).

§. 93.

So sehe man, und zwar mit vielem Rechte, auf die Schnürbrüste, so wie sie den Unterleib einpressen, und Kindern eine Wespentaille geben, gescholten hat; so allgemein wahr der Nachtheil derselben ist, bey der dissymetrischen Form, die sie haben und die sie dem Körper geben, der ihrer Hülfe in den mehrsten Fällen gar nicht bedarf, so giebt es doch Kinder, bey denen sie zur Verbesserung

---

*) Leibarzt Zimmermann von der Erfahrung. Viertes Buch. 13 Kapitel. Gubernialrath Franks System einer vollständigen medicinischen Polizey. Dritter Band, dritte Abtheilung, zweyter Abschnitt. §. 9. Professor Schosulans über die Schädlichkeit des Einwickelns (Fätschens) der Kinder und der Schnürbrüste. Ueber die Schädlichkeit der Schnürbrüste,

besserung und Richtung des Wuchses ganz unentbehrlich werden können. Es giebt nämlich junge Mädchen, die in gewissen Jahren so schnell, wie Schilfrohr, aufwachsen; sie sind dabey mager, blaß, und man siehet es ihrer ganzen Haltung an, daß Wachsthum und Muskelkraft nicht im Verhältniß geblieben sind; sie haben eine schwächliche Geschlankheit im Rückgrad, davon sie hie und da Beschwerlichkeit fühlen, der sie mit allerley Haltung des Körpers auszuweichen suchen. Wird nun diese falsche Haltung fortgesetzt, so verlieren die Muskeln der einen Seite eben so viel an der Kraft, als die gegenwürkenden über jene gewinnen.

Diese Beschwerlichkeit entstehet nun größtentheils daraus, wenn sie, wie man zu sagen pflegt, aus der Schnürbrust herauswachsen, durch deren längern Gebrauch das Fischbein hie und da durchsticht, die Schnürbrust selbst die falsche Richtung des Körpers angenommen hat, und die unzeitige Erspahrungssucht (auch Mangel, Gleichgültigkeit u. s. w.) der Mutter sich bis dahin erstreckt, daß

ste, zwey Preisschriften durch eine von der Erziehungsanstalt zu Schnepfenthal aufgegebene Preisfrage veranlaßt. 8. Leipzig. In Herrn D. Rahns Archiv gemeinnütziger, physischer und medicinischer Kenntnisse. 2. B. 2. Abtheil. XI. Bonnauds Abhandlung von den schädlichen Würkungen der Schnürbrüste ꝛc. s. Herrn Hofrath Richters chirurgische Bibliothek. 2. B. 4. St. XI. Jördens von den Schnürbrüsten und Einwickeln der Kinder u. dgl. m.

daß die Töchter, welche zu Quartanten erwachsen, noch in Octavbänden erscheinen müssen, und die Aenderung ihres Kleidervorraths so lange, als möglich, hinaus verschoben wird. Herr Lentin *) weißt es auf das zuverläßigste, daß dieser Zeitpunkt just derjenige ist, in welchem die mehresten jungen Damen Fehler in der Taille bekommen, wenn ihnen nicht — es kostet freylich etwas — nach Verhältniß ihres starken Wuchses, eben so oft neue Schnürbrüste gegeben werden, als es der fortgerückte Wuchs erfodert. So überzeugt ich bin, sagt Herr Lentin, daß junge Frauenzimmer eben so schön, ja noch schöner ohne Schnürbrüste wachsen können, wenn sie von Jugend auf eine vernünftige gute Pflege gehabt haben, eben so überzeugt bin ich, daß viele derselben, ohne eine solche äusserliche Hülfe, den Fehler, verwachsen zu seyn, gewiß würden bekommen haben.

Jugend, bey der man Anlage zum schief werden sieht, muß alle Nacht anders schlafen. Die Kopfkissen müssen nämlich alle Abend in Ansehung der Lage so gewechselt werden, daß sie am folgenden Abend dahin gelegt werden, wo die vorige Nacht die Füsse waren. Durch dieses Mittel wird der Wechsel in der Lage des Schlafenden am sichersten erhalten; er wird diese Nacht mehr auf der rechten, und künftige Nacht mehr auf der linken Seite liegen.

Es

*) Beyträge zur ausübenden Arzneywissenschaft mit 2 Kupf. Leipzig, 1789.

Es giebt Fälle, wo die Schnürbrüste sogar Erwachsenen nothwendig werden, da wegen Schlafheit der Fasern das kränkelnde Frauenzimmer sich kaum aufrecht erhalten kann, vornämlich, wenn diese die Schnürbrüste von Kindheit an schon gewohnt sind, da denn die Rückgradsmuskeln, weil sie durch die Schnürbrust gehindert waren, ihren Rückgrad zu bewegen und zu unterstützen, beynahe paralitisch werden, daher der Körper sogleich vorwärts sinkt, wenn die Frauensperson keine Schnürbrust trägt. Leibarzt Zimmermann und van Swieten sahen dergleichen elende Frauen, die auch im Bette die Schnürbrüste tragen mußten, weil sie sich ohne dieselbe nicht umkehren, viel weniger sich aufrichten konnten.

§. 94.

Werden zu diesen Zwecken Schnürbrüste nothwendig, sollen sie dem Körper in Hinsicht seiner Größe, Dicke und Symetrie, ordentlich angemessen seyn, dem geschwächten Rückgrad nur zur Stütze dienen, niemal aber weder Gefässe, weniger die in dem Unterleibe und der Brust enthaltene Eingeweide drucken und pressen. Diese Schnürbrüste müssen von gut gearbeiteten, weichen elastischen Fischbeinen, und so verfertiget werden, daß sie in ihrer Stärke und Wirkung durchaus gleich sind, die freye Bewegung des Rückgrads und Körpers nicht hindern, gleich einer elastischen Schiene, zwar den Leib unterstützen und befestigen, nirgends aber pressen oder drücken, und wenn ein Theil der Schnürbrust ihre Elastizität und Form verlohren

lohren hat, sie umgewandt, und mit gleich guter Wirkung getragen werden kann. Nicht selten sind Buckel und dergl. Schnürbrüstsprodukte ein Opus operatum Titl. derer Herren Schneiders. Sey's Eigennutz, sey's Unwissenheit; wenn sie nämlich statt ganzer guter Fischbeine an den Seitentheilen nur schwache Stücke und Zwickel einschieben, welche den geraden Rücken der Vorder- und Rückentheile das Gleichgewicht nicht halten können, worauf Bedacht zu nehmen, nicht unnütze seyn wird.

Sehr schicklich sind die englischen Schnürleibchen, welchen Herr Gubernialrath Franck sehr gut ist, die dazu geschaffen sind, den Wuchs zu veredlen, und die Natur zu verschönern. „Sie haben, sagt er, (a. a. O.) jenes Panzermäßige nicht, welches in andern Ländern *) die Natur verdirbt, und den Körper einschrumpft; da sie dem Körper eine vollkommne freye Wirkung geben, so kann sich die Schönheit nach Gefallen entwickeln. Sie bestehen aus einem Korset, welches die Hüften auf eine leichte Art preßt, und den Busen emporhebt. Ein Band, welches sich über die Achseln erhebt, hält das Korset gelind zusammen, da das Bruststück nie höher, als bis an den Sitz des Busens reicht, so genießt dieser alle Freyheit."

§. 95.

*) z. B. in Bayern — der Schweiz, und in den schwäbischen Reichsstädten.

§. 95.

Die Unwirksamkeit der Schnürbrüste, den Buckel zu verhüten oder zu heilen, erhellt noch mehr, wenn man die Ursachen und Entstehungsart desselben überdenkt; je fester und härter die Schnürbrüste sind, wie z. B. die eisernen, oder mit Eisenblech gefütterten Schnürbrüste, das eiserne Kreuz, welches Herr Heister Tab. XXV. Fig. 5. abgebildet hat, und andere ähnliche Maschinen, desto schädlicher sind sie. In einem einzigen Falle, wenn die obern Rückenwirbelbeine auswärts gekrümmt sind, findet der Gebrauch der Schnürbrüste zu Zeiten statt, aber auch hier werden sie öfter schaden, als helfen, denn sie drücken nicht allein den Buckel, sondern auf alle Punkte der äussern Oberfläche der Brust; und niemal soll man bey Heilung dieses Buckels auf die Schnürbrust sich verlassen. Hier ist vornehmlich des Herrn Pouteau's *) Heilart zuträglich.

Da man wahrnahm, daß der Druck den Buckel nicht heilt, hat man noch andere Methoden zu diesem Zwecke durch die Ausdehnung erdacht. Diese sind

---

*) Oeuvers posthumes. T. 1.

Zweyter Unterabschnitt.
Glissons Eskarpolette, oder Halsschwinge.

§. 96.

Man nahm ein langes, breites und starkes Band, dessen Mitte man unter dem Kinn und Nacken des Kranken, die beyden Ende aber (s. Taf. 5. Fig. 50. d. e.) vermittelst einer Rolle an der Decke des Zimmers befestigte; man zog alsdann den Kranken in die Höhe, hängte ihm wohl gar, um die Ausdehnung zu vermehren, ein Gewicht an die Füsse, und ließ ihn so lange hängen, als er es ausdauern konnte, welches selten länger als eine halbe Stunde geschah. Man wiederholte es 2 bis 3mal des Tages; weil diese den Rückgrad ausdehnende Wirkung nicht anhaltend ist, noch anhaltend auf solche Art seyn kann, ist sie auch wenig nützlich.

Weniger beschwerlich und mehr wirksam soll das aufhängen des Kranken, das täglich mehrmal wiederholt wird, auf folgende Art *) seyn, das anfangende Schiefwerden zu verhindern. (Herr Lentin setzt aber zum voraus, daß wenn Verbesserungen der Säfte nöthig sind, diese auf's sorgfältigste vorgenommen werden.) Man befestiget einen haltbaren Strick am Balken, und am untern Ende ein schlicht gehobeltes, und mit weichem Leder überzo-

---
*) s. Lentin a. a. O. S. 266.

überzogenes Querholz, an welches sich der Kranke mit beyden Händen anhängt, und jedesmal so lange schwebt, als er es ertragen kann.

Vorher kann man gereinigtes Leinöhl, nachher aber einen stärkenden Spiritus, jenes in die Höle, diesen aber in die ausgetrettene Stelle einreiben. Man muß sie also anhaltend, wohl mehrere Jahre hindurch fortgebrauchen, und jede vorbereitende, und das Uebel unterhaltende Ursache, zu entfernen suchen, unter welchen viele sind, die durch anpassende Diät müssen bezwungen werden."

Dritter Unterabschnitt.
Bells verbesserte Buckel-Maschine.

§. 97.

"Es ist höchst wichtig — sagt er *) — daß bey allen Krümmungen des Rückgrabs, der Kopf und die Schultern gerade und aufgerichtet erhalten werden, wenn man mittelst Werkzeugen den Buckel heilen will." Das von ihm verbesserte Heisterische Kreuz (s. allda Tab. XXIV. fig. 5.) besteht

1) Aus einer breiten T förmigen Stahlplatte, die nach innen weich gepolstert ist, welche an dem Rücken und den Schultern anliegt; unten wird sie mittelst eines

*) Lehrbegriff. B. 5. Hauptst. 42.

Riemens, — wie das Kreuz — um den Leib befestigt. An den Enden des Quertheils sind zwey Riemen, welche über die Schultern gehen, unter den Achseln (die man jedesmal mit weichen Kompressen auspolstert) zurückgeführt, und an zweyen Knöpfen allda befestigt werden.

2) Aus einem weichgefütterten eisernen Halsband, das rings um den Hals herum geht; dieses ist mit einer langen stählernen Schiene oder Stab (wie Taf 5. Fig. 50. 51. b. b.) verbunden, darinn die Stahlplatte steckt, wodurch der Kopf mehr oder weniger in die Höhe gerichtet werden kann.

Da Herrn Bell's Lehrbegriff der Wundarznenkunst schon in sich selbst, ein, jedem Wundarzt wichtiges Lehrbuch ist, das durch die gelehrten Zusätze des Herrn D. Hebenstreit's, dem wir die Uebersetzung verdanken, noch grössern Werth erhält, verweise ich die Leser zur Fig. 5. 6. Tab. IV. allda. Fig. 7. ist ein ähnliches Tförmiges Werkzeug für die Schultern allein abgebildet. In den Fällen §. 56., wo der Druck allein etwas zur Heilung des Buckels vermag, mögen diese Werkzeuge brauchbar seyn, und verdienen vor den Heisterischen den Vorzug.

Vier-

Vierter Unterabschnitt.

Der Herren le Wachers und Scheldracks Maschine die Buckel zu heilen.

§. 98.

Die le Wacherische Maschine bestehet aus folgenden Stücken:

1) In einer Schnürbrust, die vorn zugeschnürt, stark mit Fischbeinen gefüttert, und an den Orten, wo sie auf den Hüftbeinen liegt, wohl ausgeschnitten und ausgestopft ist, damit sie genau und weich aufliegen. An dieser ist

2) eine kupferne Platte mit Schrauben befestigt. Nahe an dem obern Rande dieser Platte liegt ein schmales Blech, und ein wenig weiter unten ein anderes, von eben der Figur. Beyde sind an beyden Enden mit Nieden auf die Platte befestiget; in der Mitte aber entfernen sie sich von der Platte, und machen eine viereckigte Oeffnung, durch welche das untere Ende des eisernen Stabs geschoben wird.

An der linken Seite des untern Blechs ist ein kleinerer Haken befestiget, dessen oberes Ende durch eine elastische Feder in die Einschnitte, welche auf der linken Seite des eisernen Stabs befindlich sind, gedruckt wird, und dadurch

dadurch verhindert, daß sich der Stab nicht herunterwärts bewegen kann.

3) Ein eiserner Stab, welcher kalt geschmidet, und in allen Punkten $2\frac{1}{2}$ Linie breit seyn muß; er ist von seinem untern Ende bis an dem Orte, welcher der Mitte des Halses gegen über ist, gerade, von da an aber fängt er an sich über den Kopf zu krümmen, endigt sich am obern Rande des Stirnbeins. Daselbst sind am obern Rande desselben 6 Einschnitte befindlich, in welche eine messingene Schleife gelegt wird. Die übrige Geräthschaft besteht

4) aus folgenden Stücken:

a) Einer weichen Mütze, die so tief ist, daß man den untern Rand derselben 4 Finger breit auf- und zurückschlagen kann, und die oben zwo, einen Zoll lange, Oeffnungen hat.

b) Einen doppelten leinenen Bande, das mit Baumwolle gefüttert, und drey Querfinger breit ist. Die Länge desselben hängt von der Größe des Kopfes des Kranken ab. Man legt dieses Band unter der Mütze um den Kopf, die Mitte derselben auf den hintern Kopf; die zwey Enden aber führt man hinter den Ohren nach der Stirne zu, und daselbst zieht man sie durch die in der Mütze befindliche Oeffnungen heraus.

c) Einer

153

c) Einer doppelten Schnalle, die $1\frac{1}{2}$ Zoll lang, und 15 Linien breit ist. In dieser befestiget man die zwey Enden des eben (*b*) beschriebenen Bandes. In der Mitte desselben ist eine Oeffnung.

d) Das vierte Stück ist ein kupfernes Blech, welches 8 Zoll lang, vorne einen, hinten aber nur $\frac{1}{2}$ Zoll breit ist, und sich von der Stirne und nach hinten über den Kopf biegt. An dem vordern Ende desselben ist ein kleiner Zapfen, welcher, wenn dieses unter dem mittlern Theil der Schnalle gelegt wird, in die Oeffnung der Schnalle (*c*) paßt.

Dieses vordere Ende ist 2 Zoll breit, und $2\frac{1}{2}$ Zoll lang, in der Mitte gespalten, und so weit diese Spalte geht, an beyden Rändern mit Einschnitten versehen, die einander genau gegenüber sind. Das hintere Ende dieses Blechs ist durchlöchert, damit man ein Zwirnband an dasselbe anheften, und es vermittelst desselben an die Binde, oder Mütze befestigen kann.

e) Das fünfte Stück endlich ist ein kleines Blech, welches 14 Linien lang, 3 Linien breit, und 1 Linie dick ist. An beyden Enden desselben sind zwey kleine $1\frac{1}{2}$ Linien lange Zapfen, welche in die Seiteneinschnitte des Blechs (*d*) an beyden Seiten zu liegen kommen, wenn man dieses kleine Blech unter das vordere Ende des Blechs (*d*) legt. In der Mitte dieses kleinen Blechs ist eine Schlinge von Drath befestiget, die die Einschnitte des vordern Theils des stählernen Stabes faßt. Diese Schlinge läßt sich umdrehen.

§. 99.

Herr Hofrath Richter, welcher diese Maschine aus den Memoires de l'Academie Royale de Chirurgie T. IV. in dem ersten Band, zweyten Stück seiner schätzbaren chirurgischen Bibliothek, allwo sie S. 58. 66. nachgesehen werden kann, aufgenommen hat, weil er ein Augenzeuge des glücklichen Erfolges bey der Anwendung derselben war, hat denjenigen Theil derselben, der zur Befestigung der auf dem Kopf befindlichen Stücke an dem vordern und obern Theil des stählernen Stabes dient, weil er ihm zu sehr zusammengesetzt schien, verändert, wie man eben allda S. 64. und Fig. 3. sehen kann, daher ich sie hier nicht weitläuftiger beschreiben will.

§. 100.

Eine andere Abänderung derselben ist die Taf. 5. Fig. 50. abgebildete, wie sie in London ist gebraucht worden; da an statt der Mütze und des Kopfbandes, das Band d. e. Glissons Eskarpolette §. 96. an den Kopf so angebracht wird, daß es vom obern Ende des Stabs b. zu beyden Seiten des Kopfs herunter bis nahe übers Ohr läuft, von da theilt es sich, und geht vorwärts unters Kinn, und hinterwärts unter dem Hinterkopf zur andern Seite, so wie bey der Eskarpolette die Riemen.

a. ist

a. ist die Schnürbrust, b. die stählerne Stäbe, c. c. sind die an der kupfernen Platte befestigte Bleche, wodurch der Stab geschoben werden kann, wie man dieses Fig. 51. sehen kann.

Herr Hofrath Richter *) hält dieses Band für besser, weil es wirklich oft schwer hält, die le Wacherische Mütze hinreichend am Kopfe zu befestigen. Ob aber das Band unter dem Kinne nicht mancherley Beschwerden verursachen werde?

§. 101.

Daß diese Maschine wie ein Hebel zwoter Art würkt, und den Rückgrad allmählig und fortdaurend ausdehnt, sieht ein jeder ohne mein Erinnern, und das ist, was Herr le Wacher dadurch erzielt; sie gewährt dabey den Vortheil, daß man den Rückgrad so lange und so stark andehnen kann, als man will; sie hindert den Kranken nicht, den Kopf umzudrehen und verschiedene Geschäfte zu unternehmen, zeichnen, schreiben, tanzen; ja viele schlafen in dieser Maschine ohne Unbequemlichkeit. Ein vielfältiger glücklicher Erfolg zeigt von den Vorzügen dieser Maschine, welche nicht allein den Buckel, sondern auch die Zufälle, die beym Anfang der Entstehung eines Buckels zu bemerken sind, als das Fieber, den Husten, die Abnahme des ganzen Körpers u. s. w. so bald sie angelegt

*) Chirurgische Bibliothek. 8 B. 1 St.

legt werden, hebt. Der Kranke muß nicht über 12 Jahr
seyn, und die Maschine beständig tragen, wenn er Hof-
nung haben will, geheilt zu werden. Doch auch Personen, die über dieses Alter sind, können sich derselben
mit Nutzen bedienen, denn, wenn sie auch den Buckel
selbst nicht hebt, hebt sie doch die Zufälle, und verhindert die Zunahme des Buckels. Man kann ohngefähr alle
Monate den Stab um einen Zacken weiter in die Höhe
schieben, und so die Ausdehnung nach und nach vermehren.

§. 102.

Es ist nicht zu läugnen, daß die Erfindung dieser
Maschine Herrn le Vacher viele Ehre macht. Allein sie
hat noch wesentliche Fehler, welche die gute Würkung der-
selben hindern. Herr Scheldracke der jüngere *) hat
den wesentlichsten desselben verbessert, indem er, statt die
Maschine an die Schnürbrust zu befestigen, einen festern
Stützpunkt derselben an dem Becken fand (s. Taf. 5.
Fig. 52.)

Wem der Mechanismus des Hebels der zwoten Art
bekannt ist, wird sogleich erkennen, daß die Schnürbrust
bey einem Bucklichten kein fester Stützpunkt seyn kann,
ohne daß durch das festere Zuschnüren derselben die Kranken durch den Druck Schaden leiden. Herr Scheldracke
sagt:

*) An Essay on the various Causes and Effects of the distorte
 Spine; on the improper Methods usually practised to remo-
 ve that distortion etc. Made by T. *Scheldracke Iun.* London.

sagt: „Auf diese Weise wird die le Vacherische Maschine
„entweder gar keine Würkung hervorbringen, (wenn die
„Schnürbrust nicht gehörig stark und angeschnürt ist) oder
„einer Verunstaltung, die heilbar wäre, zwar abhelfen,
„indem sie eine andere in ihre Stelle setzt, welche an-
„dauernd und unheilbar seyn wird (d. i. die Verunstaltun-
„gen, welche Folgen der Schnürbrust §. 92. sind.)„
Dieses ist keine leere Spekulation, die Erfahrung ist Zeuge von den bösen Wirkungen derselben. Ein jeder, der
mit dem Bau des Körpers bekannt ist, muß sehen, daß
dies die allgemeine Wirkung derselben seyn werde. Ihre
Wirkungskraft erstreckt sich nicht einmal bis auf den Rückgrad, weil die Unterstützung, welche sie von dem Becken
erhalten soll, nicht so andauernd ist, als man zum Grund
annimmt. Es ist wohl bekannt, daß das stärkste Fischbein sich leicht beugt, und durch die Wärme noch biegsamer wird; ist das Mieder geschnürt, so fügt es sich gar
bald nach dem Leibe durch die Wärme, welche es empfängt; wenn daher die Maschine aufrecht stehet, so beugen sich die Fischbeine, und die Maschine hat keinen festen Punkt, den Rückgrad zu unterstützen und auszudeh-
nen, und die Verunstaltung wird dadurch ehender vermehrt. Herr le Vacher scheint diesen Fehler selbst er-
kannt zu haben, da er ein Mieder dazu anrathet, welches
umgewandt werden kann, und befiehlt, es wenigstens jeden andern Tag umzukehren, damit es sich nach der Gestalt des Leibes jederzeit forme, und die Maschine besser
unterstütze.

§. 103

§. 103.

Bey der Verbesserung der le Wacherischen und Verfertigung seiner eigenen Maschine, sezt Herr Scheldracke folgendes zum Grunde: „Soll die Maschine gute Wirkung machen, so muß sie den gekrümmten und geschwächten Rückgrad von dem Gewichte aller auf ihm ruhenden Theile befreyen; sie muß den Rückgrad ausdehnen, und zur nämlichen Zeit jeden Theil zwischen den Becken und dem Kopfe gänzlich freylassen. Die Maschine muß daher den Kopf ganz fest halten, und eine gewisse Unterstützung von dem Becken haben, und wenn sie an diese Theile fest angeheftet ist, muß sie so ausgedehnt werden können, bis der Rückgrad, und alle jene Theile, die damit verbunden sind, in ihre natürliche und verhältnismässige Lage wieder eingesezt sind."

Dieses zu bewirken hat Herr Scheldracke den ganzen obern Theil der Fig. 50. 51. beybehalten.

Anstatt dieselbe an das Mieder wie le Wacher zu befestigen, wurden die zwey schmalen Bleche c. c, durch welche der Stab lauft, an eine stählerne Platte b. befestiget, welche nahe von der Mitte des Rückgrads zum Becken abwärts lauft, allda a pünktlich paßt, und so angelegt werden muß, daß sie die Lage niemals ändert. Auf diese Weise kann man den Kopf und das Becken fest halten, und durch die Ausdehnung der Maschine wird der Rückgrad stuffenweise gerade gemacht; die damit verbun-

denen

benen Rippen und Schulterblätter folgen demselben, und so wird die Ausdehnung des Rückgrads wirksamst jeden Grad der Verunstaltung im Leibe hemmen.

Dieser lezte gemeldete Theil der Maschine muß so gemacht werden, daß er auf dem Becken ruhet, zu beyden Seiten um den obern und vordern Theil des Hüftbeins sich erstreckt, allenthalben fest am Becken anliegt, und von vorne sicher befestiget werden kann.

Herr Scheldracke will den Verdacht einer eigennützigen Zurückhaltung von sich ablehnen, weil er diesen Theil der Maschine nicht hinreichend deutlich beschrieben hat, daß ein Künstler sie zu verfertigen im Stande ist. Er sagt: Er habe es beßhalb mit Fleiß vermieden, weil er gefunden habe, daß ein gemeiner Handwerksmann dieselbe mit allem schriftlichen Unterricht, welcher weniger faßlich, als ein mündlicher ist, nicht gehörig verfertigen würde: hätte er aber diese Beschreibung gegeben, so würde auch der unwissende Theil der Handwerker dieselbe zu machen versuchen; sie würde nicht gelingen, schlecht gemacht, zweckwidrig angewendet, böse Folgen nach sich ziehen, die man denn der Maschine, nicht der Unwissenheit zuschreiben würde. Er verweißt daher den Leser zum Kupferbild Fig. 52.

„Da das stählerne Band a. mit der Platte b. genau nach dem Becken geformt ist, wird der Druck auf alle

Theile gleich, und das Becken, welches der feste Stützpunkt ist, kann den nöthigen Druck wohl ertragen. Zwar
geschieht die Ausdehnung dieser Maschine langsamer, als
bey der le Wacherischen *), aber so oft man sie ausdehnen
wird, kömmt man der Kur immer näher, was bey der
andern nicht geschieht. Da niemal ein Buckel dem andern
ganz gleich ist, so kann auch die Form der Maschine nicht
bey jedem die nämliche seyn. Zwar soll sie die obern
Theile wohl unterstützen, niemal aber soll sie den Buckel
berühren. Mann kann sie daher in einigen Fällen so
verfertigen, wie sie Fig. 52. abgezeichnet ist. In andern Fällen, wo die Krümmung des Rückgrads gerade
auswärts gehet, muß man einen doppelten Stab anbringen, um den Druck auf das Rückgrad abzuwenden. Kurz,
es ist nicht möglich **), jede Abänderung zu beschreiben,
welche hier erfoderlich ist, indem eine jede Art Buckel
auch eine besondere Veränderung der Maschine erheischt.„

Herr Scheldracke sucht den Vorzug seiner Maschine
hauptsächlich darein zu setzen, daß ihre Wirkungsart einfacher,

*) Die Ursache dessen s. Lehrsätze Theil 1. Kapit. 3. § §. 80.
81. 82. 83.

**) Dieses wäre leicht möglich gewesen, wenn Herr Scheldracke
nur noch einige Figuren so vollständig, wie Herr le Vacher
beygefügt hätte. Da ich diese Maschine niemal noch gesehen
habe, und sie nur durch die Abhandlung kenne, so will und
kann

facher, und sie in ihrer Wirkung gewisser ist, als die le Vacherische, wenigstens, wenn sie nicht nutzt, soll sie nicht schaden.

Nur einen Einwurf gestehet Herr Scheldracke selbst, kann man gegen den Gebrauch dieser Maschine machen, und dieser ist die Gefahr: das Becken leide dadurch eine Verdrehung; er glaubt aber, dies sey mehr eine Spekulation, als eine Thatsache, indem er diese Verdrehung, als eine Folge der Maschine, noch niemal beobachtet habe.

Doch leugnet er's nicht, daß sie sich bey sehr jungen Kindern durch den Druck nicht ereignen könne, wenn sie ihnen, bevor die Beine einigen Grad der Stärke erlangt haben, angewandt wird; dies aber, glaubt er, werde nur selten geschehen, wenn es doch geschehen soll, wenn man sie zu jener Zeit gebraucht, da die Stärke der Knochen die Anwendung der Maschine erlaubt, und viel eher bey der le Vacherischen, welche den Fehler lange verbirgt.

kann ich nicht mehr thun, als daß ich hier beschreibe, was der Herr Verfasser hievon bekannt machte. Vielleicht hat einer der Herren Recensenten, der mit englischen Gelehrten, oder selbst mit Herrn Scheldrack in freundschaftlicher Korrespondenz stehet, mehr Einsicht und Erfahrung hievon, wodurch die vollständigere Belehrung berichtiget werden kann, was ich vorzüglich von H. P. R. in E. erwarte, dem die englische Charpie so sehr bekannt und eigen ist.

verbirgt. Herr Scheldracke legt seine Maschine selten Kindern an, die noch nicht 9 Jahr alt sind.

§. 104.

Weit entfernt diese Maschine zu tadeln, will ich hier diejenigen, welche jemals von dieser Maschine Gebrauch zu machen gedenken, auf folgende — Scheldracke nennt es Spekulation — aufmerksam machen.

1) Auf die Ursache des Buckels. Gewöhnlich liegt rachitische — schrophulose u. dergl. Schärfe, eine kahektische Schwäche des Körpers zum Grunde, da denn auch die Beckenbeine mehr oder weniger davon leiden. Auf diesen nun ruhet

2) die ganze Maschine — die Wirkung der Kraft und Last *). Es ist daher keine unnütze Spekulation, wenn man beym Gebrauche derselben, anstatt Heilung, eine Verschlimmerung, und selbst eine Verdrehung des Beckens befürchtet, wenigstens in der Gefahr ist, daß die noch schwachen Beckenknochen zur Zeit, da sie sich ausbilden sollen (und dies geschieht doch im Alter von 9 bis 12 Jahren), eben den nachtheiligen Druck erleiden müssen, welchen man den Schnürbrüsten zur Last legt, und so dieses auch nicht erfolgt, wird doch wegen dem anhaltenden Druckschmerzen, Exkoriationen, wie man dies bey

---

*) s. Lehrsätze. Th. 1. §. 78.

bey Bruchbändern erfährt, den Wundarzt manchmal nöthigen, die Maschine auf einige Zeit abzunehmen, wodurch die Kur unterbrochen wird.

Herr Hofrath Richter giebt dabey die Vorsichtsregel, daß, da die Entstehung eines Buckels wahrscheinlich der Schwäche der Bänder und Muskeln des Rückgrabs, und dem Gewichte des Kopfs und der obern
Theile, vornehmlich zuzuschreiben ist, man dergleichen
Kranke, wenn ein Umstand es nöthig macht, die Maschine
auf eine Zeit abzunehmen, nie stehen oder sitzen, sondern,
so viel möglich, in einer horizontalen Lage liegen lassen
müsse. Wobey äusserlich angewandte, kalte, geistige und
andere stärkende Mittel, auf den Rückgrab zu legen,
oder einzureiben, zweckmäßig seyn wird.

3) Hat diese Maschine mit der le Vacherischen auch
dieses gleich; sie dehnet nicht nur denjenigen Theil des
Rückgrabs aus, der gekrümmt ist, sondern auch denjenigen, dem eine gewaltsame Ausdehnung nicht allein unnöthig, sondern auch wohl gar schädlich ist. Die Bewegung
der Last — des gekrümmten Rückgrabs — erfolgt erst
durch die Wirkung der Kraft — der um den Kopf befestigten Estarpoletts — muß man daher nicht befürchten,
daß die Maschine, die auf den Kinnbacken und hintern
Kopf wirkt, das ganze Rückgrab ausdehnt, zumal, da
sich dasselbe bey solchen Kranken, wegen der Schwäche
seiner Bänder und Muskeln, leicht ausdehnen läßt, Un-
förmlich-

förmlichkeiten von Folgen am Kopfe verursachen, den Hals widernatürlich verlängern, selbst auf die ganze Person des Kranken zu heftig wirke, und dadurch nicht allein Unförmlichkeiten und fehlerhafte Proportion zwischen den Gliedmaßen des Körpers, sondern auch vielleicht weit wichtigere Veränderungen veranlassen könnte. Uebrigens

4) sagt Herr Hofrath Richter *) scheint der Gebrauch äusserlicher Mittel und Instrumenten, zu Heilung der Buckel, bey weitem nicht so oft nöthig zu seyn, als man glaubt, denn gemeiniglich denkt man bey der Kur der Buckel an keine andere, als äussere Mittel. Ein Buckel ist sehr oft eine Wirkung einer innern allgemeinen Krankheit des Körpers, sehr oft bemerkt man einen kränklichen kahektischen, nicht eben rachitischen Zustand des Körpers, ehe man noch den geringsten Anfang eines Buckels bemerkt, der sich gemeiniglich nach einiger Zeit erst zeigt, und offenbar die Wirkung dieser üblen Beschaffenheit des Körpers ist. Würde man in dergleichen Fällen nicht gleichsam gewaltsam und empyrisch verfahren, wenn man sogleich Instrumente und Maschinen anlegen wollte, ohne zuvor an die üble Beschaffenheit des ganzen Körpers, die Ursache des Buckels zu denken; und was würde man dadurch ausrichten? Eben das, was man bey einem rachitischen Kinde erwarten dürfte, dem man verschiedene Maschinen anlegen wollte, um die Krümmungen der Knochen

---

*) Chirurgische Bibliothek. B. 1. St. 2.

chen zu heben *), und man im übrigen weder an die englische Krankheit, noch an Mittel, dieselbe zu heilen, dächte.

Wenn man die üble Beschaffenheit des Körpers bey Zeiten hebt, so verschwindet auch sehr oft sogleich die Wirkung der Buckel; zuweilen das letztere nicht, und dies ist alsdann — nach seiner Meynung, durchaus allein der Fall, wo man Instrumente gebrauchen kann.

§. 105.

Da die Abhandlung des Herrn Scheldracks manchem dürfte unbekannt, wenigstens unbenützt bleiben, denn ich zweifle, ob sie ins deutsche wird übersetzt werden, will ich hier einen Auszug einschieben.

1. Ueber die verschiedenen Behandlungsarten, welche nothwendig sind dem Buckel in verschiedenen Umständen abzuhelfen.

Zuerst sagt der Verfasser, sollten Handwerker sich mit Verfertigung dergleichen Maschinen oder Instrumenten nicht befassen, deren Bau so mancherley Veränderungen erheischt, welches zu bemerken sie unfähig sind. Es werden daher die Kranken manchmal so zweckwidrig behandelt, daß

*) Herr le Vacher hat auch für rachitische Kranke eine Maschine projektirt, die in Herrn Hofrath Richters chirurgischen Bibliothek, B. 2. St. 1. S. 71. zu sehen ist.

daß es scheint, es geschehe geflissentlich. Diesem vorzubeugen, beschreibt er die den Kranken in jedem Alter angemessene Behandlung, bemerkt aber zugleich, daß viele Fälle eine besondre Behandlung erfodern, welche aber nur Ausnahmen von denjenigen sind, was man eine allgemeine Regel zu seyn glaubt.

Bey sehr jungen Kindern, wenn die Krümmung keine Beinfäule zum Grunde hat, ist das kalte Baad, stärkende Arzneyen, und eine dem Alter angemessene Leibesübung, das einzige Mittel, das man zur Heilung brauchen soll, weil der Buckel hier nur von Schwachheit entstehet. Da der Buckel selten beträchtlich ist, wird er auch dadurch vermindert, oder gar vertilgt, so wie das Kind wächst, und stärker wird. Der Gebrauch der Maschine ist hier nicht schicklich, und muß, wenn sie noch sollte wegen Schwäche, oder widriger Behandlung nothwendig werden, erst in spätern Jahren (nach 8, 9 Jahren) bevor der Kranke das männliche Alter erreicht, angewandt werden. Auch in diesem Alter, wenn man eine Verdrehung des Beckens noch zu fürchten hat, soll man die Maschine sorgfältig vermeiden — besser ist es durch eine auch langsamere Kur den Buckel zu heilen, was geschehen kann, als Gefahr laufen durch die Maschine dem Kranken andere Beschwerden zuzuziehen. Hat aber die mit dem Buckel behaftete Person jenes Alter und Kräfte erreicht, die Maschine ohne Gefahr zu tragen, ist es eine Sache der größten Wichtigkeit, dieser Verunstaltung

ſtaltung ſobald möglich abzuhelfen. Die mindeſte Verdrehung bleibt alsdenn für allezeit, und iſt von dieſer Zeit
an unheilbar *). Der Kranke muß deßhalb die Maſchine
immer tragen, und ſollte ſogar darinn ſchlafen, und vornehmlich muß man darauf ſehen, wie der Kranke liegt.

Herr Scheldracke empfiehlt zugleich den öftern Gebrauch der Halsſchwinge, die in dieſem Fall zur Heilung
des Uebels beytragen ſoll.

Durch erfoderliche Aufmerkſamkeit, und den fortge-
ſetzten Gebrauch der Maſchine, ſoll jeder Grad der Ver-
unſtaltung in kurzer Zeit zu heben ſeyn, oder, ſo auch
keine Heilung ſollte bewirkt werden, und es auch am
übelſten ergehen ſollte, bleibt der Kranke bucklicht, wie
er zuvor war, und hat den Troſt, daß er zweckmäßige

L 4   Mittel,

---

*) Verſchiedene Skelette von Bucklichten, welche Herr Bonn
theils in Herrn Hovius Knochenvorrath fand, theils ſelbſt
ſammelte, zeigen, wie unmöglich es iſt, einen Buckel zu heilen, wenn derſelbe erſt zu einem gewiſſen Alter und Grad ge-
langet iſt. Unter dieſen ſind die Körper der Wirbelbeine an
der einen Seite dick, an der andern ganz dünne, die ſchiefen Fortſätze einiger ganz zuſammengewachſen. In einem iſt
das Rückgrad nicht allein gekrümmt, ſondern auch ſo verdreht,
daß die Spitzenfortſätze nach einer, die Körper nach der andern Seite, die linken Querfortſätze nach vorn gerichtet ſind.
Es iſt alſo nicht immer genug, die Krümmung zu heben,

man

Mittel, seine Heilung zu bewirken, zwar angewandt habe, aber ohne Frucht, wie denn auch die besten Arzneyen zu Zeiten den Arzt und Kranken sitzen lassen.

Man hat dieser Maschine den Vorwurf gemacht — (Eigennuz oder Vorurtheile sollen es veranlaßt haben) sie seye schmerzhaft zu ertragen, und es erfodere vielen Starkmuth, sich dieser Kur zu unterziehen; andern gefiel sie nicht, weil sie den Kranken so possierlich bildet.

Das erstere heißt Herr Scheldracke falsch, das leztere unvermeidlich. Eine Maschine, die einen unförmlichen Buckel heilen soll, kann nicht zierlich seyn. Der Kranke hat daher eine Wahl, entweder trägt er seinen Buckel, oder die Maschine so lang, als sie nothwendig ist.

2) Von man muß bey der Verfertigung, und Anlegung der mancherley Maschinen, die man gegen den Buckel empfiehlt, auch Rücksicht auf dergleichen Verdrehungen haben. Bey einem war die Brusthöhle erweitert — bey einem die verschobene Wirbelbeine unter sich, und mit vier Rippen fest verwachsen. — Ein anderes, an welchem die 6 obern Rückenwirbelbeine, und 4 Rippen fest unter einander verwachsen sind; die Körper zweyer Wirbelbeine in der Mitte sind beynahe gänzlich verschwunden. s. Herrn Richters chirurgische Bibliothek. B. 7. St. 4.

2) Von den zuverläſſigen Vortheilen der verbeſſerten Maſchine bey dem Buckel, der mit der Lähmung der untern Gliedmaſſen begleitet iſt.

Die Kenntniß und Heilung dieſer Art Buckels verdanken wir Herrn Pott *). Der Hauptſitz dieſer Krankheit iſt in den Körpern der Wirbelbeine und in den dieſelben verbindenden Bändern, die Anfangs widernatürlich anſchwellen, nachher aufgelößt und zerſtöhrt werden. Buckel und Lähmung der untern Gliedmaſſen ſind unzertrennliche Zufälle.

Die Krümmung des Rückgrabs iſt dem Orte, dem Umfange und Grade nach verſchieden, indem ſie entweder am Hals, oder im Rücken, und zuweilen (doch ſehr ſelten) in den obern Lendenwirbelbeinen befindlich iſt. Sie nimmt zuweilen nur zwey Wirbelbeine, zuweilen drey oder noch mehrere ein, wodurch der Umfang der Krümmung nothwendiger Weiſe gröſſer oder kleiner wird. Die Anzahl der von der Krankheit angegriffenen Wirbelbeine, oder der Buckel mag beſchaffen ſeyn, wie er wolle, ſo erfahren die untern Gliedmaſſen doch nur die Wirkung davon; wenigſtens hat Hr. Scheldracke niemal die Arme davon gelähmt geſehen.

L 5   Bey

---

*) Sämtliche chirurgiſche Werke. B. 2. S. 238. NB. Der Lehrſatz Th. 1. §. 70. S. 159. hat das übertriebene — u. ſ. w. gilt Hrn. Pott niemal, und iſt ein Bindungsfehler.

Bey dieser Art Buckel, bey welcher Herr Pott die Lähmung durch Haarseile zu heilen, durch glückliche Erfahrungen geleitet, empfiehlt, will Herr Scheldracke durch seine Maschine auch den Buckel heilen, und es ist kein Zweifel, daß diese Maschine gute Wirkung leisten werde, so wie Herr Pott (S. 389.) für die erwachsene Kranken Krücken, Stühle, Tische und dergleichen, für Kinder einen Schragen, der so hoch ist, daß er ihnen unter die Arme reicht, und den ganzen Körper in sich schließt, für die Füsse zur Stütze empfiehlt.

Ueberhaupt sezt er bey — kann man sagen, daß, wenn nur ein Wirbelbein schadhaft, und der Kranke noch jung ist, die Krümmung in der Länge der Zeit (um so viel mehr durch Beyhülfe dieser Maschine) endlich ganz verschwinden werde. Aber da, wo zwey oder drey Wirbelbeine krankhaft sind, kann man dies nicht erwarten. Der Hauptzweck ist die Heilung, und dann die Vereinigung der mit dem Beinfraß angegriffenen Knochen, die nun wieder gesund geworden sind.

Dies ist das Sine qua non, das nothwendigste Stück der Kur, und muß in solchen Fällen, wenn sie nicht erfolgt, die Krümmung, und folglich auch die Ungestaltheit bleibend machen; die Fontanellen werden zwar den Gebrauch der Beine, aber nicht die verlehrne Gestalt des Rückgrads wieder herstellen. „Herr Scheldracke sagt: Durch die Ausdehnung, vermittelst der Maschine,
wird

wird die Anchylosis der Wirbelbeine verhütet, die durch den Beinfraß verdorbene Stellen, vermittelst der Beinschwülle, wieder ergänzt, und somit auch die verlohrne Gestalt des Rückgrats wieder hergestellt.

> Der Mittel Nachtheil oder Segen
> Ist an Natur und Zeit gelegen.

Ende
der ersten Abtheilung des zweyten Theils.

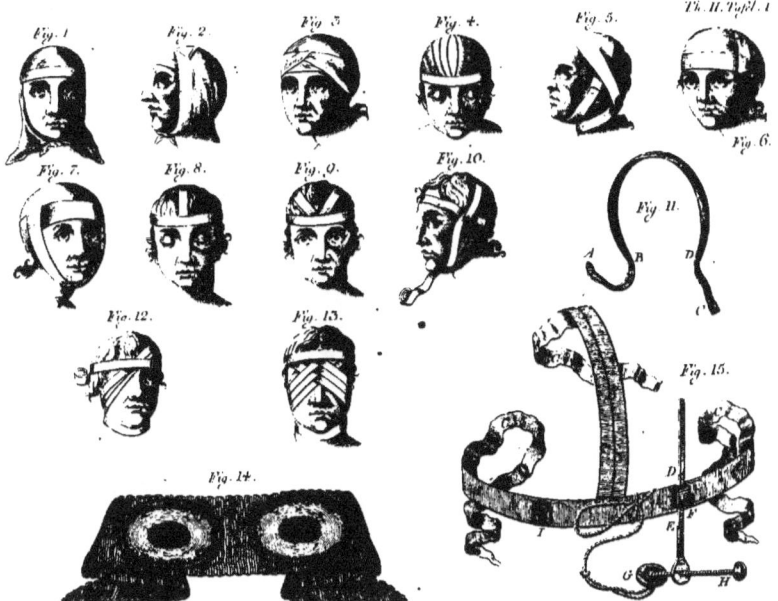

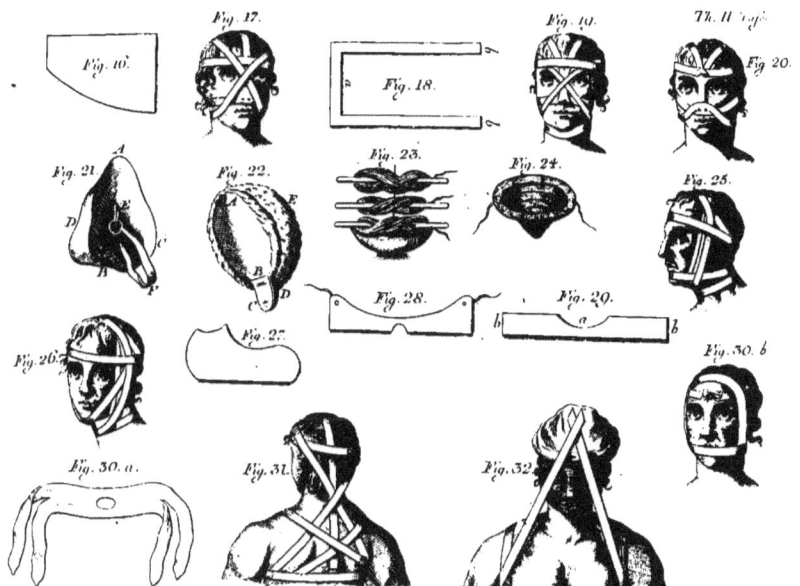

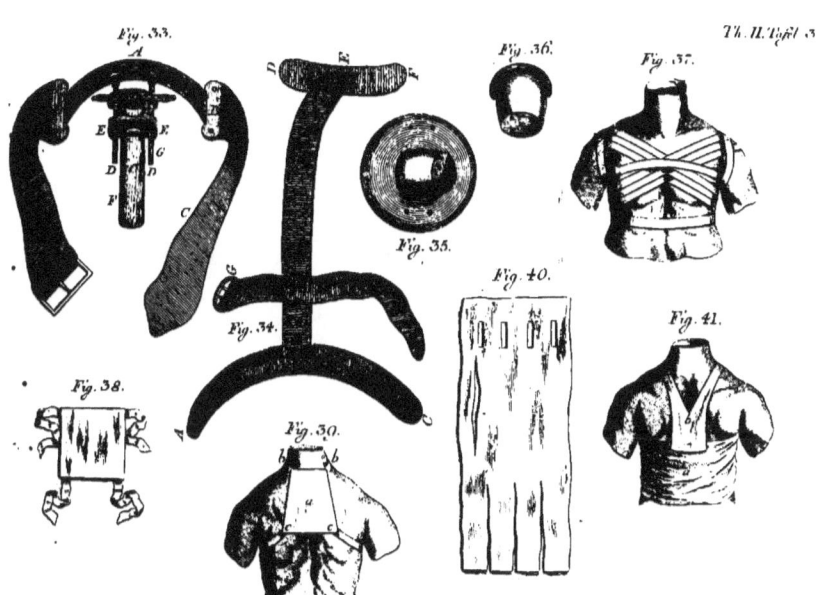

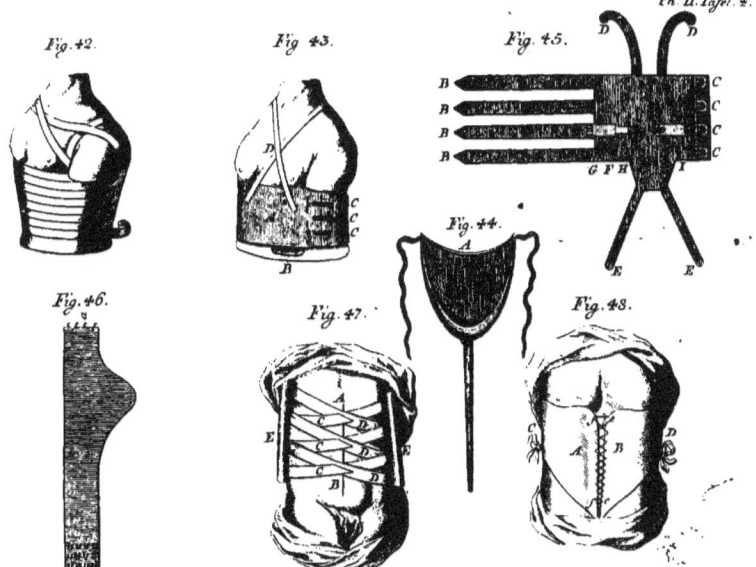

1.

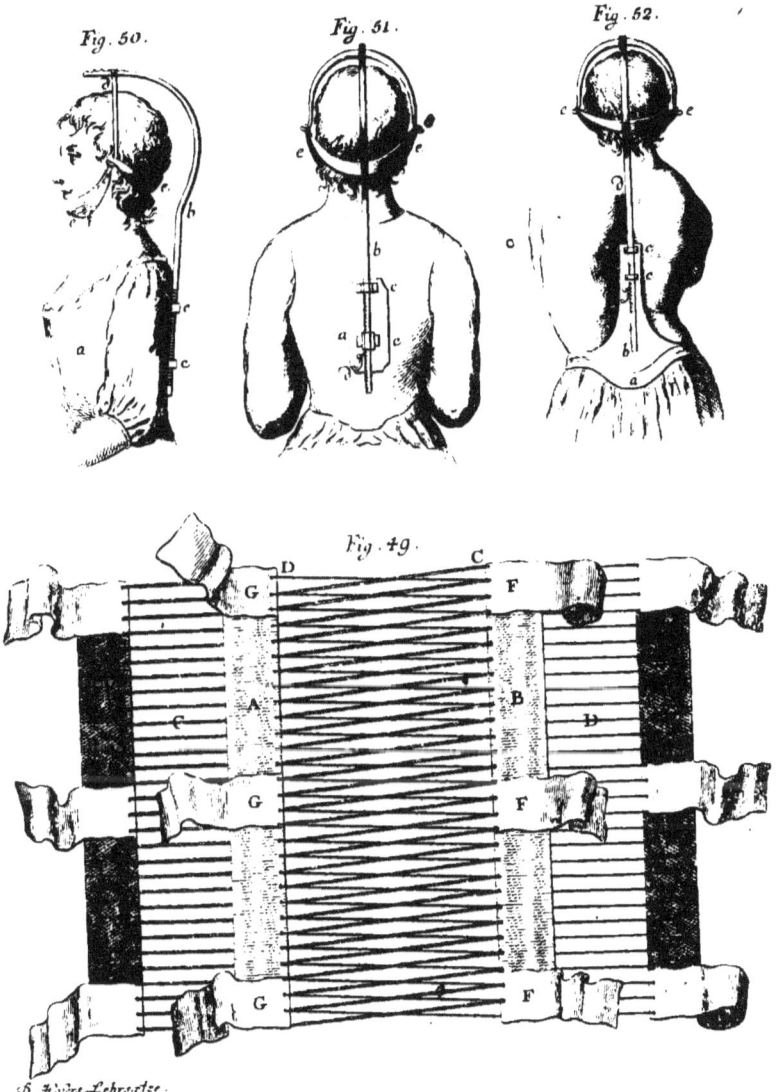

D. Franz Joseph Hofers
Hochfürstl. Augsburgischen Hofraths, der Anatomie und Chirurgie
öffentlichen Lehrers, auch Landschaftsphysikus zu Dillingen

Lehrsätze
des
Chirurgischen Verbands.

Zweyter Theil.

Zweyte Abtheilung,

welche

die chirurgischen Vorrichtungen des Beckens

enthält.

Mit XI. Kupfern.

Erlangen
bey Johann Jakob Palm. 1791.

Dem

Wohlgebohrnen und hocherfahrnen Herrn

Herrn

August Gottlieb Richter

der Arzneywissenschaft und Weltweisheit Doktor, Sr. Königl. Majestät von Grosbrittanien Leibarzt und Hofrath, der praktischen Arzneywissenschaft und Wundarzneykunst ordentl. öffentl. Lehrer zu Göttingen, Direktor des akademischen Hospitals, des Collegiums der Wundärzte Präses, des Fürstenthums Göttingen Physikus, Mitglied der Königl. Götting. und Königl. Schwedischen Akademien der Wissenschaften, wie auch der Königl. medicinischen Societät zu Koppenhagen.

widmet

diese Abtheilung

voll der größten Hochachtung und Freundschaft

der Verfasser.

Vorbericht.

Gegenwärtige Abtheilung erscheint mit dem Wunsche, daß sie der Erwartung entspreche; nur bitte ich, nicht mehr zu verlangen, als ich gegenwärtig noch leisten kann. Mir sind nur zwey Abhandlungen über die Verfertigung der Bruchbänder bekannt. Mit der ersten beschenkte uns Herr Hofrath **Richter** schon vor 13 Jahren; leztere verdanken wir M. Iuville, Chirurgien herniaire à Paris. Es ist bekannt, daß Herr **Richter** die Juvillische Pellote tadelt. Meine Sache kann es hier nicht seyn, als einen **Lehrsatz** zu bestimmen: welche Methode der junge Wundarzt befolgen soll. Meine Einsicht, und die diese Frage allein entscheidende Erfahrung, sind zu sehr begränzt. Ich begnüge mich hier allein, die Vorschriften zu geben, wie ein **Richterisches**, und wie ein **Juvillisches** Bruchband beschaffen seyn soll? Ob ich meinen

Vorbericht.

nen Zwek erreiche, werden Kenner entscheiden. Ein experimentirter Commentator mag das mehrere erklären.

Das Kapitel von den Mutterkränzen hat durch die gelehrte **Hunoldische** Abhandlung mehr Vollkommenheit erhalten; ich will nicht hoffen, daß jemand im Ernste seine Unzufriedenheit darüber äussern wird, ich müßte ihn bitten, daß er sich die Mühe nehme, es besser zu machen.

Der dritte Theil dieser Lehrsätze wird, so bald es möglich ist, nachfolgen. Man kann aus gegenwärtigem den Schluß machen, daß ich meine Arbeit vollenden werde. Sat cito, si sat bene. Lector vale!

Hofer.

Inhalt.

Inhalt
des zweyten Theils zweyter Abtheilung.

Drittes Kapitel.
Von den Binden, Instrumenten und Werkzeugen bey den Brüchen.

Erster Abschnitt.
Von den Bruchbändern überhaupt.

Unterabschnitt 1. Die Bruchbandfeder und derselben Zubereitung   Seite 173
     2. Die Polsterung, und der Ueberzug   227
     3. Anleitung, wie man das Maas zu einem Bruchbande am Körper nehmen, und den Wundarzt, oder den Künstler, berichten muß, um ein schikliches Bruchband zu erhalten   238
     4. Anleitung, was man bey der Anlegung und dem rechten Gebrauche der Bruchbänder zu beobachten hat   241

Zweyter Abschnitt.
Von den einfachen Bruchbändern insbesondere.

Unterabschnitt 1. Das einfache elastische Leisten-Bruchband   Seite 251
     2. Das einfache nicht elastische Leistenbruchband   252
     3. Der Beinriemen   253
     4. Das Bruchband mit hohler Pelote   255

Inhalt

Dritter Abschnitt.
Von den doppelten Bruchbändern.

Unterabschnitt 1. Die doppelten Bruchbänder überhaupt. S. 257
      2. Das Leistenbruchband mit zweyen Köpfen 258
      3. Das doppelte mit dem Knopfschluß 260
      4. Das doppelte mit dem Riemenschluß 263

Vierter Abschnitt.
Das Schenkelbruchband.   264

Fünfter Abschnitt.
Von den Nabel- und Bauchbruchbändern.

Unterabschnitt 1. Die Nabelbruchbänder   Seite 266
      2. Die Bauchbruchbänder   280

Sechster Abschnitt.
Von dem Bruchbande beym eyförmigen Loche. 284

Siebenter Abschnitt.
Von dem Bruchbande beym blosen Bruche. 286

Achter Abschnitt.
Von dem Bruchbande beym Mittelfleischbruche. 287

Neunter Abschnitt.
Von dem Bruchbande beym Mutterscheidenbruche. 287

Zehnter Abschnitt.
Von dem Bruchbande beym Gebährmutterbruche. 288

Elfter Abschnitt.
Von dem Bruchbande beym Hüftbruche. 288

Zwölf-

des zweyten Theils zweyter Abtheilung.

Zwölfter Abschnitt.
Von der Bandage beym Bruchschnitte. S. 283

Dreyzehnter Abschnitt.
Von der Bandage bey der Castration. 292

Vierzehnter Abschnitt.
Von der Bandage zur weichen Beule. 293

Funfzehnter Abschnitt.
Die Kornähre zum Leistenbruche. 293

Sechszehnter Abschnitt.
Von der Bandage beym künstlichen After. 294

Siebenzehnter Abschnitt.
Von den Bandagen des Hodensaks und der Ruthe. 307

Viertes Kapitel.
Von den Verbandstücken, Instrumenten und Werkzeugen bey den Krankheiten der Gebährmutter und Scheide.

Erster Abschnitt.
Von den Mutterkränzen überhaupt. 313

Zwenter Abschnitt.
Von den Mutterkränzen insbesondere.

Unterabschnitt 1. Die Mutterkränze, welche aus einem weichen Stoffe bestehen Seite 322
2. Die Mutterkränze, welche aus einem harten Stoffe bestehen 326

Inhalt des zweyten Theils zweyter Abtheilung.

Unterabschnitt 3. Die elastischen Mutterkränze Seite 338
     4. Die cylindrischen Mutterkränze 331
     5. Die stielförmigen Mutterkränze 356

Fünftes Kapitel.
Von den Binden, Instrumenten und Werkzeugen bey den Krankheiten der Harnröhre.

Erster Abschnitt.
Von den Urinbehältern des männlichen Geschlechts. 370

Zweyter Abschnitt.
Von den Urinbehältern bey Frauenspersonen. 380

Sechstes Kapitel.
Von den Binden, Instrumenten und Werkzeugen des Afters.

Erster Abschnitt.
Von den Binden des Mittelfleisches. 383

Zweyter Abschnitt.
Von den Bandagen beym Vorfalle des Afters. 383

Drit=

Drittes Kapitel.
Von den Verbandstücken, Instrumenten und Werkzeugen, die Bruchbänder genannt.

Erster Abschnitt.
Die Bruchbänder überhaupt.

§. 106.

Wenn ein in seinen Häuten noch enthaltenes Eingeweid aus seinem eigenthümlichen Orte in eine fremde Höhle austritt, nennt man diese Krankheit einen Bruch (Hernia, Ramex).

Die Vorrichtung, oder das Werkzeug, welches dieses Eingeweid, nachdem es wieder in seine eigene Höhle zurückgebracht worden ist, darinn erhält, wenigst den fernern Austritt verhütet, heißt ein Bruchband (Amma, Bracherium). Dies geschieht, indem es den Bauchring und obern Theil des Halses des Bruchsaks, in und zunächst dem Bauchringe, durch einen äussern Druk verschließt,

schließt, folglich den Weg versperret, durch welchen die Eingeweide des Unterleibes herunter in den Bruch- und Hodensak gelangen können.

Unter den Produkten der neuen Chirurgie ist die Erfindung und Verbesserung der Bruchbänder eine der wichtigsten, sie behaupten unter allen leicht den ersten Rang, und sind gewiß dem menschlichen Geschlechte äusserst ersprießlich. Wie groß und ansehnlich der Grad der Vollkommenheit ist, den man diesen gegeben hat, läßt sich daraus erkennen, wenn man die neuesten Bruchbänder voriger Zeiten, die in Schriften abgebildet gefunden werden, und welche heute noch Bader, Sättler, Schlosser und Schmiede liefern, mit den gegenwärtigen vergleicht. Man wird die Fehler dieser Bruchbänder von selbst leicht erkennen, wenn wir die Eigenschaften eines guten Bruchbandes werden beschrieben haben, ohne daß es nöthig seyn wird, dieselben weitläuftiger zu bemerken; und man wird sich selbst überzeugen, welcher Scharfsinn und Pünktlichkeit von Seiten des Wundarztes sowohl, als seiner Mitarbeiter, erfodert wird, ein brauchbares Bruchband zu verfertigen. Man wird endlich überzeugt finden, daß die im ersten Theile dieser Lehrsätze §. 73. gegebene Lehren hier ganz anwendbar sind.

§. 107.

Man hat Bruchbänder von verschiedener Art verfertiget, die aber in zwey Gattungen eingetheilt werden kön-

können, in elastische *), und nicht elastische, deren Wirkung und Nutzen eben so verschieden sind.

§. 108.

Ein gutes Bruchband muß überhaupt so beschaffen seyn, daß es

1) den Ort, wo es angebracht ist, ohne Beschwerde, immer gleich, und hinreichend stark drükt, und
2) sich nicht verschiebt.

Ein Bruchband, das diese Eigenschaften nicht hat, ist nicht tauglich.

§. 109.

Um ein Bruchband nach diesen (§. 108.) Eigenschaften verfertigen zu können, giebt Herr Juville **) folgende als besondere, wesentliche, und Hauptregeln, welche auch bey Mutterkränzen beobachtet werden müssen, an. Diese sind:

1) Der Endzwek, den der Wundarzt durch diese Vorrichtung erreichen will.
2) Die

---

*) S. Lehrsätze Th. 1. Kap. 3. Abschnitt 2. Nro. 27.

**) Traité des Bandages herniaires dans lequel ou trouve independament des Bandages ordinaires des Machines propres à remedier aux Chûtes de la matrice et du rectum, à Servir de recipient dans le Cat d'anus artificiel, d'incontinance d'urine etc. Par Mr. Juville Chirurgien Herniaire à Paris MDCCLXXXVI.

2) Die Erkenntniß derjenigen Stelle des Körpers, dem man sie anwenden will.

3) Die Gestalt überhaupt, welche sie haben muß, um den Zwek zu erreichen.

4) Die Auswahl des Stofs, woraus sie verfertiget werden soll, und desselben Zubereitung.

5) Die besondere Gestalt derselben, die in Hinsicht des Theils, dem man sie anwendet, nothwendig wird, um dem Zwecke zu entsprechen.

6) Der vortheilhafte Stand des Ruhe- oder Stützpunkts; denn ein Bruchband wirkt nach den Gesetzen des Hebels.

7) Die Stelle und die Gestalt desjenigen Theils, welcher den Druk ausübt.

8) Die Länge, Breite und Stärke des Bruchbandes.

Laßt uns diese Regeln bey Verfertigung unserer Bruchbänder anwenden!

§. 110.

Erstens. Der Endzwek eines Bruchbandes ist bekannt: es soll das Austreten der im Unterleibe enthaltenen Eingeweide verhüten, entweder ganz oder zum Theil. Lezteres geschieht bey Brüchen, die nicht mehr zurückegebracht werden können, deßhalb die Pelote bey diesen ausgehöhlt ist. Eben so bekannt ist das große Geschlecht der Brüche, sowohl in Hinsicht des Orts, wo sie entstehen,

stehen, als des enthaltenen Eingeweides. In Hinsicht des Orts ist

§. 111.

Zweytens, die Erkenntniß derjenigen Stelle, der man das Bruchband anlegen will, gewiß eine wesentliche Erforderniß. Die Unterbauchgegend und das Becken sind der gewöhnlichste Sitz der Brüche, vorzüglich derjenigen, die wir gegenwärtig zum Gegenstande haben.

Der Unterleib hat eine mehr oder weniger runde Gestalt. Er wird hinten von den Lendenwirbelbeinen — seitwärts von einigen Rücken- und Lendenmuskeln — vorwärts von den Bauchmuskeln, unterwärts von den Beckenknochen gebildet. Die Lenden sind etwas flach — die Seitentheile mehr gerundet, der Schmeerbauch mehr oder weniger hervorragend. Die Bauchmuskeln sind wegen dem Athemholen in steter Bewegung, und des Schmeerbauchs zufälliges Aufschwellen und Senken sind Keinem unbekannt. Der Nabel bildet einen sehnichten Ring, die Muskel aber, wenn derselben Fasern von einander weichen, einen Spalt.

Eine ganz andere Bildung hat das Becken, seine Gestalt ist ungleich eyförmig, hinten etwas konvex — vorne etwas platt — seitwärts hervorragend. S. Tafel 7. Fig. 57. 59. Je grösser der stumpfe Winkel ist, den die Hüftbeine machen Fig. 59. F. 1. 2. 3. 4. 5., um so eingesenkter sind die Leisten. Von dem Kamme der Hüftbeine z. B. E. bis zu D. sind es bey einem Erwachsenen gewöhnlich 12 — 14. auch 16 Zoll. Von dem Rande E. bis zum Bauchringe A. beträgt die Entfernung 3 bis 4 Zoll. Zieht man, indem der Mensch aufrecht steht, von dem Heiligenbeine Fig. 58. B. zum Bauchmuskelring A. eine Linie, so findet man, daß dieser ohngefähr *) zwey Zoll tiefer liegt. Die Linie A. B. und Fig. 57. A. C. fällt auf den grossen Umdreher des Schenkelbeins C. Tiefer und dem Kamme näher liegt das poupartische Schenkelband Fig. 57. E. Abermal tiefer und vom Kamme entfernter ist das eyförmige Loch E. eben allda.

Die Bildung des Beckens ist nebst dem nicht stets die nämliche. Ich verstehe hier nicht nur die verschiedene Größe und Umfang desselben in Hinsicht des Alters und individuellen Körperbaues, sondern die mannigfaltige Verschiedenheit in Hinsicht einzelner Knochen selbst. Bey einem Becken, dessen Hüftbeine Fig. 59. F. 3. sind, kann das Bruchband, welches bey 1. sehr gut ist, nicht so brauchbar seyn, u. s. w.

Aus diesem Grunde paßt ein Bruchband, das einem Mann gut ist, für ein weibliches Becken weniger.

Nun ist das Becken mit Muskeln bedekt, und steht mit andern Theilen in Verbindung, welche entweder keinen

---

*) Herr Richter sagt 1 Zoll.

nen starken Druk erlauben z. B. die Saamenschnur, die
Schenkelgefässe und Nerven, oder die das Bruchband leicht
verschieben, z. B. die Bauchmuskeln, Gesäßmuskeln, die
Flechsen der Lenden- und Darmbeinmuskeln, die Kamm-
muskeln u. s. w. welche selbst, damit ihre Verrichtungen und
die Bewegungen nicht eingeschränkt werden, keinen starken
Druk erlauben.

§. 112.

Drittens. Bey so wesentlich verschiedener Bildung
jener Stellen, wo Brüche zu entstehen pflegen, sieht
man von selbst 1) daß ein Nabelbruchband bey einem Leistenbruche, und ein Leistenbruchband bey einem Schenkelbruche nicht gebraucht werden könne; 2) daß, wenn es
gut (§. 108.) seyn soll, ein Nabel- oder Bauchbruch-
band zwar eine gürtelartige Form, aber die Eigenschaft
haben sollen, daß sie sich mit den Bauchmuskeln erheben
und mit denselben sich senken, ohne Verlust der Kraft,
d. i. daß sie elastisch sind.

Das knöcherne Becken bleibt zwar seiner Gestalt immer treu; allein es ist ungleich eyförmig gebildet, es hat
merkliche Erhöhungen und Vertiefungen; es steht mit
Theilen, die keinen starken Druk ertragen, oder die wegen ihren Verrichtungen ein Bruchband leicht verschieben
können, in Verbindung. Ein Leisten- oder Schenkelbruchband kann daher mit Sicherheit eben so wenig eine
Gurt, d. i. nicht elastisch seyn. Denn ein Bruchband
soll

soll niemal hohl liegen, geschieht dieses, so drukt es entweder den ganzen Umfang, somit einige Theile zu stark und mit Beschwerden, oder es drükt nicht hinreichend stark, erlaubt daher entweder einen neuen Ausfall, oder es verschiebt sich; vornehmlich leiden bey diesen die Saamengefässe einen starken Druk, weil ihnen der Schenkelriemen unentbehrlich ist. Die Form der Pelotte Tafel 6. Figur 54. 55. ist der Bildung der Schaambeine Tafel 7. Figur 57. ganz angemessen.

Ein gutes Bruchband (§. 108.) muß daher die Eigenschaften haben, daß a) seine Form mit den Theilen, die es umschließt, genau übereinstimmen kann, b) in sich selbst die Kraft besitzt ohne Beschwerden, immer gleich stark uud hinreichend zu drücken, c) zugleich aber sich nach jeder Bewegung des Körpers und der Muskeln schmiegt d) und sich nicht leicht verschiebt.

Eine der ersten Eigenschaften dieser Maschine aber ist, daß sie ganz platt und dünn sey, dadurch wird sie leichter und beschwert weniger.

Man weiß, daß je elastischer ein Körper ist, je sanfter ist seine Wirkung; je sanfter diese ist, um so weniger beschwert sie den Kranken. Die Natur und die Erfahrung lehren, daß ein elastischer eyförmiger Halbzirkel, dessen hinterer Theil äusserlich konvex, der vordere aber geradlinicht — auch 3 bis 4 Zoll lang ist, um 1, 1½,

auch

auch 2 Zoll, nach Verschiedenheit des Alters, tiefer als das hintere Ende steht, der schiklichste, und

§. 113.

Viertens, der beste Stoff zu einem Bruchbande ist, indem er dem Endzwek am besten entspricht; denn ist der Stoff zu weich, hält das Bruchband die Bruchtheile nicht fortdauernd, hinreichend stark zurücke; ein Fall — ein Sprung — das Niessen — Husten — eine jede körperliche Anstrengung, sind hinreichend, das Herausfallen zu bewirken.

Ist aber der Stoff zu hart, zu spröde: so hindert sie die Bewegung, drükt zu stark, belästigt und verwundet die Theile, und verursachet verschiedene Ungemächlichkeiten. Ist sie leicht zerbrechlich: so kann eine gewaltsame oder widrige Stellung des Körpers, eine jede, auch leichte Bewegung, demselben eine andere Gestalt und Richtung geben, verschieben — oder indem es entzwey bricht, ganz unbrauchbar werden. Endlich muß sie eine gehörige Federkraft haben, die dasselbe in die vorige Gestalt, wenn sie etwa geändert wird, wieder herstellt.

Man sieht hieraus, wie ein wesentliches Stük es ist, für die gute Eigenschaft einer solchen Grundmaterie zu einem Bruchbande zu sorgen. Mangelt diese, so bemüht man sich umsonst ein gutes Bruchband zu verfertigen, es bleibt allzeit wesentlich mangelhaft und sein Gebrauch unsicher.

§. 114.

§. 114.

Diese Eigenschaft haben die nicht elastischen Bruchbänder nicht.

Der Gürtel dieser Bruchbänder wird aus einfachen, gehörig überzogenen, ledernen Riemen verfertigt.

Anfänglich, wenn diese Bänder gut bearbeitet und neu sind, haben sie einen schwachen Grad von Elastizität, der sich aber verliert, sobald das Leder oder der Barchet mit Schweiß durchdrungen und ausgedehnt sind. Da sie sich nicht leicht nach der verschiedenen, bald grössern, bald geringern Ausdehnung des Unterleibs richten, so folgt nothwendig, daß sie bald zu vest — bald nicht genug drücken; und da ein Darm oder das Netz, sobald der Weg nur ein wenig offen steht, sehr leicht durchschlüpft, ist folglich der Kranke bey dem Gebrauche eines solchen Gürtels keinen Augenblik ganz sicher. Am wenigsten sind solche Personen sicher, die ein geschäftiges Leben führen, und starke Arbeiten verrichten. Dies merkt der Kranke gar bald, und gemeiniglich sucht er den Fehler dadurch zu verbessern, daß er das Band sehr vest zuziehet; dadurch schüzt er sich nun zwar wohl für die Gefahr eines Vorfalls, ziehet sich aber zugleich auch mancherley andere Beschwerden zu. Der Saamenstrang leidet durch den allzustarken Druk des Kopfs des Bruchbands, und der Hode wird schadhaft. Auch der Theil des Unterleibes, der den Bauchring umgiebt, wird durch den heftigen

Druk

Druk roth, entzündet, schmerzhaft, der Kranke wird genöthiget das Bruchband abzulegen, bis diese Beschwerden verschwunden sind; und nichts ist schädlicher als der unterbrochene Gebrauch eines Bruchbandes. Herr Richter *) sah sehr oft von dem Gebrauche eines solchen Bruchbandes eine schmerzhafte Geschwulst des Hoden, ja einen anfangenden Wasser- oder Krampfaderbruch entstehen, der von selbst wieder vergieng, nachdem der Kranke ein besseres Bruchband angelegt hatte **).

Dies sind die Ursachen, warum Herr Richter die nicht elastischen Bruchbänder gänzlich verwirft, und es für seine Pflicht hält gegen dieselbe zu eifern, da sie von einem allgemeinen Gebrauche sind. Bey kleinen Kindern, oder auch allenfalls bey Personen, die wenig Bewegung haben, mögen sie zuweilen hinreichend seyn; aber sicher sind sie nie, am allerwenigsten bey denen, die ihren Körper stark bewegen. Man thut wirklich besser, sagt er, wenn man gar kein Bruchband trägt, als wenn man eines trägt, das den Bruch vielleicht herabfallen läßt.

Indessen sagt Herr P. Callisen ***) ist es nicht zu läugnen, daß viele Kranke dergleichen einfache, nicht elasti-

---

*) D. G. G. Richters ꝛc. Abhandlung von den Brüchen, K. 8.
**) Ich sah dieses auch von elastischen Bruchbändern, wenn die Feder zu stark, oder der Polster zu dick war, erfolgen.
***) Callisens System der neuen Wundarzneykunst. Th. 2. K. 4. S. 527.

elastischen Bruchbänder, wenn sie gehörig gemacht und überzogen worden waren, auch öfters verwechselt wurden, ihr ganzes Leben durch mit völliger Sicherheit, ohne daß der Bruch wieder hervortrat, getragen haben. Daß überdies die Kranken durch ihre eigene Empfindung und Uebung es so weit bringen, daß sie selbst den Gürtel locker oder vester zusammenziehen, welches er sehr viele, während einer ziemlich starken Arbeit, hat verrichten gesehen *).

Ueberdem fehlen bey einzelnen Kranken oft solche Künstler, welche ein elastisches, gehörig passendes Bruchband verfertigen könnten **). Die elastischen Bruchbänder sind wenigstens dreymal theurer, als nicht elastische, und endlich haben elastische, nicht gehörig anpassende Bruchbänder eben die Beschwerden, welche man bey nicht elastischen antrift.

Bey

---

*) Ich habe genug Personen gesehen, sagt Herr Richter, denen nach einem halbjährigen Gebrauche eines solchen Bandes der Bruch unvermuthet und mit Lebensgefahr vorfiel.

†*) Dieser Mangel ist manchmal so groß, daß man in einem Umkreise von mehrern Meilen keinen solchen findet — nicht selten eher auf dem Lande, als in Städten, wenn die Künste darinn keine thätige Unterstützung finden, und der wohlfeilste die erste Empfehlung hat — wenn die Polizey sich gleichgültig beträgt: ob der Handwerker ein Meister oder Pfuscher ist — und es

den

Bey solchem unsichern Gebrauche der nicht elastischen Bruchbänder muß man, so viel es möglich ist, seine Zuflucht zu den elastischen nehmen, denn auf diese, wenn sie gehörig verfertigt sind, kann man sich gänzlich verlassen.

§. 115.

Welcher Stoff ist nun der beste, und wie muß er zubereitet werden, um ein gutes elastisches Bruchband zu erhalten?

Eisen ist zu weich, nicht elastisch, und ändert seine Gestalt; gehärteter Stahl ist zu spröde, und läßt sich nach der äussern Gestalt des Körpers ganz und gar nicht beugen — sagt Herr Richter; denn er verlangt, daß ein Bruchband elastisch und zugleich ein wenig biegsam seye, und dieß ist es, wenn es aus gleichen Theilen Stahl und Eisen zusammengesezt, kalt geschmiedet wird.
Eben

den Handwerkern überlassen bleibt, das gewöhnliche Meister, stük 3 Jahre nach der Hochzeit zu prüfen; wenn nicht zufälliger Weise ein geschikterer Geselle dem Herrn Meister zu Hülfe kömmt. Ich sahe Bruchbandfedern von dergleichen Künstlern bearbeitet, die nicht eine einzige der erforderlichen Eigenschaften haben, und was noch das Schlimmste mehrmal ist — diese Unwissende sind noch abgeneigt, was besseres zu erlernen. In einer solchen Lage würde ich ehender nicht elastische Bruchbänder gebrauchen, als eines der obigen.

Eben diese Eigenschaften und Zubereitung empfiehlt auch Herr Callisen *).

Man nimmt zu diesem Zwecke, je nachdem das Bruchband groß, stark, oder klein und schwach seyn muß (denn alle Netzbrüche z. B. brauchen ein stärkeres und breiteres Bruchband), die Hälfte gutes, reines Eisen, die andere Hälfte gleichfalls reinen, guten abgeschweißten Stahl, und läßt sie im Feuer rein ausschweißen, und schmiedet die Klinge in Hinsicht der Länge, Breite und Dicke gleich aus: ist dies geschehen, wird sie kalt, federhart, gleich gehämmert; nachdem dies geschehen, giebt man ihr mittelst der Springgabeln nach und nach die halbzirkelförmige Krümmung.

Die Krümmung des Halses wird handwarm mit der Zange gerichtet.

Dem Wundarzt liegt nun ob, dem Schlosser zu sagen, wie die Feder beschaffen seyn muß.

Eine wesentliche Eigenschaft ist es, daß sie gleich federkräftig sey, vornehmlich bey der Stelle E Fig. 53. Tafel 6., weil sich hier, als in einem Ruhepunkte, die ganze Kraft der Feder concentrirt; denn eine Bruchbandfeder bildet in sich einen Hebel erster Art; vornehmlich muß man die scharfen Ränder derselben abfeilen, weil diese

*) a. a. O.

diese die Feder etwas steif machen; die Feder wird nachher mit einer Feile etwas abgeschliffen.

Ein solches Bruchband, wenn es von einem guten Meister gemacht wird, hat die Eigenschaft, welche die Herren Richter und Callisen von demselben fodern. Es versteht sich aber von selbst, sagt Herr Richter *), daß der Grad der Biegsamkeit des Bandes so geringe seyn müsse, daß es nicht ohne eine ansehnliche Gewalt gebogen werden kann, und es seye wahrlich nicht zu fürchten, daß das Band beym Husten, oder bey einer andern Anstrengung, seine natürliche Biegung verliere, denn die Theile, auf welchen das Band liegt, wirken keinesswegs so heftig auf dasselbe um die natürliche Biegung ändern zu können. Die einzige Gelegenheit, wobey das Band allenfalls verbogen werden kann, ereigne sich beym Anlegen und Abnehmen desselben, wenn der Kranke unbehutsam darbey verfährt, das aber ein guter Unterricht und Warnung verhüten kann, und so es auch geschieht, kann man ja dem Bande seine gehörige Biegung leicht wieder geben. Herr Richter fodert deshalb einige Biegsamkeit, weil der Umfang, die Weite und die äussere Gestalt des Beckens so sehr verschieden ist, und es beynahe unmöglich ist, dem Eisen bey Verfertigung desselben gleich genau die Biegung zu geben, die es haben muß, um genau anzuschliessen und nicht hohl zu liegen, der Kranke müßte denn dabey gegenwärtig seyn.

Am

*) S. chirurgische Bibliothek N. 8 St. 3. S. 373.

Am nöthigsten ist diese Biegsamkeit an dem Halse des Bruchbandes, da es vorzüglich darauf ankömmt, den Kopf desselben recht zu stellen. Der mittlere und hintere Theil können ganz unbiegsam seyn; und hat man viele Bänder vorräthig, um in jedem Falle eines aussuchen zu können, das genau anliegt, bedarf auch der Hals diese Biegsamkeit nicht.

§. 116.

Herr Jubille giebt eine ganz andere Vorschrift, die elastischen Bruchbandsfedern zu bearbeiten, indem er vollkommen gut gehärteten Stahl für die beste Grundmaterie hält, ohne daß er mit Eisen vermischt werde.

Nicht jede Art Stahl ist aber gleichgut dazu; der beste zu Verfertigung derselben muß rein, hart und fein seyn. Der Gußstahl (Acier fondu d'angletere) ist, wenn er auch rein ist, dicht, hart und zerbrechlich, und viel zu troken für diese Arbeit.

Diejenige Stahlsorte, welche die Franzosen Acier poule *) nennen, welcher feiner, geschmeidiger und weniger dicht ist, zieht er den übrigen vor.

Man

---

*) Die meisten Schlosser kennen diese Stahl-Sorten nicht, selbst in Straßburg wollte man den acier poule nicht kennen.

Man hat im Komerz eigentlich drey Stahl-Sorten. 1stens den unabgeschweißten, dieser ist dem Acier fondu,

Schmelz

Man hat noch eine Art, den man den gehärteten (Etoffe) heißt, der aber selten gut ist. Doch kann auch ein guter steyrischer, kärntischer, schwedischer, damascener, und wie man mir versicherte, salzburger Stahl zu Bruchbändern gebraucht werden.

Nachdem man aus diesem Stahl den Halbzirkel nach Erforderniß und dem Endzwecke gemäß schwarzbraun warm geschmiedet hat, wird er abgefeilt und zugerichtet; ist dies geschehen, giebt man der Klinge die gehörige Gestalt, Länge, Breite, Beugung, Krümmung, und schlägt an den beyden Enden die zwey Löcher. Nun wird er gehärtet.

Schmelz- oder Gußstahl gleich, und dient nur, verschiedene schneidende Werkzeuge, Feilen, Stemmeisen, Axten u. dergl. zu verfertigen. 2tens. Den abgeschweißten, aus welchem Federn u. dergl. bearbeitet werden. 3tens. Den Lögelstahl, weil er in Lögeln in Stücken zugeschift wird. Dieser fließt sehr leicht, und fodert bey der Arbeit viel Behutsamkeit.

Der Federstahl, der auch im Komerz vorhanden ist, ist ein komponirter oder zubereiteter Stahl, der zu Bruchbänder unsicher ist. Ein reiner Stahl ist, wenn man ihn entzwey bricht, silberfärbig; bemerkt man am Bruche schwärzlichte Punkte oder größere Schichten, ist er mit Eisen verunreint. Die Schlosser nehmen manchmal Degenklingen zu Bruchbänder Federn, aber diese sind nicht gut: weil die Proportion des Stahls und Eisens hier nicht bestimmt ist, kann die Bearbeitung der Feder nicht gut gedeihen.

tet. Die Härtung ist aber sehr verschieden, nach der Beschaffenheit des Metalls und dem bestimmten Gebrauch. Sie läßt sich aber leichter vorweisen als beschreiben.

Die Härtung ist eine Wirkung des Feuers, der Luft oder des Wassers, des Oels oder der Fette. Ein jedes dieser Elemente trägt das Seinige bey, nach dem verschiedenen Grad der Härtung, die der Stahl haben soll. Es giebt eine Art weichen Stahls, der keine Härtung, von welcher Art sie auch ist, annimmt, und immer weich und unelastisch bleibt. Andere Arten hingegen sind so trocken, daß sie bey jeder Art von Härtung spröder werden und wie Glas zerbrechen. Man muß diese zwey Extreme sorgfältig vermeiden, das heißt, man muß einen Stahl nehmen, der rein, hart und elastisch, d. i., ohne falsche Adern ist. Ein grober Stahl darf nicht viel abgelassen werden, ein feiner aber mehr. Um den Stahl zu härten, und ihm die erforderliche Elastizität zu geben, muß man Anfangs die Klinge sorgfältig, gleichmässig braunwarm (denn eine grössere Hitze beym Schmieden zieht Blasen) federmässig schmieden. Dieser Handgriff erfodert von dem Künstler mehr Aufmerksamkeit, als mancher glaubt, denn an der Stelle (dies gilt auch von der Richterischen Feder) wo der Stab mehrere oder stärkere Hammerschläge bekommen hat, bricht es in der Folge zuverlässig, so gut man es auch nachher härtet. Eben dieses geschieht mit der Hitze. Um eine gute Härtung, und was von dieser abhängt, eine gute Federkraft zu erhalten,

ten, muß die Stahlklinge überall den nämlichen Grad der Hitze erhalten.

Um die Klinge zu härten, legt man sie in eine gleichmässig erhitzte Kohlpfanne, und läßt sie darinn liegen, bis sie eine blaue, oder ins Weisse fallende Farbe erhält, alsdenn hält man sie in eine starke und kalte Zugluft, bis sie völlig erkaltet ist, worauf man sie mit Oel bestreicht. Diese Handgriffe wiederholt man noch einmal. M n erkennt, daß die Klinge den gehörigen Grad der Hitze erhalten hat, sobald das Oel anzubrennen aufhört.

Diese zweyte Operation nennt man das Ausglühen, welches die elastische Kraft giebt. Man kann auch, statt die Klinge in die kalte Zugluft zu halten, nachdem man sie ein wenig in derselben bewegt hat, dieselbe in eiskaltes Wasser stecken, und sie so lange hin und her bewegen, bis sie kalt ist; doch dies fodert Vorsicht.

Die Stahlfedermacher in Paris lassen die zum Bruchbande geformte Klinge in einen zugemauerten Schmelzofen, unter stetem Anfachen der Kohlen glühen, bis sie roth wird; nach diesem werfen sie dieselbe in ein Gefäß, das zur Hälfte mit Oel angefüllt ist. Nachdem sie selbe wieder herausgenommen haben, reiben sie das Oel mit Aschen, oder mit einem Kieselstein ab *). Um den bestimm-

---

*) Dies nennen die Schlosser ablassen, das jederzeit nothwendig ist, weil ohne dieses die Feder springen würde, denn das Oel giebt ihr die Gleichheit wieder.

stimmten Grad des Ausglühens zu erhalten, legen sie das Eisen in einen mit glühenden Kohlen angefüllten, und mit einer eisernen Platte bedekten Ofen, der eine drey bis vier Zoll grosse Oeffnung hat, durch welche sie das eine Ende des Eisens hinlegen, bis es eine aschgraue Farbe, das Kennzeichen des gehörigen Ausglühegrads bekömmt, und so fahren sie bis ans andere Ende fort. Durch diese Härtung erhält man ohne kalte Luft und ohne kaltes Wasser seinen Zwek.

Es ist schon gemeldet worden, daß der Grad der Hitze, die man dem Stahl, um ihn zu härten, giebt, von der Eigenschaft dieses Metalls abhängt.

Eine Art Stahl, die obige Farbe hat, kann gut gehärtet seyn, da eine andere Art, bey gleicher Farbe, sehr schlecht ist, weil dieser zu viel oder zu wenig gehärtet ist. Dies beweist, daß eine gute und schikliche Härtung

1) von der Eigenschaft des Stahls,
2) von der guten Zubereitung,
3) von dem Grade der Hitze,
4) von dem Genie und der Geschiklichkeit des Künstlers abhängt.

Welche Gattung Bruchbänder — die Richterische, oder Juvillische, sind angemessener? Ich fragte einen Kunstverständigen, der mir sagte: die erstere sind schwächer,

cher, dicker und schwerer; leztere sind feiner, und wirken bey ihrer Dünne besser, können auch nach der Härtung noch handwarm, mittelst zweyer Feilkloben, langsam nach Erforderniß gedreht werden.

§. 117.

Man hat auch das elastische Harz zu diesem Zwecke, eigentlich aber zu Nabelbruchbändern, anzuwenden empfohlen. Ich machte jüngsthin einen Versuch damit, und verfertigte aus einer gewöhnlichen Milchpumpenflasche einen Gürtel zu einem Leistenbruchband für einen Knaben von 8 Monathen, der einen Hodensackbruch hatte. Ein nicht elastisches Bruchband würde schädlich gewesen seyn, und ein elastisches von proportionirter Grösse hatte ich nicht bey Handen. Das Harz wurde durch die Wärme weich, und der Bruch fiel nach jedem heftigen Schreien wieder hervor. Endlich erhielt ich eine passende Feder, die den Wünschen entsprach.

Dies hat mir das Zutrauen zu dem elastischen Harz sehr geschwächt. Vielleicht würde ein von Frankreich verschriebenes wirksamer gewesen seyn? Herr Hofrath Stark ließ sich ein solches kommen, und fand zwar, daß es elastisch genug war, aber sobald es nur warm wurde, hatte es keinen Druk mehr, weil es nichts als bloße Leinwand mit Gummi überzogen — ein französischer Wind — war *).

§. 118.

*) In einem Briefe, womit Herr Hofrath Stark mich beehrte.

§. 118.

Fünftens. Die besondere Gestalt und Bildung dieser Stahlfedern fodert viele Aufmerksamkeit. Daß sie bandartig gebildet seyn soll, wird man keinen mathematischen Beweis erwarten; der Name Bruchband zeigt es schon an, und oben (§. 111.) ist schon bewiesen worden, daß sie der elyptischen Bildung des Beckens angemessen seyn muß. In dieser Hinsicht muß sie einen etwas gebogenen Zirkel *) bilden. Nach Herrn Juvill's Vorschrift würde die Gestalt zu einem gemeinen Leistenbruchband ziemlich gut seyn, wenn der Zwischenraum der in der Ruhe stehenden Stahlfeder, nebst den übrigen Eigenschaften, einen Winkel von beynahe 45 Graden bildet, und die Federkraft einem Gewichte von 2 bis 4 Pfund gleich kömmt. Der Durchmesser nach der Tiefe der Feder ist Fig. 53. sechs Zoll. Er muß aber nach der Leibesbeschaffenheit des Kranken verschieden seyn. 5, 4, $3\frac{1}{2}$ auch 3 Zoll sind bey magern und jüngern hinreichend, bey fetten, und vornämlich bey Frauenspersonen, deren Becken bekanntlich grösser und runder ist, muß es manchmal bis auf 6 Zoll vermehrt werden.

Diese Bruchbandfeder theilt man
1) in den Körper oder mittlern Theil,
2) in den Hals, der nächste Theil am Kopfe,
3) in ein hinteres und vorderes Ende,

4) in

---

*) Man vergleiche Tafel 7. Fig. 59.

4) in eine äussere gebogene, und eine etwas ausgehöhlte innere Fläche, und

5) in einem obern und untern Rande.

Weil das hintere Ende über das Heiligebein bis D. Fig. 59. fortlaufen muß, wird es etwas dünner, und in einem Raume von 4 Zoll, wie ein schwacher Halbzirkel gebogen, und ragt über das vordere Ende um 2 bis 4 Zoll hervor. Die innere Fläche steht etwas unterwärts gekehrt, somit der obere Rand etwa um 3 Linien einwärts gedreht. Man sieht allda zwey Löcher, wodurch der Riemen, der eine Fortsetzung des Halbzirkels ist, beveftiget wird. Das vordere Ende ist etwas stärker, und von 2 bis 4 Zoll mehr geradlinigt, auch steht es um so tiefer, als das hintere, je tiefer bey Leisten- und Schenkelbrüchen der Bruch als das Heiligebein ist. Damit aber der Halbzirkel, indem er die Hüftknochen genau einschliessen soll, dem grossen Umdreher nicht zu nahe komme (S. Fig. 57. C. 58. A. B. C.), somit an allen Bewegungen des Schenkels Antheil nehme, und dadurch verschoben werde; noch, wenn man ihn zu weit von demselben entfernte, Fig. 58. A. D. der Kopf über die Bruchstelle zu stehen komme, wird das vordere Ende entweder abwärts gedreht (Fig. 53.), oder man giebt ihm eine etwas schräge Kröpfung (Fig. 55. 56.). Dadurch steht nämlich das vordere Ende um 1 bis 2 Zoll tiefer, als das hintere (Fig. 58.). Zu gleicher Zeit dreht man die Feder beym Halse C. etwas nach innen, so, daß der

untere Rand des vordern Endes, woran der Schild an-
geniebet wird, um 7 bis 10 Linien von der senkrechten
Linie abweicht. Durch dies bewirkt man, daß der Kopf
den gehörigen Druk auf den Bauchring ausübt, und das
Band in den Leisten E. Fig. 59. nicht hohl liegt.

§. 119.

Wie viel Linien das vordere Ende, und durch dieses
der Schild nach innen gedreht und abwärts gekröpft werden müssen, kann als eine Regel hier nicht bestimmt werden, bis nicht die praktische Frage:
 Soll der Kopf des Bruchbandes den Bauchring
allein bedecken? oder soll er auch auf dem Schaambeine aufliegen? beantwortet wird. Immer ist die Rede
hier von einem Bruchbande für einen erwachsenen, gut
gebildeten Kranken.

§. 120.

Herr Juville und alle andere, die nach diesen Grundsätzen handeln, nehmen ersteres als eine Regel an. Sie
setzen den von oben herabfallenden, oder von hinten abwärts drückenden Eingeweiden, eine von vorne aufwärts
drückende Kraft entgegen, weswegen sie den Kopf des
Bruchbandes 1) schmäler machen, 2) ihm eine mehr
schiefe Richtung nach innen geben, und 3) ihn über dem
Schaambeine anlegen, 4) das hintere Ende des Halbzirkels mehr — als Herr Richter nach innen drehen. Denn,
sagt Herr Juville, ist der Kopf breiter, was, wenn
er

er auf dem Schaambeine aufliegen soll, nothwendig wird, wirkt derselbe unvermeidlich auf das Schaambein, allwo er einen lebhaften und schmerzhaften Druk verursacht, vornehmlich wenn der Kopf annoch mit dem Beinriemen beveſtiget iſt. Dieſer kann den Druk auf das Schaambein nicht vermehren, ohne daß der obere Theil des Kopfs von demſelben abgezogen, und von dem Bauchringe entfernt werde, was einen Ausfall des Bruchs nach ſich ziehen kann.

Herr Richter denkt abermal anders. Er legt das Band jederzeit dergeſtalt an, daß der obere Theil der Pellote den Bauchring bedekt, der untere aber auf dem Schaambeine liegt, und giebt folgende Gründe an. Bey fetten Perſonen, die einen dicken, über die Schaambeine hervorhängenden Bauch haben, iſt es, wie jeder einſieht, ganz ohnmöglich, die Pelotte über die Schaambeine zu legen. — Bey ſehr magern Perſonen gleicht der Theil des Bauchs, der zunächſt über den Schaambeinen befindlich iſt, zumal, wenn ſie auf den Rücken liegen, oder beym Huſten, oder irgend einer andern Gelegenheit den Bauch ſchnell und ſtark zuſammenziehen, einer ſchiefen Fläche, deſſen erhabener Theil die Schaambeine berührt. Man ſieht leicht ein, daß hier der Kopf des Bruchbandes leicht in die Höhe ſteigt, und den untern Theil des Bauchrings, durch welchen der Bruch vorzüglich hervorbringt, unbedekt läßt, wenn man ihn nicht mit einem Beinriemen beveſtiget, deſſen Gebrauch bekanntlich ſehr läſtig iſt.

In solchen Fällen läßt Herr Richter in die untere Hälfte der Pellote eine queere Rinne *) machen, in welcher, wenn die Bandage angelegt ist, die Schaamknochen liegen. Eine solche Pellote drückt stark genug auf den Bauchring, und nicht zu stark auf die Schaambeine, auch verrückt sie sich nicht leicht. Dazu kommt, daß der untere Winkel des Bauchrings bey Bruchkranken so nahe an den Schaambeinen liegt, daß er nie bedeckt ist, wenn der untere Rand der Pellote nicht ganz genau den obern Rand der Schaambeine berührt; und entblößt wird, wenn die Pellote auch nur ein wenig aufwärts steigt. Das erste ist schwer zu bewerkstelligen, das zweyte schwer zu vermeiden. —

Da die Schaambeine der Pellote einen festen Unterstützungspunkt abgeben, sieht jeder ein, daß das Bruchband nicht allein den Bruch mit mehrerer Zuverläßigkeit und Sicherheit zurückhält, wenn die Pellote zum Theil auf den Schaambeinen liegt, sondern auch, daß ein weit schwächerer Druck hier vollkommen zureichend ist, als wenn die Pellote über die Schaambeine blos und allein auf den Bedeckungen des Unterleibs liegt. Die Würkung des Bandes kann hier nie zuverläßig, der Druck nie auf den

---

*) Um diese zu machen, wird bey angemerkter Stelle über den Polster, bevor er überzogen wird, queer ein Bindfaden gezogen; anstatt dieser Rinne bediente ich mich mit Nutzen der Pellote Fig. 65. da A. den Bauchring drückte, B. hingegen sanft, ohne zu drücken, auf dem Schaambeine ruhte.

den nöthigen Grad bestimmt seyn, da diese Theile nicht allein äusserst nachgebend sind, sondern auch oft schnell und stark, wie z B. beym Niessen u. s. w. zurückweichen. Die allerwenigste Sicherheit giebt das Band in diesem Falle bey fetten Personen; das Fett mindert nicht allein den Druck des Bandes, sondern giebt auch dem Bruche immer einen Weg, durch welchen er hervorbringen kann. Da der Kopf an den Juvillischen Bruchbändern, wie bereits oben schon gesagt worden ist, zwey Zoll tiefer steht, als der hintere Theil desselben; so bin ich — sagt Herr Richter — beynahe versichert, daß Hr. Juville selbst seine Bänder nicht nach seiner Vorschrift anlegen kann; die Pellote steht zu tief, als daß sie nicht auf dem Schaambeine liegen sollte. Gleich oben ist gesagt worden, daß der hintere feste Punkt schief von oben herab , der vordere Kompressionspunkt von unten schief heraufwärts wirke. Hr. Juville glaubt, daß diese Richtung des Drucks gerade der Richtung des vorfallenden Bruchs, der immer von oben herabfällt, entgegenwürkt, und folglich den Bruch am sichersten zurückhalte. Aber wird — fragt Hr. Richter — durch eben diese Richtung die Würkung des hintern Theils der Bandage auf die Pellote, diese nicht leicht in die Höhe, und von dem untern Winkel des Bauchrings abgezogen? *) und hat daher Hr. Juville, um dies zu verhüten, nicht immer der Hilfe des lästigen Beinriemens nöthig? Hr. Juville warnet zu wiederholten-

*) Gemäß Fig. 58. Tafel 7. — nach mathematischen Grundsätzen nicht, aber hier entscheidet die Erfahrung.

tenmahlen dafür, die innere Seite der Pellote zu convex zu machen. Eine solche Pellote — sagt er — druckt die Bedeckungen des Bauchs einwärts, dehnet folglich immer den Bauchring aus, und hindert die Radicalcur des Bruchs. Aber Hr. Richter fürchtet, dies thue die Pellote immer, sie mag platt oder convex seyn, wenn sie so stark druckt, als nöthig ist, um den Bruch zurückzuhalten, und über den Schaambeinen liegt. Nie ist dies zu fürchten, wenn sie auf den Schaambeinen liegt. Im Gegentheil bewürkt sie hier nicht selten eine Radicalcur, indem der anhaltende Druck derselben auf den obersten Theil des Halses des Bruchsacks gegen die Schaambeine allmählig eine völlige Verschliessung derselben veranlaßt. Auch will Hr. Richter die Schmerzen, und eine Anschwellung des Saamenstranges, und der Hoden, welche Hr. Juville der Pellote, wenn sie auf den Schaambeinen liegt, zuschreibt, nie beobachtet haben. Es versteht sich — sezt er bey — daß der Druk nicht übermässig stark seyn darf, und oben schon ist erinnert worden, daß hier ein weit schwächerer Druk hinreichend ist, als wenn die Pellote über dem Schaambein liegt. Es giebt Brüche — sagt er weiter — die auch durch die beste Bandage schwer zurükzuhalten sind. Von dieser Art sind vorzüglich die Nezbrüche, zumal wenn der Bauchring zugleich sehr erweitert ist; hier wird ein starker Druk erfodert, um den Bruch zurükzuhalten, wobey gemeiniglich der Saamenstrang und Hode schmerzhaft wird, und deßwegen ist auch in Fällen dieser Art eine gerinnte Pellote von großem Nutzen.

Der

Der Vorwurf, den Herr Richter der Juvillischen Richtung des Schildes macht, wird auch durch die Erfahrung anderer — welche diese Bandagen abermal ablegen müssen, bestätiget, indem der Kopf sich entweder aufwärts verschiebt, oder wenn ein Beinriemen zu Hilfe genommen wurde, derselbe den Kopf auf die Saamengefäße dergestalt andrukte, daß eine Entzündung zu befürchten war. Hingegen that das (Tafel 6. Fig. 53.) abgezeichnete Bruchband, bey welchem der untere Rand des Schilds kaum um 7 Linien von der Vertikal-Linie abweicht, die erzielte Wirkung.

Welcher Vorschrift soll ein junger Wundarzt folgen? der Juvillischen oder der Richterischen? Die verschiedene Bildung des Beckens — der mehr oder weniger vorragende Schmeerbauch des Kranken — die Eigenschaft des Bruchs — müssen dies den Wundarzt lehren. Je eingesenkter die Leisten sind, entweder wegen der größern Hervorragung der Hüftknochen, oder wegen eingesenkten Schmeerbauch und deshalb mehr vorstehenden Schaamknochen — je fetter und vorragender der Schmeerbauch ist, — je älter der Bruch ist, und je mehr der Bauchmuskelring sich den Schaamknochen nähert — je mehr würde ich die Richterische Methode vorziehen. Man sieht hieraus, daß schon bey Bearbeitung der Stahlfeder auf dieses muß Rücksicht genommen werden.

§. 121.

§. 121.

Ganz anders muß die Feder zu einem einfachen Nabelbruchband (f. Taf. 10. Fig. 71.) beschaffen seyn. Diese Bauchgegend ist mehr cylindrisch; die Feder bedarf daher auch diese Gestalt: die beyden Ende stehen in gerader Richtung, d. i. ohne daß der Hals gekrüpft, oder der Schild gesenkt ist.

§. 122.

Dies ist aber noch nicht genug, die Bruchbandfeder muß auch, da sie am Körper bevestigt ist, dem Endzwecke angemessen wirken können.

Soll das Bruchband mittelst von aussen angebrachten Kräften, den fernern Austritt der Brucheingeweide verhüten, somit vest liegen, und sich nicht verrücken, muß es nach den Gesetzen des Hebels wirken. Diesem gemäß wird

Sechstens ein vester Punkt erfodert, der die wirkenden Kräfte, die Kraft und Last des Bruchbandes unterstützt.)

Oben §. 116. ist gesagt worden, daß die Stahlfeder in sich selbst einen Hebel erster Art bilde, und bey E. Fig. 53. der Ruhepunkt sich befinde, wo nämlich sämtliche Kräfte sich vereinigen. Dieser Punkt ist aber an sich unbestimmt, denn er fällt bald mehr vor- bald

mehr

mehr rükwärts, je nachdem der Halbzirkel ausgedehnt wird *). Und die Feder sucht sich an dem Leibe des Patienten gleichsam von selbst den Ruhepunkt, welcher denn auf das hintere Ende, das auf dem Rückgrad, oder dem Heiligenbein liegt, — B.D. Figur 59. — fällt. Das vordere Ende drükt die Last — die Bruchstelle, und in die Mitte kommt die Kraft mit dem Schwerpunkt. Jeder, der ein gutes Bruchband anlegt, bemerkt diese Wirkungen selbst.

Man sieht aus diesem, daß das Bruchband, wenn es am Leibe wirkt, einen Hebel dritter Art bildet. Das Heiligebein giebt hinreichenden Stützpunkt, der der Summe beyder Kräfte — Kraft und Last gleich ist. Sämtliche Kräfte wirken gegen einander in einer und der nämlichen geraden Linie (S. Figur 58. E. A.); denn die Kraft, wenn das Bruchband gut ist, wird von keiner Seite gehindert, auf die Unterlage und die Last zu wirken, und könnte man die Kraft mit ihrer Entfernung von der Unterlage multipliciren, würde man finden, daß sie gleich ist, den Produkt, oder die Last multiplicirt, mit ihrer Entfernung von eben der Unterlage **).

Der

---

*) Aus diesem Grunde muß die Stahlfeder gleichstark und elastisch seyn. Fällt der Ruhepunkt auf die schwächste Stelle, biegt sie sich, oder bricht die Feder gar entzwey.

**) Man vergleiche Th. 1. Tafel 4. Fig. 15. mit S. 84. dieser Lehrsätze.

Der Mechanismus ist eben derselbe.

Wozu diese mathematische Erklärung? Sie soll der Beweis seyn, daß ein stählerner Halbzirkel, wenn er gehörig beschaffen ist, nicht nur hinreicht, den Kopf des Bruchbandes auf der Bruchstelle zu bevestigen, somit dem Endzwecke entspricht, sondern noch jeder anderer Bildung vorzuziehen ist.

§. 123.

Hr. Kamper dachte ganz anders. Er verlängerte die Stahlfeder über dem Rückgrad, und ließ sie bis zur Hälfte der dem Bruch entgegen gesezten Seite Fig. 59. F. laufen, weil er glaubte, daß das Band durch dieses Ende besser bevestiget werde, und will dieses durch eine der Fig. 59. ganz ähnliche Figur mathematisch beweisen, welche für die meisten Leser zu abstrakt seyn dürfte. Ich will sie daher nach den Gesetzen des Hebels erklären.

Bey dem Kamperischen Eisen geht die Würkungskraft von A. zu G, von diesem zu F. Fig. 59. Sämtliche Kräfte concentriren sich bey C, als dem Ruhepunkte, und machen einen gradlinichten Winkelhebel, der sich eben so verhält, wie A. C. D. der ebenfalls ein Winkelhebel ist, und wobey C. der Ruhepunkt der Juvillischen Feder ist (§. 116.). Nun verhalten sich (vermöge §. 36. und Fig. 17. Theil 1.) diese Kräfte, wie in dem gradlinichten Winkelhebel; denn sie würken auf den Hebel eben so, als wäre er ganz gradlinicht. So spricht die Theorie, wenn man das Bruchband in der Figur betrachtet, und es mit Fig. 17. auch etwa 18. Th. 1. Taf. 4. vergleicht.

Nun wissen wir nach §. 73. (eben allda), daß, wenn man von einer Maschine einen vortheilhaften Gebrauch machen will, muß sie den Eigenschaften des Körpers, und des Theils, dem man sie anwenden will, angemessen seyn.

Von dieser Kamperischen Verlängerung kann man behaupten, daß sie überflüssig — unnütz — und schädlich ist. Das erstere ist sogleich oben bewiesen worden, denn die Würkung der verlängerten Kamperischen Feder ist nicht stärker, als die des Halbzirkels.

Das Kamperische Eisen ist oval — das Becken elyptisch. Es hat am Halse keine Biegung, und liegt allda hohl — obgleich Herr Kamper die Pellote breiter macht, welches sich selten schikt.

Es wird immer schwer, ein solches Band so zu verfertigen, daß es allenthalben genau anschließt. Ein schwaches Band entfernt sich bey F. G. D. und bedarf einen Riemen, oder es drükt, wenn es bey F. — vest hält, bey G. D. zu stark, und liegt bey B. hohl. Wird der Körper des Kranken fetter, oder magerer, schließt ein solches Band nicht mehr genau an. Ein solches Band kann

kann nicht angelegt, und nicht abgenommen werden, ohne daß man es auseinander zieht, wodurch die Beugung ver̈ändert, wenigstens die Federkraft geschwächet wird; daher Herr Kamper es wie Hosen aus- und anziehen läßt. Legt sich der Kranke mit einem solchen Bruchband auf die gesunde Seite, so drukt das Eisen auf die Gegenseite, und schiebt den Kopf des Bandes vom Bauchringe weg. Und welche Kranke werden genug Gebuld haben, ein solches Band beständig zu tragen? Gründe genug, warum die Herren Richter und Juville den Kamperischen Vorschlag mißbilligen.

§. 124.

Eine andere Verbesserung der Bruchbänder ließ sich Herr Leibchirurgus Gräff *) von Herrn Etienne, einem angerühmt geschikten Messerschmied in Hanau, gefallen. Diese speculative Verbesserung bestand darinn, daß sie den elastischen Halbzirkel des Bruchbandes auf die dem Bruche entgegengesezte Seite anlegen wollten, z. B. Fig. 59. von A. zu F. G. D. Die untern Rückenwirbelbeine bleiben der Ruhepunkt; der Hals der Feder nimmt gegen den vordern, obern und äussern Rand des Darmbeins, unvermerkt dieselbe Form an, und geht so verschmälert — über den Schaambogen nach dem Bruchorte hin. Warum das Band von der entgegengesezten Seite angelegt werden soll, davon

---

*) S. Herrn g. R. Baldingers neues Magazin für Aerzte, B. 5. St. 5. auch Hrn. Bärnsteins praktisches Handbuch für Wundärzte, Th. 1. S. 53.

davon will Herr Gräff zu einer andern Zeit seine Gedanken sagen. Noch habe ich diese nicht gelesen, und wird wohl unterbleiben. Ich zweifle sehr — ob Herr Etienne brauchbare (§. 108.) Bruchbänder nach dieser Façon selbst wird verfertigen können, wegen der zweyfachen Kröpfung, die das vordere Ende des Halbzirkels haben muß, da es durch die Verschmälerung allda viel von seiner Federkraft verliert. Die den Bruch druckende Kraft wird hier nicht in gerader Richtung von dem Stützpunkt auf die Stelle der Last geleitet; da Herr Gräff den Ruhepunkt auf die Rükwirbelbeine sezt, sucht die Bruchbandfeder ihren Stüzpunkt bey G. Fig. 59., was wirklich keine Verbesserung ist.

§. 125.

Siebentens. Da das Bruchband, mittelst von aussen angebrachten Kräften, den fernern Austritt der Brucheingeweide verhüten soll, muß es nothwendig aus zwey Theilen bestehen.

1) Aus einem Kiße oder Ballen (Pellote), welcher den Umkreis der Bruchstelle bedekt, und

2) Aus einem elastischen Gürtel, welcher um den Unterleib angelegt, den Ball gleichförmig stark, und nach Erforderniß andrukt. Bisweilen kommt noch eine Tragbinde, oder eine Beyhilfsbinde, der Schenkelriemen zur Sicherheit hinzu.

Das Erste nennt man den Kopf des Bruchbandes, das Zweyte den Körper; der dem Kopfe nähere Theil ist der Hals. Ein Bruchband, das nur einen Kopf hat, ist ein einfaches (Fig. 53. 55.), hat es aber zwey (Fig. 68.) nennt man es ein doppeltes Bruchband.

Das wesentlichste Stük eines guten (§. 108.) Bruchbandes ist der Kopf, und bey diesem der Schild (Fig. 54. 55.). Seine Gestalt und Richtung, muß in Hinsicht der Größe und körperlichen Beschaffenheit des Kranken, des Sitzes, des Bruchs, und der besondern Bildung dieser Theile, verschieden seyn.

In Hinsicht der Größe, mag der Schild Tafel 7. Fig. 56. für ein Kind von Dreyvierteljahren, der Schild Tafel 6. Fig. 54. 55. für einen erwachsenen und starken Mann angemessen seyn. Der Schild zu einem Nabelbruchband muß rund, auch etwas oval, bey den meisten Bauchbrüchen oval — bey den Leistenbrüchen breiter, und etwas schief (Fig. 54. 55. 56.), bey Schenkelbrüchen (Fig 61.) aber länger und schiefer seyn.

An dem Schilde bemerkt man

1) Zwey Flächen, eine innere ausgehöhlte, und eine äussere mehr erhabene, die abermal in die obere — mittlere — und untere abgetheilt werden.

2) Vier

2) Vier Ränder, einen obern, einen untern — einen vordern — einen hintern. Die Länge des Schilds lauft nach der Richtung des Halbzirkels von dem vordern nach dem hintern Rande. Er muß länger als breit seyn; vormals geschah das Gegentheil.

Um einen Schild zu einem Leistenbruchband zu machen, nimmt man ein Eisenblech, das für einen Erwachsenen $2\frac{1}{2}$ Zoll lang, und (nach Juville) 2, auch $2\frac{1}{4}$, $2\frac{1}{2}$ Zoll breit ist. Für ein Kind von 1 Jahr kann die Länge $1\frac{1}{2}$, die Breite $1\frac{1}{4}$ Zoll seyn, u. s. w. Der Schild zu einem Schenkelbruchband (Taf. 7. Fig. 6.) soll (nach Juville) $3\frac{1}{2}$ Zoll lang, und 2 Zoll breit seyn.

Man rundet das vordere obere, und untere, auch hintere untere Eck ab, das obere hintere läßt man ganz, weil an dieses das vordere Ende des Halbzirkels angenietet wird, und höhlet es von innen ein wenig aus. In der Mitte der äussern Fläche wird ein Haken, dessen Spitze aufrecht gerichtet stehen soll, bevestigt, woran der Riemen eingehängt wird. Manchmal muß man diesen Haken mehr auf- und rükwärts, auch wohl gar an den Hals setzen, wenn der Kopf sich aufwärts verschiebet, um das Lästige des Schenkelriemens zu vermeiden. Im Gegentheil läßt man, wenn der Kopf immer zu tief hinuntersteigt, diesen Haken etwas tiefer heruntersetzen, wodurch das Senken des Kopfs verhindert wird. Herr Richter ist überzeugt, daß dieser kleine Handgriff manchen *) in vielen Fällen zu statten kommen wird: oder man setzt ihn mehr abwärts, wenn der Kopf zu stark auf die Schaambeine aufliegt. Einige pflegen noch einen Haken für den Schenkelriemen zuzusetzen (s. Figur 55.), er ist aber überflüssig; denn dieser Riemen, wenn er auch nothwendig wird, kann in den obern Haken eingehängt werden, deßwegen er aufwärts gerichtet ist. An dem vordern Rande bey Leistenbruchbändern — schief aber zwischen dem obern und vordern Rande bey Schenkelbruchbändern — wird ein $1\frac{1}{4}$ Zoll langes Klößchen (Fig. 53. B.) angenietet, wodurch der Riemen zur Bevestigung gezogen wird.

Einige pflegen das Bruchband aus einem Stücke zu schmieden, allein diese beschwerliche Arbeit nützet theils nichts, theils hindert sie manchmal, noch dem vordern Ende und Kopfe die gehörige Richtung zu geben.

Dieser Schild wird nun an das vordere Ende des Halbzirkels, nach der Richtung desselben, (s. Fig. 54. 55.) mit 2 Nägeln aufgenietet. Diejenigen, welche Kork zur Pelote anwenden, schlagen noch vier kleine Löcher in den Schild, um dadurch denselben zu bevestigen.

§. 126.

*) Mir that er beym Gebrauche des Bruchbands Fig. 69. gute Dienste. Immer stieg der Kopf A. in die Höhe, bis ich den Haken höher rükwärts setzte, und dann wirkten beyde Köpfe gleich.

§. 126.

Achtens. Eine auf diese Art gebildete und gehärtete Bruchbandfeder, die 17 Zoll lang, 10 Linien breit, ¾ Linien dik ist, hat nach Juville einen Grad von Elastizität, der einer Schwere von ohngefähr 4 Pfund gleicht. Nach dem Grade der Elastizität ist auch der Winkel, den beyde Ende einschliessen, verschieden. Herr Juville sezt denselben ohngefähr auf 25 Grade. Ich habe Fig. 53. die ganze Feder abgebildet, nach welcher man die Federkraft eines gewöhnlichen Juvillischen Leistenbruchbandes bemessen kann. Soll die Federkraft stärker seyn, muß das hintere Ende B. sich hinter C. beugen, und so im Gegentheile. Tafel 7. Fig. 56. ist eine Bruchbandfeder, die ich von Strassburg erhielt, abgebildet, welche die Richterische schräge Kröpfung hat, dessen Ende einen spitzigen Winkel bilden (Fig. 55. ist der Schild derselben). Diese Feder ist kürzer, aber stärker und steifer. Auch diese Gattung ist verschieden. Einige sind, wie sie in der Figur vorgestellt sind, geartet; da bey andern das hintere Ende eben so, wie Fig. 53. über den Schild um 1½ Zoll hervorragt. Der Wundarzt muß dem Künstler, oder Messerschmidt, den Grad der erforderlichen Elastizität anzeigen, wenn er aus den verschiedenen vorräthigen nicht ein passendes aussuchen kann, das ich jedem anrathe, der sich mit Bruchbändern befassen will. Fig. 61. ist eine Juvillische Schenkelbruchbandfeder, deren Federkraft in die Augen fällt. Die Breite und Dicke ist verschieden — die eine zu $\frac{3}{8}$, die andere zu $\frac{1}{2} - \frac{5}{8} - \frac{3}{4} -$

¾ — ⅞ — zu Zeiten zu einer ganzen Linie dicke, nach der Eigenschaft des Stahls und der Erforderniß der Kraft. Sechs dergleichen Dicken sollen eine siebenfache Federkraft geben; nicht allezeit aber entspricht der Grad der Federkraft dem Härtungsgrade bey jedem Stabe. In den Fällen, wo ein Druk von mittlerer Stärke erfordert wird, ist die Feder gemeiniglich 8 Linien breit. Bey Kindern — kleinen Brüchen — und solchen Kranken, die eine stillsitzende Lebensart führen, ist ein sehr grosser Druk nicht nöthig, und braucht das Eisen nicht so stark zu seyn. Das Netz ist ein sehr schlüpfriger Theil, der sehr leicht auch durch einen sehr engen Weg bringt. Netzbrüche erfordern daher immer ein stärkeres Bruchband, als Darmbrüche. Alte, grosse Brüche fallen sehr leicht hervor, und sind schwer zurükzuhalten, theils, weil der Bauchring sehr weit und offen ist, theils, weil die Theile, wodurch die Eingeweide des Unterleibs an ihrer natürlichen Stelle bevestigt sind, erschlafft und verlängert sind. Ein solcher Bruch erfordert also immer ein starkes Bruchband; vornehmlich muß das Band stark seyn, wenn der Kranke eine Lebensart führt, die mit starken und heftigen Bewegungen verbunden ist — sagt Herr Richter. —

Eben dieses gilt von der Länge, diese muß nach dem Umfange des Beckens verschieden seyn, (von 8 bis 20 Zoll.) —

Man kann zu einer Regel festsetzen, daß das Eisen zu einem Leistenbruchbande um einen 15tel Theil länger

seyn

seyn muß, als die Hälfte des Umfangs des Beckens, die Länge des Eisens von dem Nagel an, womit der Schild des Kopfs angenietet wird, bis zum Ende gerechnet; beträgt also der äussere Umfang des Beckens 34 Zoll, muß der stählerne Halbzirkel 18 Zoll lang seyn. Bey genauer Bestimmung der nöthigen Länge, kommt es theils auf die mehr oder weniger starke Fütterung desselben, theils auf die magere oder fette Leibesbeschaffenheit des Kranken an. In fette Körper drücket das Band allmählig eine Rinne, da denn das Band locker wird.

Vornehmlich muß man die Entfernung des Darmbeins von der Bruchstelle genau bemerken, damit der Hals des Bruchbandes mit demselben übereinstimme, ohne welches die bestbearbeitete Bruchbandfeder nicht brauchbar ist. Bey Schenkelbrüchen liegt der Bruch näher am Darmbeine, und deßhalb muß der Hals des Bruchbands kürzer seyn, als bey einem Leistenbruchbande.

Man wird aus dem, was bis hieher beschrieben worden ist, leicht erkennen, daß die Bearbeitung eines guten Bruchbandes keine so leichte Sache ist, als mancher glaubt, und warum die Bruchbänder, welche aus denen durch die Zeitungen ausposaunten Fabriquen beschrieben werden, so selten dem Endzwecke entsprechen.

§. 127.

Verschiedene, sowohl von Kranken, als von der Bandage abhängende Veränderungen, sind die Ursache, tie eine Verschiebung, und mit dieser zwekwidrige Wirkungen eines Bruchbandes hervorbringen; meistentheils liegt die Ursache in dem Bau der Bandage selbst, die wir hier untersuchen wollen.

Geoffroi *) setzt 3 Gattungen derselben zum Grunde: 1) Die Verschiebung wegen dem Körper des Kranken, 2) der Pellote, und 3) den stählernen Halbzirkel.

Jeder dieser hat verschiedene Grade, und sind bald einzeln, bald vereiniget vorhanden.

Das Bruchband kann sich verschieben, entweder 1) wenn der Kranke stehend oder sitzend sich vorwärts neigt; und dieses ist abermal verschieden, je nachdem der Kranke wohl bey Leibe — oder mager ist, und der Sessel mehr oder weniger niedrig ist. Oder 2) was öfters geschieht, das Bruchband liegt stehend gehörig gleich an, so wie der Körper in eine horizontale Lage gebracht wird, entfernt sich der obere, auch mittlere Theil der Pellote von dem Bauchringe, wenigstens drukt dieser schwächer: diese Verschiebung ist manchmal so stark an dem obern Rande, daß sie einen Zoll beträgt.

Die Pellote kann auf eine dreyfache Art verschoben werden. Erstens, und meistentheils, so es geschieht,

steigt

*) Memaires sur les Bandages propres a retenir dans lequel on examine en detail les defauts qui les empechent de remplir leur objet par M. Geoffroi etc.

steigt sie mehr oder weniger in die Höhe, da denn die Bruchstelle frey, und nicht gedrukt wird. Dies ereignet sich bey magern Kranken, und so sie auch nicht mager sind, deren Unterleib eingezogen, und das Schaambein hervorragend ist.

Es giebt Fälle, da sich die Pellote auf diese Art verschiebt, wenn der Kranke weder mager, noch solcher Gestalt beschaffen ist. Geschieht es nun, daß der Bauchmuskelring niedrig, oder erweitert ist, und man den Beinriemen nicht so verfertigt, daß er sich nach den Stellungen des Körpers schmiegt. — Ist der Bruch sehr groß — oder, wenn er auch klein ist, aber vom Netze erzeugt, darf man auf einen andauernden Druk der Pellote sich nicht vertrauen.

Die zweyte Verschiebungsart geschieht gerade durch das Gegentheil des Erstern bey sehr fetten Personen, deren Schmeerbauch die Pellote beynahe ganz tragen und unterstützen soll, und deßhalb von demselben stets mehr niedergedrukt wird, als es der Bruch erlaubt. Bey Kindern ereignet sich dieser Fall oft, weil die Pellote auf den Schaambeinen keinen Stützpunkt findet.

Die Dritte ereignet sich, wenn der Kranke auf dem stählernen Zirkel, der die Hüfte umgiebt, liegt, wenn er fett, das Band neu und wohlgepolstert ist, und der Kranke niemal noch ein Bruchband getragen hat, somit nicht weis, wie er sich dabey zu betragen hat.

Durch

Durch das Gewicht des Körpers fällt die Ausfütterung zusammen, das Eisen drukt sich in die Hüfte ein, und drukt sich im Fette eine Rinne, dadurch wird die Pellote mehr gegen das Schaambein, und von der Bruchstelle abgedrukt, da denn die Eingeweide, welche stets nächst an der Bruchöffnung liegen, sehr leicht ausfallen können. Freylich geschieht dies seltener, wenn sich der Kranke für dieser Lage hütet, denn man weis, daß das Bruchband oft erst in 15 Tagen seine gute Wirkung äussert, in dieser Zeit zieht man den Riemen, so wie das Band locker geworden ist, oder sich ins Fett eingedrukt, mehr zu.

Der stählerne Halbzirkel verschiebt sich endlich auf eine zweyfache Art: wenn er wegen fehlerhafter Verfertigung von seinem vesten Stützpunkt oder dem Heiligenbein, oder über das Hüftbein mehr oder weniger herabsteigt.

Die erste Art ist abermal zweyfach. Vollkommen und unvollkommen. Vollkommen ist die Verschiebung, wenn das hintere Ende — der Schweif — um 1 auch 2 Zoll manchmal mehr über den gehörigen Stützpunkt hinabfällt. Der Kranke erhält dadurch die Beschwerniß, daß der Halbzirkel schief über die hintere Backen läuft — das Gehen hindert, und der Kranke glaubt, das Bruchband falle ihm bey jedem Schritte in die Hosen.

Bey dieser Richtung drükt der untere Rand des Zirkels, auf dem derselbe oft allein ruht, sehr auf die Haut, und macht dem Kranken große Schmerzen. Diese Verschiebung kann sich aber nur bey übel gebildeten und ganz magern Körpern ereignen.

Bey der unvollkommenen Art steigt das hintere Ende nur um etliche Linien, oder um einen halben Zoll tiefer. Der Kranke bemerkt es kaum, und ist daher nicht bedacht, daß diese Abweichung ihm eine Verschiebung zuziehen kann.

Die zweyte Art: Verschiebung über das Hüftbein ereignet sich, wenn bey ohnehin fehlerhafter Beschaffenheit des Halbzirkels die Hüften unvermerkt mager werden, und denn durch das Hosenband, oder die Röcke bey denen Frauenspersonen noch mit abgezogen werden. Diese Verschiebung ist dem Kranken sehr schmerzhaft und lästig, indem, wenn der Halbzirkel also sinkt, er allein auf dem Unterrand des Eisens ruhet, und somit für die Hüften ganz empfindlich wird, jemehr der Zirkel fehlerhaft ist, oder das Band durch die Bewegungen des Körpers von den Kleidungsstücken annoch gedrukt wird *).

Bey

---

*) Ein junger Wundarzt, der anfängt, Bruchbänder zu verfertigen und anzulegen, kann nicht aufmerksam genug auf diese Fehler seyn. Ich habe sämtliche erfahren, und ich glaube, daß auch jene, welchen dieses nicht musterhaft genug verfaßt ist, nicht allezeit in Praxi so glücklich sind, als sie Fertigkeit zum Tadeln haben.

Bey einfachen Bruchbändern kann eine geringe Verschiebung der Pellote geschehen, ohne einigen Nachtheil; — sie kann in die Höhe steigen, und dennoch noch genugsam drücken. Bey doppelten aber, derer Köpfe wie Tafel 9. Fig. 68. sind, ist der Schade grösser, denn, verschiebt sich die dem Halse nächste Pellote, z. B. A. nur um $\frac{1}{4}$ Zoll, steigt nach Masgabe der Entfernung die andere Pellote B. um 1 Zoll in die Höhe, und läßt die Bruchöffnung beynahe ganz unbedekt.

Die unvollkommene Verschiebung des hintern Endes — und leztere über die Hüften, können sich bey Kranken ereignen, welche die beste Bildung des Beckens haben, und dann liegt der Hauptfehler in der fehlerhaften Krümmung des Eisens, das nicht gleich und eben, sondern hin und wieder hohl liegt: entweder geschieht hier ein Fehler beym Schmieden und Härten — oder da man dem Eisen die gehörige Krümmung und Gestalt zu geben, unterlassen hat.

Giebt man dem Halbzirkel eine zu starke Krümmung, fängt diese zu nahe am Schilde an, und wird diese zu weit fortgesezt, so muß der Theil, welcher über dem Hüftbein ruhet, niederer, als der Schild zu stehen kommen, und allein auf dem untern Rande ruhen; diese üble Bildung erstrekt sich denn bis ans Ende desselben fort, und der obere Rand steht von dem Leibe ab.

Liegt

Liegt nun das ohnehin enggeschnallte Hosenband unmittelbar auf, oder über dem Bruchbande, ist es beynahe ohnmöglich, daß bey so verschiedenen Bewegungen des Körpers das Bruchband sich über dem Heiligenbein, oder über den Hüften sich nicht verschiebe. Geschieht dies über dem Heiligenbein, was man sehen kann, auch nur um 2. oder 3. Linien, verliehrt die Pellote an dem untern Theile dadurch eben so viele von ihrer Würkung, und mehr ist nicht vonnöthen, den Ausfall des Bruchs zu erlauben, wenn er auch nur wenig dazu geneigt ist.

Was diese Verschiebung noch erleichtert, ist die üble Gewohnheit, den Beinriemen an dem mittlern Theil des Halbzirkels anzuhängen; so wenig auch dieser gespannt ist, vermag er doch das Eisen herunterzuziehen.

Es ist aus dem, was bis hieher von den Bruchbändern gelehret worden ist, jedem bekannt, daß auch die beste Härtung zu einem guten Bruchbande nicht allezeit hinreichend ist, selbst, wenn es für einen Kranken bestimmt ist; es ereignet sich nicht selten, daß man ihm noch eine besondere, der Bildung des Beckens proportionirte Beugung geben muß, um es vollkommen gut zu machen. Setzen wir nun, ein solches zu einem Bruchbande bestimmtes Eisen sey gut geschmiedet — gehörig gehärtet — es habe seine Krümmungen und Beugungen — und nur den einzigen Fehler, daß die Pellote an dem untern Rande zu stark druft. Die Beschwerden, welche der

Kranke

Kranke dadurch erleiden muß, fordern eine baldige Hilfe. Um diesen Fehler zu verbessern, pflegen einige zu rathen, wenn es ein Bruchband für die linke Seite ist: "Die Pellote mit der rechten Hand, den Halbzirkel aber mit der linken zu ergreifen, und in dieser Stellung die Pellote aufwärts zu ziehen," allein dieser Rath betrügt. Man giebt zwar dem Eisen eine andere Richtung, nicht aber der Pellote — denn dadurch steigt das hintere Ende höher, weil alle Gewalt des Zugs auf den nachgiebigen Theil würkt, und dieser ist weder der Schild, noch der Hals; da man also einen Fehler verbessern will, macht man einen neuen. Dieses Bruchband wird mehr links gedreht, und das hintere Ende von dem festen Stützpunkte verschoben, es ruhet allein auf dem untern Rande, und verschiebt sich leicht. Dieser Fehler läßt sich nach §. 115. verbessern.

Ein anderer, diesem entgegengesezter Fehler ist, wenn der untere Rand der Pellote nicht genug druft, und man diesen dadurch verbessern will, da man mit gewechselter rechter Hand die Pellote, mit der linken das hintere Ende des Eisens faßt, und so in die Höhe zieht; statt aber, daß man den ersten Fehler verbessert, druft man die Pellote niederer, und macht abermal einen neuen, der mehr oder weniger beschwerlich ist. Die dergestalt niedergedrükte Pellote belästiget den Kranken beym Gehen; sie hemmt die Kompressionskraft, indem beyde Stützpunkte verrukt sind.

Herr

Herr Geoffroi hat gegen diese Fehler verschiedene sinnreiche Verbesserungen *) vorgeschlagen, welche aber den Verwurf haben, daß sie mehr zusammengesezt sind. Je einfacher eine Maschine den nemlichen Zwek erfüllt — um so mehr verdient sie vor der zusammengesezten den Vorzug, und dieß gilt gewiß bey den Bruchbändern. Ein wesentlich fehlerhaftes Bruchband kann durch keine Zusammensezung — wenigstens in die Dauer nicht — gut werden. Alle Zusammensezung sezt eine genaue Kenntniß des einfachen zum Grunde, und wird diese bey einem Bruchbande gehörig beobachtet, wird man selten seine Zuflucht zu Zusätzen nehmen dürfen. Die Haupterfordernisse, oder das wesentliche eines guten Bruchbandes besteht kürzlich darinn: Die Länge — die Breite — die Federkraft — die Krümmungen — und Vertiefungen — des Halbzirkels — die Grösse — und Stellung des Schilds — die Beugung des Halses müssen genau demjenigen Körper, und der Eigenschaft des Bruchs anpassen, dem sie bestimmt sind. Der veste Stüzpunkt muß mit dem Kompressionspunkte in gerader Richtung stehen. — Der Halbzirkel soll über dem Hüftbeine weder zu hoch, noch zu niedrig stehen. — Das Bruchband soll auf seiner ganzen innern Fläche gleichauf- nirgends hohl liegen, nirgends mit Beschwerde drucken. Zu diesem Ende muß man das Becken — bey Leisten- und Schenkelbrüchen genau untersuchen, und

---

*) Second Mémoire sur les Moyens de coriger les defauts des Bandages énoncés dans le Memoire precedent.

und seine Erhöhungen — Vertiefungen — und Richtungen bemessen; — dem Eisen diese Richtung geben, es gehörig härten, wenn man nicht unter dem Vorrathe vieler schon gemachter Bruchbänder eines findet, das dem Kranken anpaßt. Bald muß der Schild länger — bald muß er breiter seyn; was man nicht beschrieben, wohl aber praktisch leichter und faßlicher erklären kann. Wie denn überhaupt um ein gutes Bruchband verfertigen zu können, eine praktische Anleitung erfordert wird.

§. 128.

Man hat Bruchbänder verfertigt, deren Kopf beweglich ist. Am Halse derselben ist nämlich ein Gewinde, welches verstattet, den Kopf des Bandes verschiedentlich zu stellen, und ein Stellrad, das ihn in der Stellung, die man ihm giebt, bevestigt *). Vermöge dieser Beweglichkeit kann man also, nach den oben gegebenen Regeln, den Kopf so stellen, daß seine innere Oberfläche in allen Punkten gleichvest aufliegt. Diese Stellung ist verschieden, nachdem der Kranke einen fetten oder magern Bauch hat. Ist der Kranke sehr fett, und hat er einen starken, vorhängenden Bauch, so muß die innere Fläche des Kopfs des Bruchbandes mehr aufwärts; hingegen weniger aufwärts gerichtet seyn, wenn der Kranke mager ist u. s. w.

§. 129.

---

*) Dergleichen hat Herr Geoffroi auch vorgeschlagen, um die oben bemerkten Fehler zu verbessern.

§. 129.

Ein Bruchband dieſer Art, welches ich Tafel 7. Fig. 60. habe abzeichnen laſſen, hat Herr Oudet *) allerneueſt und niedlich erfunden. A. iſt der gewöhnliche Schild, an dem ein Stük Kork B. beveſtigt iſt. Auf dem Geſtelle C. ruhet eine Schraube ohne Ende mit einem Zapfen E, welche in die Schraubenmutter D. eingreift, mittelſt welcher der Schild nach Wille geſtellt werden kann. F. iſt eine Flaſche, und das vordere Ende des Halbzirkels abermal mit der Schraube, und dem Zapfen H, die in die Schraubenmutter G, welche gleichſam das hintere obere Ek des Schilds iſt, eingreift, dadurch kann man den Schild mehr ein- oder auswärts richten. Bey I. iſt abermal eine einfache Schraube mit einem Schilde und Zapfen, der dazu dient, das Band K. durch das Charnier L. zu verlängern, oder zu verkürzen. M. iſt der Schlüſſel, den man in die Zapfen E, H, I. ſtekt, und dadurch dieſe Veränderungen vornehmen kann.

*) Sieur Oudet, Expert au Collége Royal de Chirurgie, pour la guériſon des Hernies, donne avis qu'il a inventé de nouveaux Bandages, dont le Mechanisme trés-ſimple et trés ſolide leur donne une élaſticité, et une flexibité parfaite, ainſi que le reconnoiſſent les atteſtations qu'ont accorde, pour aſſûrer les avantages de cette découverte, l'Accademie de Chirurgie, et la Société royale de Medicine. Ces Bandages ont, autre pluſiers autres comodité celle etc. Dieſer trés ſimple et trés ſolide Mechanisme ſoll in Paris 100 Livres koſten. Fürwahr wohl bezahlt!

Herr Dudet recommendirt dieses sinnreiche Bruchband für jeden Bruch — für jedes Alter — für jedes Geschlecht. — Das Original, das ich der Freundschaft des Churtrierischen Herrn Leibarzts und Hofraths Neisinger verdanke, hatte nur die Unvollkommenheit — es war nicht brauchbar; indessen kann es zu andern Verbesserungen Anlaß geben, und dieser Ursache wegen habe ich es aufgenommen.

§. 130.

Herr Richter hält diese Bänder, so bequem sie auch scheinen, für unnütz, und unvollkommen; denn der Kopf ist nur einer Art von Bewegung fähig, nämlich derjenigen Bewegung, die die innere Seite des Kopfs mehr auswärts, oder niederwärts richtet. Vermittelst dieser Beweglichkeit kann man nun freylich hindern, daß der obere Rand des Kopfs nicht stärker drukt, als der untere, und umgekehrt. Das ist aber nicht genug, man muß auch hindern können, daß der innere Seitenrand nicht stärker drukt, als der äussere, und dies kann man nicht, weil der Kopf eines solchen einer Bewegung zur Seite nicht fähig ist. Das Dudet'sche ist nicht frey von diesem Vorwurfe; auch unnöthig — fährt er fort — sind diese Bänder. Wenn die gewöhnlichen elastischen Bruchbänder, nach der bereits gegebenen Regel, dergestalt verfertiget worden sind, daß ihnen, ihre Elastizität unbeschadet, ein geringer Grad von Biegsamkeit übrig bleibt, oder gegeben werden kann, so kann man den Kopf nach allen Richtungen

tungen stellen, so wie es der Körper des Kranken erfordert, und man hat dennoch nicht Ursache zu fürchten,
daß er in der Folge diese Stellung wieder verliert, und
eine andere Biegung annimmt, da die Biegsamkeit des
Eisens so geringe ist, daß eine starke Kraft erfordert
wird, seine Biegung zu ändern. Wenn das Bruchband
von einem erfahrnen Meister verfertigt ist, hat man nicht
allemal nöthig den Kopf erst zu richten; denn dieser weiß
schon aus Erfahrung dem Kopf die rechte Richtung zu geben, wenn man ihm nur meldet, ob der Kranke fett
oder mager ist. Hat man viele Bruchbänder vorräthig,
so hat man auch die Bequemlichkeit eines auszusuchen,
dessen Kopf, in Beziehung auf den Kranken, gehörig gerichtet ist.

Sie beweisen annoch, wie entfernt ein Künstler —
sagt Herr Juville — von der Vollkommenheit ist, der
ohne Grundsätze arbeitet, auf die Richtigkeit der einge-
bildeten verschiedenen Beyhilfsmittel — z. B. der oben
verworfenen Gewinden — Drukfedern — Rädern —
Blasbälgen — Skapulieren u. dergl. — vertrauet, ein
Bruchband gehörig zu bevestigen, indem ein gut gemachtes
Bruchband keiner Nebenhilfe bedarf, und für sich selbst
vesthält. Alle fremde Beyhilfsmittel bey einem Bruchbande, verrathen allezeit eine Schwäche *) oder Mangel

P 3   des

---

*) Nicht nur die Bruchbänder, auch andere Naturprodukte, hö-
hern Rangs, verrathen Schwäche, durch Anwendung unna-
türli-

des Werkzeugs, oder die Unwissenheit des Künstlers, und man kann als eine gewisse Regel annehmen, daß, je mehrere Beyhilfe ein Bruchband, um gut zu wirken, vonnöthen hat, je mehr ist es vom Grunde aus mangelhaft. Es ist ein Gebäude, das einstürzen will, und deßhalb von allen Seiten unterstüzt werden muß.

Diese bis hieher erklärten Grundsätze von der Kunst, Bruchbänder zu machen, bezeugen offenbar: daß man, um sie auszuüben, mehrere gründliche Kenntnisse vonnöthen hat, die, wenn sie bey der Bildung der Wundärzte nicht zum Grunde gelegt werden, die heilende Hand des jungen Wundarzts immer etwas gelähmt erhalten.

Zweyter

türlicher Beyhilfsmittel. Nicht alle sind aber gleich geartet. Vielen hat die Politik das Bürgerrecht ertheilt. Noch aber hat keiner folgende Stelle des Hippokrates (de Praeceptis et de arte) in contrarium vertirt: Medicus ratione vtens nunquam aeterum inuidiose calumniabitur: sic enim animi impotentiam probet. Solis enim artium ignaris hoc opus competit, qui ambitiosius contendunt, neque tamen improbitate sua vllomodo praestare possunt, vt aliorum opera vel recta calumnientur, vel non recta reprehendant. Recensenten, welche durch ungegründeten Tadel eine Schrift zu unterdrücken gedenken, mögen sich diese Stelle merken.

Zweyter Unterabschnitt.
Die Polsterung und der Ueberzug.

§. 131.

Bis hieher haben wir das wesentlichste Stük eines Bruchbandes — den stählernen Halbzirkel mit dem Schilde — beschrieben, von dessen guten, oder widrigen Eigenschaft, die Wirkung und der Erfolg der Heilung hauptsächlich abhängen. Laßt uns nun die Beyhilfsmittel desselben — den Ueberzug, die Garnirung und Fütterung — die zwote Eigenschaft — beschreiben.

§. 132.

Das wesentlichste Stük eines guten Bruchbandes ist der Kopf (§. 124.) oder die Pellote; seine Verfertigung verdient alle Aufmerksamkeit; die Fehler desselben, die man leider! oft bey den Bruchbändern wahrnimmt, sind von großen Folgen. Diese wird abermal auf verschiedene Art gemacht.

Herr Juville nimmt ein Stük Kork, das nach der innern Gestalt des Schilds etwas convex zugefeilt ist; die innere Seite wird mehr oder weniger concav; das Stük selbst mehr oder weniger lang; breiter aber, als 2 Zoll, soll es niemal seyn. In der Mitte und an seinem untern Theile ist es 3 Linien dik, aufwärts aber wird es allmählig

mählig dünner, so, daß es am obern Rande nur 1 Linie dik ist. Durch diese Gestalt will Herr Juville verhüten, daß es nicht auf die Schaambeine aufliegt.

Der Kork scheint ihm das schiklichste die Leisten auszufüllen, indem man ihm, je nachdem die Anzeige es erfordere, verschiedene passende Formen geben kann. Ueber diesen nähet er eine Leinwand, die er durch die vier, in seinem Schilde befindlichen Löcher bevestigt. Nach diesem bedekt er auch die äussere Fläche des Schilds und den Halbzirkel mit Leinwand.

Nun wird die Pellote mit einer Mischung von Wolle und Haaren so ausgestopft, daß sie vielmehr platt als convex ist. An das hintere Ende wird ein Stük Salband, oder ein Riemen, der zwey Querfinger breit ist, bevestigt, welcher die Fortsetzung des Halbzirkels ist. Nimmt man ein Salband, wird an dessen vordern Ende ein 7 bis 8 Zoll langer Rieme, der 6 Löcher hat (Taf. 8. Fig. 62. DD.), angenäht, dieser wird in den Haken a. Fig. 53. eingehängt, und das Bruchband dadurch am Leibe bevestigt. Um das hintere Ende sanft zu machen, nimmt Herr Juville ein dünnes Blech, das 4 Zoll lang, und 16 Linien breit ist, dieses bevestigt er mittelst drey Stiften so daran, daß die Ränder auswärts umgebogen, und eben geklopft werden können, an der Rundung darf aber das hintere Ende dadurch nichts verlieren. Diese Stelle giebt den besten Stüzpunkt. Ist dies geschehen; so überzieht

zieht man das ganze Band A. B. C. Fig. 62. Tafel 8. mit weichem Leder, und füttert es von innen annoch mit Wolle aus, damit es weich liegt und nicht drükt. Fig. 63. ist auch die innere Seite der Pellote mit Wolle ausgefüttert B. B. B. was in den Fällen, wo eine grössere Pellote erfordert wird, gute Dienste leistet. C. ist ein Lappen von Leder, der, wenn man e. in D. einknöpft, das Reiben des Hakens an den Hemden hindert.

Ein solches Bruchband — sagt er — ist weich, geschmeidig, und schmiegt sich ordentlich in die Theile an, die es bedecken soll. Der untere Rand der Pellote berührt unmittelbar den obern und Seitenrand des Schaambeins, und der Haken kommt auf den Bauchring zu liegen.

§. 133.

Herr Richter füttert die Pellote mit Kühehaaren, oder gekämter Schaafwolle so aus, daß seine innere Fläche platt gewölbt, und weder zu weich, noch zu hart ist. Ist die Pellote zu weich gefüttert, so ist der Druk zu schwach — ist sie zu hart, so quetscht sie die Saamengefäße und schmiegt sich nicht genug in die Vertiefungen des Bauchrings. Man begreift somit, wie schädlich die Bruchbänder sind, deren Kopf von Holz *) verfertigt ist.

§. 134.

*) Dergleichen Köpfe werden manchal verlangt, um das Einnisten der Läuse zu verhüten.

§. 134.

Der windige Vorschlag des Herrn Hertz, den Kopf, statt der Wolle, mit einer mit Luft stark angefüllten Blase zu füllen, verdient keine Nachahmung.

§. 135.

Besser, doch vielleicht nicht dauerhaft genug, wird die Pelote aus elastischem Harze verfertigt. August Monza ist der Erfinder, wenigstens machte er sie bekannt, und Herr Hofr. Stark *) uns. "Die vielfältigen Mängel, welche sich an allen den, von den Zeiten des D. Blegny an bis auf die Desaunay und Juville in Gebrauch gekommenen Bruchbändern vorfanden, hatten Hrn. Monza veranlaßt, auf die Verfertigung eines Bruchbandes zu sinnen, das dauerhaft, einfach, sicher und bequem für den Kranken sey, und zu gleicher Zeit die einmal besitzende Schnellkraft unverändert erhalte. Das elastische Harz hat ihm in jeder Rüksicht dazu am besten geschienen: er bediente sich desselben aber auf eine andere Art, als seine Vorgänger, so nämlich, daß er die Pelote daraus verfertigte. Dabey geht er folgender Gestalt zu Werke: er schneidet von einer kleinen Flasche elastischen Harzes den größten Theil ihres Halses weg, und bringt in die nun vergrößerte Oeffnung ein kleines Ventil an, das ihn in den Stand setzt, vermittelst einer Saugspritze, die in der Flasche enthaltene Luft zusammen zu pressen,

---

*) Archiv für die Geburtshilfe ıc. B. 2. St. 3. S. 121.

pressen, die er für nöthig hält; darauf wird die Oeffnung der Flasche hermetisch versiegelt, das am besten durch ein kleines Stüfgen elastischen Harzes, mit Zuziehung eines glühenden Eisens, geschieht, indem die dadurch zum Theil verlohren gegangene Schnellkraft, durch Rauch leicht wieder hergestellt werden kann, und die Wände der nun beynahe ganz runden Flasche, werden an zwey Seiten zusammengenähet. Um das Hervorbringen der Luft durch die Stiche der Nath zu verhindern, überzieht er sie einigemal mit einer Auflösung des elastischen Harzes, und bedient sich nun dieses, jeden Form leicht annehmenten Balles, zur Pellote bey seinen Bruchbändern, dergestalt, daß er ihn bald an stählerne Halbzirkel bevestigt, bald auch an einem Leibgürtel, der ganz aus elastischem Harze verfertigt ist." Ohne Kupfer läßt sich das ganze Verfahren nicht deutlich genug beschreiben. Ich begnüge mich hier mit diesem Auszuge. Wer sie nachzumachen gedenket, beschreibe sie von der königl. Druckerey in Parma: l'elastico Compressore dell Ernie inventato per quelle, nelle quali riescono inutili o pericolosi i noti Ripari. 1787. gr. 8. mit 1 Kupf. In den deutschen Buchhandel ist diese Schrift noch nicht gekommen.

§. 136.

Richter und Juville kommen darinn ganz überein, daß die Pellote platt gewölbt seyn soll. Untersucht man die Gestalt eines Bruchs, der zu entstehen beginnet, so findet man, daß in der Leiste eine runde Geschwulst vorhanden hauben ist. Setzt man dieser nun einen andern runden Körper entgegen, die wie zwey Kugeln auf einander würken; so wird man offenbar sehen, daß sie sich nur mit den Spitzen berühren. Der allzuspitzig gewölbte Kopf drückt den Ort, auf welchem er liegt, zu stark einwärts, dehnt ihn gleichsam in einen Sack aus, der in die Bauchhöhle gedruckt wird. Er erhält also diese Theile in einer beständigen Ausdehnung, und hindert sie, sich zusammen zu ziehen, zu verengern, und ihre vorige Stärke wieder zu erhalten; das heißt: der Kranke behält seinen Bruch Zeitlebens. So wenig der Bauchring auch geöffnet ist, vermag er doch durch eine kleine Aenderung der Bruchtheile den Ausfall zu bewürken, wenn die Pellote eine runde und spitzige Gestalt hat. Zwar erscheint er nicht, so lang das Bruchband anliegt; sobald es aber abgenommen wird, kehrt sich der Sack nach auswärts, und der Bruch erscheint. Mit einem Worte: ein solches Bruchband hindert die Radikalkur *) des Bruchs. Ist hingegen die innere

Ober-

---

*) Mir ist eine Geschichte bekannt, die sich verflossenes Jahr in meiner Nachbarschaft zugetragen hat, da ein durchreisender Bruchoperateur, Namens Deriquehm, der sich für einen königl. preußischen Hofchirurgus ausgab, mittelst seinen Bruchbändern, derer kleinen Pellote er eine konische Gestalt gab, welche mit der Erweiterung des Bauchrings in Verhältniß stand, in denselben eindrang, und auf diese Weise die Lefzen einwärts drückte, eine Radikalkur versprach. Die Beweggründe dieser Methode waren folgende:

"Da

233

Oberfläche der Pellote platt, da sie in allen Punkten aufliegt, und der Druck folglich sich in viele Punkte vertheilt, erregt dieselbe auch bey einer sehr starken Elasticität der Bänder nicht leicht Schmerzen. Bey fetten Personen kann zu Zeiten eine runde Pellote (Fig. 63. wird durch die Fütterung etwas mehr rund) wenn sie ein wenig schief nach der Richtung des Bauchrings gestellt wird, schiklich seyn. Diese schiefe — Jubillische — Richtung befreyt auch den Schenkel vom Drucke, und erleichtert seine

"Da der Bauchring sich nicht wieder so zusammen zieht,
"daß er sich ganz verschließt, so müssen sich Feuchtigkeiten
"in demselben festsetzen, sich da verdicken, und denselb"ben nach und nach gleichsam verleimen. Damit dieß
"geschehen könne, muß vermieden werden, daß nicht
"ein Theil des heraustretenden Darmes oder Netzes,
"beständig während dem Tragen einer Bandage in dem
"Bauchringe liegen. Dieß, sagte er, wird durch die
"gewöhnliche Bandagen nicht gehindert, weil sie nur
"flach eben aufdrücken; es ist hingegen ein Druck
"nothwendig, der in die Oefnung des Rings eindringt,
"und die Lefzen desselben einwärts druckt, wodurch die
"Feuchtigkeiten sich da ansetzen, und verdicken kön"nen." (??)

Diesem System gemäß übernahm er die Heilung eines zwölfjährigen Hodensackbruchs, der an Grösse den größten Mannskopf übertraf, und in den drey letztern Jahren nicht mehr zurückgebracht werden konnte, bey einem Manne von 40.

seine Bewegung, was aber bey magern weniger statt findet.

In den gewöhnlichen Fällen sind die platten Pelloten vollkommen hinreichend, nur muß man darauf sehen,

1) daß die Pellote eine bestimmte Breite hat, welche um einige Linien über die Bruchöffnung hervorragt.

2) Daß die ganze innere Oberfläche derselben in allen Punkten aufliegt, und gleichstark drukt.

Drukt

40. Jahren, dessen gleichseitiger Fuß zugleich etwas kürzer ist. Die Taxis gelang mittelst horizontaler Lage, magerer Kost und andauernder Unterstützung des Hodensacks. Er beschimpfte sie aber durch den Gebrauch eines Wassers, das dem Goulardischen mit Kampher vermischten Wasser ähnlich war, womit er den Bauch täglich wusch, und einer Pomade, die er auf demselben einrieb, der er die Eigenschaften zuschrieb, alle Verwachsungen aufzulösen. In der fünften Woche — vom Anfange der Kur — konnte der Kranke wieder herumgehen, und seine Dienste verrichten. Der Bauchring war so weit geschlossen, daß er aufrecht stehend die Bandage abnehmen konnte, ohne daß der Bruch heraustrat, so lange er nicht hustete, oder keine Bewegung machte; beym Husten aber trat er sogleich heraus. Jeder Leser mag diese Geschichte selbst kommentiren! Der antike Spruch: in hac sola artium evenit, ut cuique medicum se professo statim credatur — wird öfters noch erneuert selbst von Gelehrten. — —

Drukt der obere Rand des Kopfs — weil er etwas zu stark gefüttert ist — stark auf, der untere weniger, so entstehen oberwärts Schmerzen, und unten bringt der Bruch durch; drukt der untere Rand scharf, und der obere wenig, so leiden vom untern die Saamengefäße, und oberwärts hat der Bruch die Freyheit durchzubringen. Eben so verhält es sich, wenn ein Seitenrand stärker drukt als der andere. Liegt hingegen der Kopf platt auf, so, daß seine ganze innere Oberfläche in allen Punkten gleich stark drukt, so ist der Druk gleich stark vertheilt, daß er den Saamengefäßen nicht schadet, und den Bruch allenthalben verhindert hervorzubringen. Eine Pellote, die $1\frac{1}{2}$ Zoll dik in der Mitte, gegen den obern Rand nur $1\frac{1}{8}$ Zoll dik ist, hat gewöhnlich eine hinreichende Fütterung. In Fällen, wo die Leisten etwas gesenkter sind, kann der Kopf noch mit einem andern, mit Wolle gefütterten Bausch (Fig. 63.), verstärkt werden. Die Verfertigung des Kissens, oder der Pellote, erlernt man leichter durch praktischen Unterricht, als durch die ausführlichste Beschreibung.

Der gemeine Mann glaubt, je grösser der Bruch ist, desto grösser müsse auch der Kopf des Bruchbandes seyn. Dies ist in einiger Absicht nicht ganz ungegründet, denn je grösser und älter der Bruch ist, desto weiter und offener ist der Bauchring. Indessen wird er beym größten Bruche nicht so groß, daß er nicht durch den Kopf eines Bruchbandes von gewöhnlicher Größe bedekt würde. Allenfalls

lenfalls dürfte also bey grossen Brüchen der Kopf nur um ein Weniges grösser, als gewöhnlich seyn. Herr Richter hat Bruchbänder gesehen *), deren Kopf die Größe der größten Hand, samt den Fingern, hatte; und diese sind offenbar schädlich. Der Kopf steigt bis an die Schenkel herunter, wird bey der Bewegung derselben bewegt, macht diese wund und schmerzhaft, drukt den Bauchring, zumal bey fetten Personen, nicht genug, weil er eine zu große Ueberfläche berührt, vieler anderer Unbequemlichkeiten, die jeder leicht selbst einsehen wird, nicht zu gedenken.

§. 137.

Die Bruchbänder werden insgemein mit gelben Sämisch-Leder überzogen (bey Armen kann man auch Barchent nehmen), wozu das von Rehen, Böcken — Schaafen **), vornehmlich wenn sie mit den Nerben ganz bearbeitet werden, dienlich sind; dieser nämlich verhindert, daß der Schweis, vornehmlich im Sommer, und wenn der Kranke fett ist, das Leder weniger mürbe macht und zerfrißt, und dadurch das Eisen selbst, wenn das Band nicht oft neu überzogen wird, angefressen wird, welches dem Kranken, der von dem Wundarzte oft entfernt ist,

und

---

*) Unter meinem Horizonte gedeihen die Bruchbänder meistens zu dieser Größe.

**) Wenn die Ziķhäute mit Weinstein bearbeitet werden, werden sie sehr weich und zähe, und können für Kinder-Bruchbänder vornämlich gebraucht werden.

und diese Krankheit gerne geheim hält, sehr lästig ist. Den Kranken von dieser Verlegenheit zu entheben, giebt Herr Richter den Rath, das Band mit braunem Haasenfell zu überziehen. Dieser Ueberzug bleibt sicher lange Zeit gut, weil die Haare das Eindringen des Schweises verhindern. Es versteht sich von selbst, daß die Haare nach innen gekehrt stehen müssen; auch muß man bedacht seyn, daß die Haare rükwärts stehen. Ein Haasenfell, wenn es in der Mitte gespaltet wird, ist gewöhnlich zu einem Bruchbande hinreichend, da man auf obige Richtung der Haare beym Zusammennähen bedacht seyn muß. Wer mehrere Bruchbänder verfertigt, und Mangel an guten Haasenfellen hat, lasse sich — wie gemeldet — feine Rehhäute — Bok- auch Schaaf-Felle (Wacken nennt man sie, von Gaisen taugen sie weniger), mit dem Nerben eigends gerben, und er wird diesem Rathe Dank wissen. Um das Beschmutzen vom Schweise und Harn, vornehmlich bey Kindern, zu verhüten, hat man die Bruchbänder und Beinriemen mit gewichsten oder gefirneisten Taffet überzogen. Ein leichter Ueberzug mit reiner Leinwand — eine feine Kompresse zwischen der Pellote — die öfters gewechselt werden können, thun in dieser Hinsicht gute Dienste.

Dritter Unterabschnitt.

Anleitung, wie man das Maas zu einem Bruchbande am Körper nehmen, und den Wundarzt, oder den Künstler, berichten muß, um ein schikliches Bruchband zu erhalten.

§. 138.

Da bey so großer Verschiedenheit der körperlichen Bildung der Bruchkranken, das Bruchband allezeit der Bildung desselben angemessen seyn muß, ist es dem Wundarzte daran gelegen, ein gutes Maas sich zu verschaffen, dem gemäß er das Bruchband verfertigen läßt. Oft ereignet sich, daß entfernte, mit Brüchen behaftete Kranke, von einem Wundarzte ein Bruchband verlangen.

Es ist nicht genug, wenn man ein Bruchband verlangt, nur zu schreiben, auf welcher Seite der Bruch sich befinde — und daß man ein einfaches Maas diesem Berichte beylege *); man muß auch wissen, ob der Bruch ein-

---

*) Oft liest man dergleichen in Zeitungen handwerksmäßig angekündigt, und ich sah, wie übelpassend die Bänder ausfielen. Es verräth Unwissenheit, oder schimpflichen Eigennutz, wenn man ein Bruchband auf solche Art dem Dürftigen feilbietet. Der geringste Schaden für den Kranken, der die angebotene Hilfe sucht — ist Geldverlust — nicht selten Verschlimmerung seines Uebels. — Eine gute Polizey sollte dergleichen Avertissements ausstreichen, oder Kunstverständige, wenn Herr Censor es nicht versteht, darüber zu Rathe ziehen.

einfach — ob er ein Leisten- oder Schenkelbruch — ob er leicht ausfalle und abermal leicht eingebracht werden könne — oder ob dies gar nicht mehr geschehe — und er angewachsen ist. — Man muß berichten: ob der Bruch klein — oder groß ist — ob er annoch in den Leisten sich befinde, oder schon in dem Hodensak, oder in die grossen Saamlefzen herabgesunken; wenn der Kranke auf beyden Seiten einen Bruch hat, welcher von beyden älter und grösser ist; Das Alter — das Geschlecht — die fette oder magere Leibesbeschaffenheit des Körpers — ob er schon ein Bruchband getragen, und welche Dienste es ihm geleistet habe — sind nothwendige Kenntnisse, ohne welche das Bruchband nicht kunstmässig verfertiget werden kann.

Nicht selten sind noch andere kränkliche Zufälle mit dem Bruche verbunden, z. B. eine unnatürliche Bildung des Rükgrabs und Beckens, ein Hinken, oder zu kurzes Bein, Engbrüstigkeit, ein chronischer Husten, zerrüttete Dauung, und daher verursachte öftere Koliken, beschwerliches Harnen u. dergl. welche alle aufs genaueste, so viel sie Einfluß auf den Bruch haben können, angezeigt werden müssen. Zwar kann dies der Kranke von selbst nicht allezeit wissen; aber der Wundarzt muß das genaueste, was immer zufolge der bis hieher vorgetragenen Lehren ihm zu wissen nothwendig ist, von dem Kranken erläutert verlangen.

Ein dicker biegsamer Metalldrath, welcher genau um den Körper herumgelegt wird, der alle nöthige Biegungen leicht annimmt und behält, und die sämtlich an dem Drathe bemerkt werden müssen, kann in Ansehung der Gestalt, als Weite am besten zum Muster dienen. Diesem giebt man gewöhnlich einen Zoll zu; denn die Fütterung von Wolle und Leder, womit das Band umgeben wird, verkürzt nothwendig daselbe ein wenig, und folglich würde das Eisen, welches nackend genau lang genug ist, nicht mehr lang genug seyn, nachdem es mit der Fütterung umgeben ist. Bey fetten Personen ist dieses dennoch nicht nöthig; das Band drukt bey diesen allmählig eine Rinne ins Fett, und wird dadurch nach einigen Tagen lang genug, wenn es auch Anfangs zu kurz war.

Nimmt man das Maas mit Papier; so bezeichnet man auf demselben die Stelle des Bauchrings — die Gegend des Rükgrads, und die Mitte des Hüftbeins. Vorzüglich kommt es darauf an, daß die Beugung des Halbzirkels die gehörige Weite hat, und dem äussern Umfange der Hüfte genau angemessen ist. Denn einige Kranke haben sehr schmale, andere sehr breite und hervorrogende Hüften. Ist diese Beugung zu enge und spitzig, so liegt zuverlässig der Kopf des Bruchbandes nicht vest genug auf dem Bauchringe, und der Kranke ist nicht gesichert; ist diese Beugung zu weit, so liegt das Band nicht vest an der Hüfte, und verrukt sich leicht. Mit einem dicken biegsamen Drath kann man dem Künstler diese Beugung

genauer

genauer bestimmen. Es ist daher nie rathsam, das Maas mit Papier zu nehmen.

Wäre aber das Band nicht ganz genau, von dem Künstler, nach diesem Maaße verfertiget worden, so kann ihm der Wundarzt dennoch noch die nöthigen Biegungen geben, wenn das Eisen so verfertiget ist, daß es nebst seiner Elastizität auch zugleich noch einen geringen Grad von Biegsamkeit hat; man kann darinn nicht genau genug seyn; denn je genauer es allenthalben anliegt, desto vester liegt es, und desto gewisser verrukt es sich nicht, und davon hängt die Sicherheit des Kranken ab.

Vierter Unterabschnitt.
Anleitung, was man bey der Anlegung, und dem rechten Gebrauche der Bruchbänder zu beobachten hat.

§. 139.

1) Das erstemal muß der Wundarzt selbst das Bruchband anlegen, und niemals darf dies in einer andern, als in einer horizontalen Lage geschehen, nachdem alle in dem Bruche enthaltene Theile sicher zurükgebracht worden sind. Liegt ein Darm, oder ein auch nur sehr kleines Stük vom Darme oder Netze im Halse, so ist der Kranke in dreyfacher Gefahr; entweder der Druk des Kopfes des Bruchbandes auf dasselbe, macht, daß es an-
wäch-

wächset, oder er verengert es nach und nach, und verursachet endlich ein Miserere, oder sogleich eine wahre Einklemmung. Der zurükgebliebene Bruchsak schließt den Gebrauch eines Bruchbandes nicht aus.

2) Der Wundarzt muß alsdann den Kranken von der Kurart mittelst eines Bruchbandes, von der Art, dasselbe anzulegen, und den dabey zu beobachtenden Vorsichts-Regeln unterrichten. In der ersten Zeit des Gebrauchs des Bruchbandes muß der Wundarzt den Kranken oft besuchen, und nachsehen, ob die Lage des Bruchbandes sich verändert habe, und ob dasselbe stärker zusammengeschnürt, oder locker gemacht werden müsse. Man darf nicht glauben, daß das Bruchband, wenn es einmal gut angelegt ist, sich ganz und gar nicht verrücken könne; auch das beste Bruchband kann sich bey gewissen Gelegenheiten verrucken.

In den ersten Tagen ist oft etwas zu bessern, oder zu ändern. Ist der Kranke fett, so drukt sich das Band eine Rinne ins Fleisch, und liegt nach ein paar Tagen nicht mehr vest und sicher. Auch die Wolle, womit das Leder ausgestopft ist, sezt sich, drukt sich zusammen, und das Band sizt aus dieser Ursache nach einigen Tagen nicht mehr vest. Gemeiniglich muß es deßwegen in den ersten Tagen einigemal vester geschnallt werden.

3) Den

3) Den Kindern kann ein allzustark zusammen gezogenes Bruchband schädlich seyn, weil verschiedene Krümmungen und Verunstaltungen der Knochen dadurch verursacht werden können.

4) Die Beinkleider dürfen das Band nicht beläſtigen. Der Leibgurt der Beinkleider liegt gewöhnlich unmittelbar auf dem Bruchbande. Wenn also der Leibgurt enge iſt, trägt das Bruchband die ganze Schwere der Beinkleider, und wird niedergezogen. Der Leibgurt muß folglich weit seyn, und damit die Beinkleider nicht herunterfallen, kann der Kranke allenfalls eine Hosenhebe tragen.

In Hinsicht der Erzeugung, oder Verhütung der Brüche, sind die Beinkleider oder Hosen kein gleichgültiges Kleidungsſtück, das des Schneiders oder Säklers Modegenie überlaſſen werden darf, und eben so gut eine medicinische Vorzeichnung, wie die Schuhe vom sel. Camper, erfordern. Iſt die Hosenleiſe kurz und eng: so drukt sie gewöhnlich den Saamenſtrange; eine weitere bedarf eines Hosenhebe. Läßt man aber dieselbe bis an den Unterleib hinaufſteigen, so preßt sie denselben, wenn sie etwas enge iſt; und bey vorkommender Erschütterung des Körpers, oder ſtärkerem Drucke werden die Därme nach dem Bauchmuskelring, oder dem Schenkelbande hingetrieben, wodurch ein Bruch veranlaßt wird. Gutgemachte Hosen sollen nicht zu hoch heraufgeben; die Gurt soll den Bauch nicht preſſen, sondern sie müſſen vorne ausgeschnitten seyn, und nur

neben,

neben, wo sie auf den Hüften aufliegen, sollen dieselben höher heraufgehen. Dergleichen Hosen verhindern theils die Brüche, theils unterstützen sie die Würkung des Bruchbandes. Worauf der Wundarzt aufmerksam seyn soll.

5) Bey sehr fetten Personen hängt der Bauch manchmal so stark herab, daß er das Bruchband niederdrükt. Diese sind daher oft genöthigt, es mittelst eines Scapuliers zu befestigen.

6) Wenn der Kranke, der bis hieher fett gewesen, merklich mager wird, oder umgekehrt, wenn er mager gewesen, und fett wird, liegt das bisherige Bruchband nicht mehr gut.

7) Der Kranke muß wenigstens zwey Bruchbänder haben, welche täglich Morgens im Bette beym Erwachen gewechselt werden müssen. Wenn der Kranke die ganze Nacht im Bette gelegen hat, haben die Eingeweide nicht die allergeringste Neigung hervorzubringen. Hat er die Bandage des Nachts getragen, und will er des Morgens nicht wechseln; so muß er, ehe er aufsteht, genau untersuchen: ob sich das Band etwa im Bette verrukt hat, und im Falle, daß es geschehen ist, es wieder zurechte drücken.

8) Um das Bruchband zu schonen, muß man besonders bey fetten, und stark schwitzenden Personen, weiche Leinwand unter das Kissen schieben: Der Schweiß dringt

gar

gar leicht ins Leder, zerfrißt es, und macht es mürbe; und davon hat man zweyerley zu fürchten. Der scharfe, faule Schweiß, womit das Leder durchdrungen wird, erregt Röthe, Jucken, Hitzblattern in der Haut, die den Kranken oft nöthigen, das Band eine Zeitlang abzulegen, bis die Haut wieder gesund ist; was dem Kranken sehr nachtheilig seyn kann. Wenn aber das Leder zerfressen ist, und das Band nicht neu überzogen wird, dringt der Schweiß zuletzt bis aufs Eisen, mindert seine Elasticität, macht es rostig, ja zuletzt ganz unbrauchbar, und es bricht an dieser Stelle entzwey. Hat der Kranke — oder der Wundarzt selbst — nicht ein anderes gutes Bruchband vorräthig; so können Folgen von Bedeutung geschehen. — Beyspiele dieser Art sind nicht selten. Einige pflegten statt der Kompressen ein zusammenziehendes Pflaster, was manchmal noch ein Arkanum seyn soll, unter den Kopf des Bruchbandes zu legen. Sie glaubten, daß dasselbe die Verengerung des Halses des Bruchsaks, und folglich die Radikalkur beförderte. Allein es schadet vielmehr, indem es in der Haut Röthe, Jucken und Hitzblattern erregt, und den Kranken nöthigt, das Band auf einige Tage abzunehmen.

9) Die vom Reiben des Bruchbandes wundgewordene Haut wird durch Einpudern mit Bleyweis, Waschen mit einem bleyhaltigen Wasser, und einer zwischen die Haut und das Bruchband geschobenen Leinwand, wieder hergestellt.

10) Eine

10. Eine unangenehme Empfindung in der Gegend des Bauchrings veranlaßt die Vermuthung, daß irgend ein Theil des Darms, oder des Netzes vorgefallen seyn möchte, und man muß das Bruchband aufschnallen, eine behutsame Untersuchung anstellen, und den etwa hervorgetrettenen Theil zurükbringen.

11. Wenn wegen des Druks vom Bruchbande Beschwerden, und Geschwülste des Saamenstrangs, und des Hodens entstehen sollte; so muß entweder der Beinriemen, wenn er gebraucht wird, locker gemacht, oder die Erhabenheit des untern Theils der Pellote nach Fig. 65. verringert werden.

12. Alte, grössere Brüche können äusserst schwer durch ein Bruchband innerhalb der Bauchhöhle in ihrer natürlichen Lage zurükgehalten werden; auch erleichtert diesem Endzwek keineswegs der sehr grosse Umfang des Balls. Und gesetzt auch, daß diese Absicht erreicht würde, so würden doch entweder Zufälle des Druks von der Zusammenpressung der Bauchhöhle entstehen, oder auf der andern Seite in kurzem ein andrer Bruch zum Vorschein kommen.

13. Wer einmahl ein Bruchband angelegt hat, muß dasselbe beständig am Tage und in der Nacht unausgesetzt tragen, damit der Bruch bey irgend einer Veranlassung nicht wieder vordringe; es ist wirklich fast besser gar kein Band

Band zu tragen, als eines zu tragen, und es zuweilen abzulegen.

Der Kranke beschweret sich des Nachts am meisten, wenn er das Bruchband nicht ablegen darf. Freylich fällt der Bruch in der Horizontallage, die der Körper im Bette hat, nicht leicht vor, und deswegen scheint der Gebrauch des Bandes des Nachts überflüßig zu seyn, und wird zu Zeiten Anfangs erlaubt, bis der Kranke sich angewöhnt, auch des Nachts es zu tragen. Aber der Kranke ist niemalen ganz sicher. Eine Veränderung der Lage im Bette — zufälliges Uriniren — der Anfall eines heftigen Hustens — einer Kolik u. dgl. können auch im Liegen das Herausfallen begünstigen. — Herr Richter hat einigemahl des Nachts im Bette eine Einklemmung entstehen gesehen. Sicherer ist es demnach immer auch des Nachts ein Bruchband zu tragen, und der Kranke gewöhnt sich zuverläßig in wenig Tagen daran. Eben dieses ist von dem lockeren Schnallen zu verstehen. Ein Bruchband, das nicht hinreichend stark druft, verschiebt sich leicht.

So wesentlich nothwendig es ist, daß Erwachsene das Bruchband unabänderlich forttragen; um so nothwendiger ist es, daß es Kindern, wenn sie nicht vollkommen geheilt sind, nicht abgenommen werde. Das den Kindern gewöhnliche Weinen und Schreyen setzt sie alle Augenblicke der Gefahr eines neuen Ausfalls aus, wogegen ein vernünftiges Zureden nichts vermag. Es ist daher nothwendig,

dig, daß jene, welche für diese Kinder Sorge tragen sollen, das durch mehrere Sorge ersetzen, indem sie auf alle mögliche Weise die Ursachen des neuen Anfalles verhüten sollen. Was freylich manchmal vernachläßigt wird, da muß dann das Bruchbändchen die unverdiente Schuld tragen. Indessen sind die Bruchbänder bey Kindern nicht allzeit nothwendig. Man hebe die Ursachen durch gelinde eröffnende, abführende, Säure dämpfende Arzneyen — man gebe ihnen eine angemessene Nahrung — besorge sie reinlich — verhüte das Weinen und Schreyen — und dann werden Umschläge von kaltem Wasser — Abkochungen von Granatschaalen — Eichenrinde — China in den schwachen Auflösungen der Stahlkugeln u. dgl. hinreichend seyn, diese Brüche ohne Bruchband zu heilen.

Ereignet sich ein neuer Ausfall während des Gebrauchs des Bruchbandes einmahl, so entsteht entweder leicht eine Einklemmung von dem verengerten Halse des Bruchsaks, oder wenigstens verschwendet er die viele Monate oder Jahre hindurch gehabte Hoffnung der vollkommnen Kur in dem nemlichen Augenblik wieder. Denn es ist aus sichern Erfahrungen bekannt, daß der Hals des Bruchsaks, und der Ring bey einem aufmerksamen, anhaltenden und ununterbrochenen Gebrauch des Bruchbandes, und durch sorgfältige Erhaltung der hervorgefallenen Theile in ihrer natürlichen Lage langsam verengert, endlich gänzlich verschlossen, und eine gründliche Kur des Bruchs erhalten werden könne. Bey jungen Personen ereignet sich solches

ziemlich

ziemlich oft, bey erwachsenen seltener, bey alten schwerlich jemals. Der Gebrauch des Bruchbandes muß aber lange fortgesezt werden; und erst nach vielen und behutsamen Versuchen darf man des Nachts, nachher auch am Tage, dasselbe ganz beyseite legen.

Die Zeichen aber, woraus die gründliche Heilung des Bruchs erhellet, sind nicht sogleich ganz deutlich und offenbar; nur nach und nach, und durch mancherley kleine Versuche, kann sich der Kranke überzeugen, daß er gründlich geheilet ist, und wenn der Hals des Bruchsaks schon wirklich verschlossen ist, kann derselbe anfänglich, und so lange diese Vereinigung nicht ganz vest ist, durch das starke Andringen der Eingeweide wieder ausgedehnt und geöffnet werden. Ein solcher Kranker hat daher viele Vorsicht nöthig, theils, daß er sich nicht in der Hoffnung einer gründlichern Kur ganz und gar trügt, theils, daß er, wenn sie wirklich erfolgt ist, dieselbe nicht etwa wieder vernichtet.

Herr Richter rathet daher einem solchen Kranken, das Band zuerst nur im Liegen abzunehmen, die Hand auf den Bauchring zu legen, zu husten, oder den Athem an sich zu halten, und wohl zuzufühlen, ob sich dabey einige Geschwulst zeigt, oder etwas gegen die Hand anstößt. Bemerkt er dies bey wiederholten Versuchen nicht; so kann er endlich das Band des Nachts, und dann auch zuweilen eine kurze Zeit bey Tage, ablegen; immer aber

muß

muß er während dieser Zeit alle Anstrengung und heftige Bewegung meiden. Je kleiner die Schritte sind, die der Kranke zur gänzlichen Ablegung des Bandes thut, desto sicherer geht er, und immer thut er besser, wenn er das Band länger, als nöthig, trägt, als zu frühe ablegt. Und lange noch, nachdem er bereits von der gründlichen Kur wirklich überzeugt ist, muß er bey jeder starken Bewegung des Körpers sein Bruchband anlegen. Wie denn überhaupt

14) Jeder, der ein Bruchband trägt, alle heftige Bewegungen des Körpers meiden muß; denn, wenn das Bruchband auch noch so genau schließt, und gut liegt, kann dennoch bey sehr heftigen Bewegungen — Erschütterungen — oder Anstrengungen des Körpers, ein Theil desselben unter dem Kopfe durchschlupfen. Die Beyspiele, daß Bruchkranke, beym Gebrauche eines guten Bruchbandes, geritten, getanzt und gefochten haben, ohne einen Vorfall erlitten zu haben, schwächen diese Warnung nicht. Sicher ist der Kranke bey dergleichen heftigen Bewegungen nie. Vielweniger soll der Wundarzt, auf sein Bruchband vertrauend, ihm dergleichen körperliche Bewegungen erlauben. Eine Anstrengung, die unter andern vorzüglich häufig vorfällt, und sehr zu fürchten ist, ist die bey der Hartleibigkeit auf dem Nachtstuhle. In diesem Falle sollte der Kranke wirklich lieber ein Klystier nehmen, als mit allzugroßer Anstrengung eine Leibesöffnung zu erhalten suchen.

Die-

Diejenigen, die dergleichen heftigere Bewegungen vermög ihrer Handthierung, oder anderer Umstände wegen, nicht gänzlich vermeiden können, müssen kurz vorher, ehe sie die Bewegung machen, wohl zufühlen, ob das Band gut aufliegt; dasselbe allenfalls ein wenig vester schnallen; während derselben den Kopf des Bandes mit der Hand vest andrucken, was auch bey jeder Erschütterung des Körpers — beym Husten — Niessen — auch auf dem Nachtstuhle nicht zu vergessen ist, und gleich nach derselben genau untersuchen, ob etwas verdrungen ist.

Zweyter Abschnitt.
Von den einfachen Bruchbändern insbesondere.

Erster Unterabschnitt.
Das einfache elastische Leistenbruchband.

§. 140.

Von diesem ist im ersten Abschnitte so vieles gelehrt worden, daß eine Wiederholung hier ganz überflüssig ist. Ich verweise auf die Figur 53. 54. 55. 56. 62. 63. 64. Weil die Leistenbrüche die gewöhnlichsten sind, haben wir dasselbe Bruchband zum Grunde gelegt.

Soll

Soll es wohl noch nothwendig seyn zu erinnern, daß das nämliche Bruchband nicht für beyde Seiten paßt, und man ein eigenes für die rechte — und ein eigenes für die linke Seite haben muß? Beyde unterscheiden sich nur darinn, daß der Halbzirkel und das noch ganze Eck des Schilds, in verkehrter Richtung stehen. Tafel 6. Fig. 53. 54. ist ein rechtes — Fig. 55. ein linkes Bruchband.

Zweyter Unterabschnitt.
Das einfache nicht elastische Leistenbruchband.

§. 141.

Dieses ist von dem elastischen (Tafel. 8. Fig. 62. 64.), sowohl rechter als linker Seite, nur darinn wesentlich unterschieden, daß, statt der Stahlfeder ein Riemen an dem Schild bevestigt wird, wobey man aber eben die Richtung beobachten muß, welche das vordere Ende des elastischen Halbzirkels (Fig. 54.) hat. Der Schild und Riemen werden dann eben so gepolstert, und entweder mit Leder oder Barchet überzogen; diese Bruchbänder haben jederzeit den Beinriemen nothwendig.

Dritter Unterabschnitt.
Der Beinriemen.

§. 142.

Ein Beinriemen ist eine Gattung Bandeslets (Th. 1. §. 35. 9.), der zu Zeiten bey fehlerhaften Bildungen des Beckens, bey äusserster Magerkeit, oder bey alten, grossen und versäumten Brüchen, nothwendig ist. Ueberhaupt ist er lästig, und bey guten Bruchbändern überflüssig, und wird, wie gemeldet, nur zur Noth gebraucht. Er dient, die Pellote fester anzubrücken, und soll das Verrücken derselben verhüten. Tafel 8. Fig. 65. ist ein elastischer Beinriemen, nach Herrn Juvills Vorschrift abgebildet, welcher zum elastischen Bruchband (Fig. 62.) gehört. C. ist eine kleine Platte, auf welcher zwey Stahlfedern liegen. B. der zu derselben gehörige konisch gebildete Schlußhaken mit zwey runden Löchern a a. — von welchem ein jedes in eine zwey bis drey Linien lange Spalte (Gesperrloch) ausgeht, wodurch man den Schlußhaken an den auf der Pellote C. angenieteten zwey runden Knöpfen b. bevestigt, und vermittelst des kleinen Riegels, den man vorschiebt, unbeweglich erhält.

Der Schlußhaken B. ist an den Riemen A. angenäht, welcher vermittelst seiner Löcher an dem Haken a. Fig. 53. der Pellote unter dem Riemen D. Fig. 62. bevestigt

vestigt wird. An der Platte — oder Schloß C. ist der Riemen EE. angenäht, dessen hinterstes Ende hinten zur Seite am Bruchbande bevestigt wird. D. ist ein pyramidenförmiges Stahlblech, dessen schmälerer Theil dem Riemen zugekehrt ist, der breitere aber auf der Platte C. unter einem aufgenieteten Querhaken beweglich liegt, und zwischen die beyden Federn der Platte eingreift, auf seiner vordern Seite aber einen Kopf hat, welcher sich in der an der Platte befindlichen Rinne, hin- und herschieben läßt.

Wenn nun der Schlußhaken an der Federplatte bevestigt, und der Beinriemen gehörig angelegt ist, ist auch das Schloß in beständiger wechselseitiger, anhaltender Wirkung, nach den verschiedenen Bewegungen und Stellungen des Körpers, wodurch der Beinriemen immer gleich gespannt bleibt, was bey vielen Umständen ein großer Vortheil ist. Die ganze Vorrichtung wird mit Taffet locker überzogen, deßhalb die Platte an dem Rande Löcher hat. Herrn Richter dünkts aber, daß die Feder, welche Herr Juville an der Platte C. anbrachte, der Absicht, zu verhindern, daß der Kopf nicht in die Höhe steige, gerade entgegen stehe; sie verstatte nämlich — wie Jeder sehen muß — dem Riemen sich zu verlängern, folglich der Pellote Raum, in die Höhe zu steigen, und das um so mehr, da die Feder nicht stark genug zu seyn scheint. Man kann diesen Beyhülfsriemen ganz einfach machen, indem man entweder statt des Schlosses den Riemen A.

mit

mit dem andern E. mittelst einigen Nadelstichen vereinigt, oder, was noch besser ist, denselben aus einem Stücke von Leder oder Barchent verfertigt. Einige haben einen Riemen von elastischem Harze angerathen, bey welchem aber die Wärme des Körpers die erforderliche Federkraft schwächt.

Vierter Unterabschnitt.
Das elastische, einfache Bruchband mit hohler Pellote.

§. 143.

Bey angewachsenen Brüchen, die man nicht zurücke bringen kann, deren ferneren Austritt man aber verhüten will, ist ein Bruchband, dessen Pellote ausgehöhlt ist, zwekmässig; da denn die Bruchgeschwulst in die Höhlung der Pellote eingeschlossen wird, welche aber genau die Grösse und die Gestalt des Bruchs haben muß; was freylich die grösste Schwierigkeit *) bey diesen Bändern ist; denn ist die Höhlung zu groß, so hält sie den Bruch

nicht

---

*) Diese Schwierigkeit kann dadurch erleichtert werden, wenn man auf die Bruchgeschwulst eine angefeuchtete Pappe so andrukt, und abtroknen läßt, daß sie gleichsam über dieselbe ein Futteral bildet, nach diesem wird ein Holz gemodelt. Nun kann es nicht schwer seyn, bey Verfertigung des Kissens, mittelst dieser hölzernen Form eine Aushöhlung zu bilden. Diese kleinen Kunstgriffe wandte ich jüngsthin an, ein ausgehöhltes Nabelbruchband zu verfertigen, das meinem Wunsche entsprach.

nicht in Schranken, ist sie zu klein, so erregt sie Schmerzen und Entzündung. Es versteht sich übrigens, sezt Herr Richter bey *), daß eine solche Bandage allenfalls blos bey sehr kleinen Brüchen statt findet; ist der Bruch größer, und schon in den Hobensak herabgesunken, wird statt dessen der Tragbeutel zu Hülfe genommen (Taf. 13. Fig. 85. Nr. 1 — 5.). Zwar ist dieses Bruchband (Tafel 9. Fig. 67.) zu einem Schenkelbruche abgebildet; indessen können diese auch bey Leistenbrüchen nothwendig werden. Hat man es soweit gebracht, daß ein Theil des Bruchs allmählig zurükgedrukt worden ist, so füllt man die Pellote A. mit dem kleinen Kissen C. aus, und bedient sich dieses Bandes, wie eines gewöhnlichen. Wäre der Bruch aber ganz zurükgetreten, was Herr Juville oft erfahren hat; so bedekt man die Höhlung mit dem grossen Kissen D. das rings um die Pellote mit einigen Nadelstichen, wie B. B. B. Fig. 63. bevestigt, und mit einem schon etwas abgenuzten Hasenfell manchmal bedekt wird, dadurch die Pellote die vorige Gestalt erhält.

*) S. dessen chirurgische Bibliothek. B. 1. S. 390.

Dritter Abschnitt.
Von den doppelten Leistenbruchbändern.

Erster Unterabschnitt.
Die doppelten Bruchbänder überhaupt.

§. 144.

Wenn der Kranke auf jeder Seite einen Bruch hat, legt man ihm entweder zwey Bänder, auf jeder Seite eines, an, und vereinigt sowohl vorne die beyden Köpfe, als hinten am Rükgrade die beyden Enden, vermittelst eines Riemens und einer Schnalle miteinander, oder man legt ihm ein Bruchband an, das mit zweyen Köpfen versehen ist. Gemeiniglich ist das doppelte Bruchband dem Kranken sehr unbequem, daher Herr Richter *) das einfache mit zweyen Köpfen vorzieht. Nur muß man bey diesem Bande darauf sehen, daß die zwey Köpfe weit genug von einander entfernt sind, und nicht in gerader Linie neben einander stehen. Die Entfernung der beyden Köpfe von einander, hängt von der Entfernung der beyden Bauchringe von einander ab; denn jeder Kopf muß genau auf dem Bauchringe liegen; die beyden obern Aeste der Schaambeine sind nicht geradlinicht, sondern machen an dem Orte ihrer Vereinigung einen Winkel. Die beyden Köpfe dürfen folglich nicht in gerader

*) Von den Brüchen. S. 82.

raber Linie aneinander stehen, sondern der Hals, der sie beyde vereinigt, muß in der Gegend der Vereinigung der Schaambeine eine Beugung haben, die mit dem Winkel der Schaambeine verhältnißmäſſig iſt. Man muß auf dieſes wohl merken, ſonſt liegt der äuſſerſte Kopf hohl. Ein ſolches zweyköpfiges Bruchband muß immer ſtärker elaſtiſch ſeyn, als das einfache, weil ſeine Drukkraft zwiſchen zwey Köpfe getheilt iſt.

Zweyter Unterabſchnitt.
Das Leiſtenbruchband mit zwey Köpfen.

§. 145.

Dieſes iſt nach Herrn Juville (Tafel 9. Fig. 68.) für die rechte Seite abgebildet, und iſt von dem einfachen Leiſtenbruchbande darinn unterſchieden,

1) daß die Feder allezeit ſtärker iſt, als bey einem einfachen;

2) Selten wird man finden, daß beyde Brüche gleich alt, und gleich groß ſind, der elaſtiſche Halbzirkel muß daher allezeit an jenem Schild beveſtiget werden, welcher den ältern oder gröſſern Bruch drucken muß, weil die mit der Stahlfeder unmittelbar verbundene Pellote, allezeit ſtärker und ſicherer wirkt, als die entfernte.

3) Die

3) Die zwey Pelloten A. und B. sind mittelst eines Zwischeneisens C. in der Entfernung, welche der Zwischenraum zwischen beyden Bauchringen erfodert, von drey bis vier Zoll aneinander bevestigt, doch so, daß dieses Eisen eine leicht einwärts gebogene Krümmung von 15 bis 18 Linien — von der geraden Linie abweichend, hat (§. 144.). Auf jeder Seite dieser Krümmung, oder Bogens, der den Schaambeinbogen gleich kommt, ist ein ausspringender Winkel von der geraden Linie. Diese Krümmungen mit beyden Winkeln machen, daß beyde Pelloten beynahe um 3 Linien sich einander nähern, und dadurch sich genauer anschliessen; wobey man ja nicht vergessen darf, der Pellote B. eben die Richtung zu geben, welche die Pellote A. hat.

Dieses Bruchband wird übrigens, wie gewöhnlich (Fig. 62.) verfertigt, gepolstert und überzogen, das Quereisen C. ausgenommen, das allein mit leinen Tuch und Leder überzogen wird; auch hat der Riemen bey C. D. Fig. 62., wo er die Pellote B. bedekt, einen 3 bis 4 Zoll langen Spalt, das äussere Ende desselben D. wird in den Haken der Pellote A. zur Bevestigung des Bruchbands eingehängt. Weil aber der Zwischenraum zwischen denen zweyen Pelloten verschieden seyn kann, hat Herr Juville an diesem Zwischeneisen C. ein Schlußband vorgeschlagen, durch welches das Eisen verkürzt oder verlängert, folglich beyde Pelloten mehr oder weniger von einander entfernt werden können. Aber Hr. Richter hält diese Erfindung

findung mit Grund für überflüssig *); der Zwischenraum zwischen dem Bauchringe kann zwar verschieden seyn, sagt er, bey verschiedenen Kranken, aber er verändert sich nicht bey einem und eben demselben. Wenn man daher das Maas zum Bande nimmt, kann man sogleich die Pelloten, in gehöriger Entfernung von einander, unbeweglich bevestigen; denn er fürchtet immer, daß die Cremaillere die Wirkung der äussersten Pellote schwächt und unsicher macht.

Dritter Unterabschnitt.
Das doppelte Leistenbruchband mit dem Knopfschlusse.

§. 146.

Tafel 9. Fig. 69. Dieses bestehet aus zwey einfachen Bruchbandfedern, samt ihren Schilden, deren eine rechts, die andere links ist, welche vermittelst Knöpfen und Spaltlöchern, hinten und vornen vereinigt sind, und deßhalb einen vollkommenen eyförmigen Zirkel bilden.

Beyde Eisen sind nach den nämlichen Grundsätzen, wie das einfache Fig. 53. verfertigt; nur mit dem Unterschiede, daß sie durch den doppelten Schluß so vereiniget werden können, als bestünden sie nur aus einem Stücke. Diese Feder, sagt Herr Juville, ist so weich und

---

*) Chirurgische Bibliothek. B. 1.

und geschmeidig, daß, wenn man sie auf dem blosen Leibe über das Becken anlegt, sie sich so anschmiegt, als wäre sie über daſſelbe gemodelt worden. Dieſelbe erhält auch, wenn beyde vereiniget ſind, eine Drukkraft von 5 Pfunden, da ſie im Grunde kaum 4 Pfund hat.

Die Verfertigung dieſer Schlußbänder geſchieht wie folgt.

Auf die innere Fläche jeden Schilds wird ein Stük Stahlfeder 4 bis 5 Zoll lang ſo aufgenietet, daß ſie, wie das Eiſen C. Fig. 68. einen Bogen bilden. Auf das rechter Seite nietet man drey rundköpfigte Nägel, deren Stiel länglicht viereckigt iſt. In das linker Seite werden eben ſo viel runde Löcher gemacht, deren jedes zwey Linien weit iſt, und einen drey Linien langen, und eine Linie breiten Spalt oder Schlußloch, auch Geſperrloch hat. Am hintern Ende B. welches in einer Länge von 4 Zoll einen leichten Zirkel bilden ſoll, werden wie vorne A. ſechs Knöpfe, und eben ſo viele Spaltlöcher gemacht, nur mit dem Unterſchiede, daß das hintere Ende der rechten Bruchbandfeder, welches unmittelbar auf das Heiligebein zu liegen kommt, und worauf die Knöpfe genietet werden, breiter als das obere linke iſt.

Man ſieht von ſelbſt, daß durch dieſe Spaltſchlüſſe (Geſperre nennen es die Schloſſer) das rechte und linke Bruchband ſo vereiniget werden, und ſo veſt anſchlieſſen, als beſtünde das Bruchband nur aus einem einzigen Stücke.

Dieſe

Diese Vereinigung ist nicht allein vest, dauerhaft, sondern auch von der Art, daß der Zirkel, den beyde Bruchbandfedern bilden, um 3 bis 4 Zoll, was freilich sehr selten erforderlich ist, sowohl vorne A. als hinterwärts B. erweitert und verengert werden kann, ohne daß von der Kraft etwas verlohren geht.

Je stärker beyde Theile auf die Seitentheile des Körpers wirken, desto besser liegt die Bandage an; je entfernter die vordere Fläche von der hintern ist, um so dauerhafter ist das Bruchband bevestigt. Man erfährt dieses, wenn man das Bruchband wieder vom Leibe abnimmt, das man bewirkt, wenn man beyde Köpfe um 3 Linien gegen einander schiebt, um die Köpfe auszulösen. Auf eine ähnliche Art werden auch die hintern Ende ausgelöst.

Dieses Bruchband wird eben so, wie ein einfaches, gepolstert und überzogen, die Stellen der Vereinigungen ausgenommen; die hintere B. wird mit einem Stükchen Leder, das man Schurzfell nennt, bedekt.

Herr Juville glaubt, und zwar mit Gründen, daß dieser elastische Zirkel (mit Hinweglassung beyder Schilde), da man entweder die vordern Ende der Federn, um so viel, als erforderlich, verlängert, oder die Schlußeisen an diese aufschiebet, bey der Schaambeintrennung *) und

in

―――――――
*) S. Th. 3. Abth. 1. §. 90. Im Falle sie vorgenommen wird, was ich hier nicht bestimme.

in den Fällen, wo die Beckenknochen bey schweren Geburten von einander gewichen sind, mit Nutzen gebraucht werden können.

Vierter Unterabschnitt.
Das doppelte Bruchband mit dem Riemenschluß.

§. 147.

Eine Gattung doppelter Bruchbänder mit dem Schluß ist das Tafel 9. Fig. 70. Dies besteht aus zweyen einfachen Bruchbändern C. D. H. die genau an den Leib passen, vorne wird an dem Kopf B. ein Riemen bevestigt, welcher über die Schaambeine zur Pellote A. läuft, und an dessen Haken eingehängt wird; die hintern Ende D. D. die einander berühren, sind mehr weich und rundlicht gepolstert, damit der Druk, den sie über dem Heiligenbein machen, und der manchmal so stark ist, daß der Kranke über Schmerzen klagt, gemässigter werde. An das eine Ende wird mittelst eines Riemens E. eine Schnalle bevestigt, an das andere Ende aber entweder ein Riemen, oder ein mit Leinwand gefüttertes, von Seide gewürktes Band, wodurch die hintern Ende bevestigt werden können. G. ist das Schurzfell, oder ein Stük Leder, welches über die Schnalle herabläuft, und eingehängt wird, um das Reiben der Schnalle an dem Hembe zu verhüten.

§. 148.

§. 148.

Herr Bell hat in dem ersten Theil seines Lehrbegrifs der Wundarzneykunst Tab. IV. Fig. 4. die Abbildung eines doppelten Bruchbands gegeben, dessen Stahlfeder aus einem Stücke besteht, und die beyden Köpfe mittelst eines Riemens, wie Fig. 70., über dem Schaambeine bevestiget werden. Ich habe Ursache zu zweifeln, ob eine solche Feder so verfertiget werden wird, daß das Bruchband ohne Beschwerden, immer gleich und hinreichend stark drukt, und sich nicht verschiebt, und halte deßhalben dergleichen Bruchbänder nicht für gut, da die obigen besser und sicherer sind.

Vierter Abschnitt.
Das Schenkelbruchband.

§. 149.

Da die Oeffnung unter dem poupartischen Bande zwey Zoll tiefer, hingegen dem Hüftbeine näher liegt, als der Bauchring (s. Tafel 7. Fig. 57.) kann ein Leistenbruchband bey einem Schenkelbruche nicht brauchbar seyn, es ist daher offenbar, daß dieser Bruch ein ganz eigenes Band erfordert. Dieses unterscheidet sich von dem Leistenbruchbande darinnen:

1) Da

1) Da die Schenkelbrüche gemeiniglich kleiner, und leichter zurückzuhalten sind, als die Leistenbrüche, darf die Feder zu einem Schenkelbruchbande nicht so stark, ja um die Hälfte geringer seyn.

2) Der vordere Theil des Schenkelbruchbandes C., vornehmlich bey Frauenspersonen, muß sanfter gebogen und kürzer seyn (s. Tafel 7. Fig. 61.), auch vom vordern Rande des Hüftknochens an, der Richtung der Falte des Schenkels gemäß, schief herabsteigen. Schenkelbruchbänder bey erwachsenen Frauenzimmern sollen aber ohngefähr — relative — anderthalb Zoll länger, als die für Mannspersonen seyn, weil erstere bekanntlich ein weiteres Becken haben.

3) Der Schild soll 2 Zoll lang, aber nur einen Zoll bis 15 Linien breit seyn, und so gerichtet stehen, als ob man einen Daumen auf die Bruchstelle aufdrücke.

4) Der Haken soll in der Mitte des Schilds stehen, und der Globen (Tafel 6. Fig. 53. b.) etwas mehr schief aufwärts.

Man hat bey diesen Bruchbändern öfters Beinriemen nöthig. Uebrigens werden sie wie die Leistenbruchbänder verfertigt.

Fünfter Abschnitt.
Von den Nabel = und Bauch = Bruchbändern.

Erster Unterabschnitt.
Die Nabel = Bruchbänder.

§. 150.

Es giebt elastische und nicht elastische Nabelbruchbänder. Bey Kindern, welche mit diesem Bruche oft befallen werden, würde der Gebrauch eines elastischen Bruchbandes beschwerlich seyn, auch ist es überflüßig. Bey Erwachsenen aber sind die nichtelastischen unzureichend. Herr Richter empfiehlts bey Kindern eine halbe, in etwas Leinwand gewickelte Muskatnuß auf den Nabel zu legen, diese mit einem einfachen klebenden Pflaster, und denn einer einfachen Zirkelbinde zu bevestigen; und er versichert, daß diese Art Verbands ihm jederzeit hinreichend gewesen ist. Damit sich die Binde aber bey unruhigen Kindern nicht verschiebt, und das Pflaster nebst der Muskatnuß nicht abfällt, läßt er den vordern Theil der Binde fast Händebreit, denjenigen Theil aber, der an den Hüften liegt, wenigstens um zwey Drittheil schmäler machen; dadurch erhält man den Vortheil, daß, wenn sich auch die Binde ein wenig hinauf = oder herunterschiebt, sie dennoch immer zum Theil die Muskatnuß bevestiget. Um das Zusammenrunzeln der Binde aber zu verhüten, läßt er die Binde

von

von doppelter Leinwand machen, und an dem vordern Theil derselben, der den Nabel bedecket, zwischen die zwey Lagen Leinwand ein Stük Leder legen, wodurch dieser Theil der Binde immer breit bleibt.

Wenn man nöthig findet, eine neue reine Binde anzulegen — und dies ist bey Kindern, die sich oft beschmutzen, oft nöthig — muß man ja aufs sorgfältigste verhüten, daß der Nabel bey dieser Gelegenheit nicht hervortritt, welches sehr leicht geschieht, weil die Kinder immer dabey schreyen. Man verhütet dieses, wenn man, ehe die Binde abgenommen wird, den Finger unter die Binde bringt, und mit demselben die Muskatnuß so lange auf den Nabel drükt, bis die neue Binde angelegt ist.

Statt der Muskatnuß kann man eine Lage graduirter Kompressen, oder nach Callisen runde Stücke von Leder nehmen, die mittelst einer starkklebenden Pflastermasse zusammenkleben, oder durch welche nach der Art des Tampons zur Bevestigung ein Faden ist durchzogen worden, und sie mit der Binde bevestigen.

§. 151.

Dieser Verband ist bey gröffern Kindern selten, bey Erwachsenen aber niemal hinreichend, wenigstens unsicher. Da der Bauch nicht immer gleich dik, des Mörgens kleiner, nach dem Essen dicker ist, da er beym Ein- und Aus-

Ausathmen abwechselnd aufschwüllt, und sich senkt, folgt nothwendig, daß, da diese nicht elastische Bruchbänder sich nicht nach dieser Verschiedenheit richten können, sie entweder eine stärkere, unbequeme, und oft schädliche Zusammenziehung nothwendig machen, oder, daß sie nicht hinreichend drücken, folglich der Bruch alle Augenblicke durchschlüpfen kann. Herr Richter warnet daher jeden vor dem Gebrauche eines solchen Bruchbands. Es ist wirklich besser, sagt er, daß der Kranke gar kein Bruchband trägt, als ein solches. Im ersten Fall weiß er, daß er nicht sicher ist, und hütet sich; im letztern Fall glaubt er sicher zu seyn, und ist es nicht. Die elastischen verdienen somit auch hier den Vorzug.

§. 152.

Es giebt zwey Gattungen elastischer Nabel-Bruchbänder:

1) einfache, und
2) zusammengesetzte.

Das einfache besteht aus einer etwas breiten, runden oder ovalen Pelote, und einem nach obigen Grundsätzen bearbeiteten elastischen Halbzirkel mit dem Unterschiede, daß beyde Ende in der nämlichen geraden Richtung stehen, und derselbe beym Halse keine Beugung nach unten hat. S. Tafel 10. Fig. 71. A. ist die Pelote, B. der gerade Halbzirkel, das übrige ist der Figur 62. C. D. gleich. Bey Kranken, deren Nabelgegend mehr geschwächt ist, wird eine

ovale

ovale Pellote erfodert, in deren Mitte ein, einer Wallnuß grosser, vorstehender Kopf angebracht wird, welcher auf dem Nabel zu liegen kömmt.

Herr Theden hat schon das elastische Harz zu einem Nabelbruchbande vorgeschlagen, und Herr Juville glaubt, daß ein solches Band bey Kranken, die nicht fett sind, und der Bruch klein ist, hinreichend sey. An einem gewöhnlichen ovalen Schild (Herr Juville empfiehlt aber ein durchlöchertes Eisen, wie jenes Fig. 76. ist, doch ohne Federn C. C.) wird zu beyden Seiten ein Stük elastisches Harz, welches etwa 6 Zoll lang, und 2 Zoll breit ist, angenäht, die dann mittelst einer Schnalle an dem Leibe bevestiget werden. Jedes Stük dieses Harzes wird mit Taffet-Lose überzogen. Dieses Bruchband soll sehr bequem, weich, und in vielen Fällen hinreichend seyn, bey Kindern sowohl als Erwachsenen die Brüche zu heilen *).

Die Wirksamkeit dieser Bandage, vornehmlich bey Kindern, kann vermehrt werden, sagt Herr Juville, wenn man eine, der Grösse des Körpers proportionirte Bleyplatte, welche die Hälfte, oder den dritten Theil, einer, nach eben dem Caliber zugeschnittenen, oder geschlagenen Bleykugel beträgt, statt der Pellote, auf dieses

---

*) Man erinnere sich hier dessen, was ich oben §. 118. sagte.

ses Eisenblech, mittelst einer kleinen Schraube, die in der Mitte des Blechs vernietet ist, bevestiget.

Dergleichen Bruchbänder entsprechen indessen dem Endzwecke nicht vollkommen, zwar schmiegt sich das elastische Harz nach den verschiedenen Veränderungen des Unterleibs, da es aber den Druk auf dem ganzen Umkreis des untern Leibs mit gleicher Stärke, als auf den Nabel ausübt, drükt die Pellote auf dem Nabel entweder nicht stark genug, oder mehr, als es nöthig ist. Die Wirkung der Federkraft des Bruchbandes, muß einzig und allein die Pellote gegen den Nabel drücken, indem der Rükgrad der veste Ruhepunkt ist; der übrige Theil des Bruchbandes soll den Theil, den er umgiebt, durch den Druk gar nicht belästigen, nur so vest aufliegen, als erfordert wird, damit die Pellote sich nicht verschiebt. So wirkt das Fig. 71. abgebildete, das Herr Richter als ein sicheres und zuverlässiges Band empfiehlt.

§. 153.

Bey dem zusammengesezten ist die Feder in dem Balle enthalten. Fig. 72. ist die Abbildung einer Feder, die Herr Alex. Monro empfohlen, und Herr Bell in seine Lehrbegriffe aufgenommen hat. A A. ist eine Platte von Stahl, die mit der Größe des Bruchs verhältnißmäßig groß seyn soll. B. eine flache Feder, deren Ende C. an die Platte bevestigt ist; an das Ende D. wird der Gürtel angenäht, um die Feder, so wie der Bauch sich ausdehnt,

zu

zu spannen, die sich denn abermal verkürzt, wenn der Bauch sich sezt.

Der Gürtel Fig. 73. ist 4 bis 6 Zoll breit, und nach der Erforderniß lang; er wird von weichem Leder verfertigt, und mit feinem Barchet überzogen.

Während der Zeit, daß der Kranke den Athem an sich hält, wird die Platte auf dem Nabel gelegt, und der Gürtel mittelst dem Riemen auf dem Rücken so geschnallt, daß die Feder auf der Platte flach aufliegt, die zwey Riemen E E. werden dann über die Schultern, und der Riemen F. zwischen den Beinen durchgezogen, und durch Knöpfe auf dem Rücken bevestiget.

§. 154.

Fig. 47. ist das vom Herrn Richter verbesserte *) Suretische Nabelbruchband, das sehr einfach, dauerhaft und leicht zu verfertigen ist. In einem ovalen, hohlen Kopfe werden die Federn aufgenietet, und an beyden Seiten ein Riemen E E. bevestigt, welcher an die Gürtel B B. Fig. 78. Tafel 11. angeschnallt wird.

Dieses Band hat die vorzügliche Eigenschaft, daß es, indem der Unterleib aufschwillt, nicht allein nachgiebt und sich verlängert, sondern daß es auch in diesem

S 2   Augen-

---

*) Abhandlung von den Brüchen.

Augenblicke der Ausdehnung des Unterleibs, wo der Bruch vorzüglich leicht durchbringt, stärker drükt. Es hat dieses gewiß den Vorzug vor dem mehr zusammengesezten Suretischen und obigen Monroischen Bande.

§. 151.

Auch Herr Juville hat uns mit einem sinnreich ausgedachten Nabelbruchband beschenkt. Tafel 10. Fig. 75. ist die Abbildung desselben von innerer oder hinterer Seite. Es besteht in einer stählernen Platte, welche die Dicke eines Kartenblatts hat, ein wenig ausgehöhlt, oben und unten offen, wie eine Schnalle ist. An dem mittlern Theile sind zwey Ausschnitte, über welchen man zwey Schraubenköpfe B B. sieht. C. ist das runde angeschraubte Stük, an welchem die Pellote bevestiget wird. Die Punkte D D D D. sind die Verniedungen der Theile, welche auf der vordern Seite des Schlosses liegen. Die kleinen Löcher am Rande dienen den Ueberzug zu bevestigen. Die Platte von der vordern oder äussern Seite Fig. 76. ist die nämliche, auf welcher sie konverer ist (man muß sich hier das Schloß, durch die an die Nägel bevestigte Schnüre, in seiner Wirkung denken), auf dieser sind oben und unten zwey gegeneinander gekehrte Stahlfedern B B. C C., die an ihren mittlern Theilen an die Platte vest angeschraubt sind. Ihre Spitzen C C C C. fassen zwey pyramidenförmige, fein polirte, und mit ihren breiten, halb eyrunden Theilen, gegen die Mitte gekehrte Stahlbleche D D., welche unter dem Querhaken (Globen)

durch-

durchlaufen, und mittelst der Schraubenköpfe BB. Fig. 75. sich in den Riemen der Platte (Falſe), die sich bis an die Querhaken erstrecken, hin- und herschieben, welches ihre Wirkung unterstützt. Die/äuſſern Ende dieſer Stahlbleche haben einen Rand von Stahl, der viele Löcher hat, um durch dieselben den Ueberzug aufnähen zu können. Bey F. iſt eine viereckigte Schraubenmutter, wodurch das runde Blech C. Fig. 75. beveſtigt wird. Die zwey Seitenbleche oder Flügel AA., welche dünne, biegsam und polirt seyn müſſen, auch viele kleine Löcher haben, werden vorne mit dem Hauptſchloſſe, hinten bey dem abgerundeten Ende mit dem Nabelbruchbande Fig. 78. Tafel II. ſo beveſtigt, daß ſie mit demſelben ein Ganzes bilden.

Das ganze Schloß ſoll nicht breiter als $3\frac{1}{2}$ Zoll, und nicht länger als $4\frac{1}{2}$ Zoll ſeyn. G. stellt die Gestalt des Schilds vor, der von dem Schloß abgeſchraubt iſt. Er besteht aus einem mehr oder weniger groſſen und runden Eisenblech, das am Rande durchlöchert iſt. An der untern ausgehöhlten Fläche, iſt er an einem ſtählernen, gehärteten, ſchraubenförmigen Stiel beveſtigt. H. iſt dieser Schild, mit einem der Heilanzeige anpaſſenden Stük Kork, der mit Tuch überzogen, und mit Wolle oder Haaren gepolstert, und zur Pellote gebildet iſt, bedekt. Wenn fette Personen einen tiefer liegenden Nabel haben, muß die Pellote auch mehr konvex seyn, daß sie mehr in das Fett auf die Nabelöffnung eindringen möge.

Der Mechanismus dieser Bandage erhellt von selbst. Herr Juville sezt die schwächste Wirkung der Federn von jeder Seite einem Gewichte von zwey Pfund gleich; die stärkste aber, bey der größten Ausdehnung, einem Gewichte von 12 Pfund. Diese 24 Pfund sollen im Stande seyn, die Schwere eines Schmeerbauchs zu unterstützen, ohne daß die Maschine von der Kraft etwas verliert. Diese Federkraft scheint Herrn Richter sehr schwach zu seyn, wenigstens an der, die er besizt. Der Riemen erweitert sich folglich sehr leicht, und sichert vor dem Vorfall des Bruchs nicht. Er zweifelt auch, daß sich allenfalls die Kraft der Federn auf den nöthigen Grad vermehren läßt.

Die verschiedenen Grade der Wirkung, welche diese Bandage ausübt, hängen nach Juville von der Krümmung der Federn BB. CC., und der Politur (vermiedeten Reibung) derselben ab, es sollen daher

1) die pyramidenförmige Plättchen pünktlich verfertiget und fein polirt seyn.

2) Muß man bedacht seyn, daß die Ende CC. der Federn BB. in gehöriger Krümmung aufwärts gerichtet, und sehr fein polirt sind.

3) Muß die Elastizität der Federn der Kraft, Größe und Fettigkeit des Körpers angemessen seyn; es kömmt
dabey

dabey nicht wenig darauf an, ob der Kranke viele, und welche Geschäfte und Leibesübungen er zu verrichten habe.

4) Endlich muß man bey der Zusammensetzung der Bandage die Wirkungskraft der Bauchmuskeln abmessen, und erstere in Hinsicht auf diese stärker — schwächer, grösser oder kleiner machen.

Herr Juville versichert, daß, jemehr das Schloß dem Anbringen des Bruchs widersteht, was man bey der Verfertigung desselben leicht bewirken kann, und so gering auch dieser Widerstand überwiegend ist, um so grösser und auffallender ist die Wirkung desselben. Dieß hat eine mehrjährige Erfahrung ihm zum Grundsatz gemacht.

Herr Juville glaubt, daß man sich dieser Bandagen bequem bey allen vorkommenden Nabel- und Bauchbrüchen bedienen könne. Auch sey es erfunden worden für Personen, die Nabelbrüche und zugleich ein oder mehrere Bauchbrüche hatten; auch für solche, die zwar keine Brüche, aber einen so lästigen Schmeerbauch hatten, daß sie denselben kaum erschleppen konnten. Sie erleichtert das Gehen; sie bequemt sich nach der Ausdehnung des Unterleibs und der Bewegung der Bauchmuskeln beym Ein- und Ausdehnen; sagt Herr Juville.

Um diese Maschine zu einem Nabelbande zu bilden, wird ein Gürtel erfodert. Dieser ist 2 Zoll breit, und bestehet aus doppelter grauer Leinwand, oder auch aus einem Riemen, wie bey den gemeinen Bruchbändern, welche mit einem Gemsleder u. dgl. überzogen wird, daß man nachher noch mit weißem oder schwarzem Atlas garniren kann. Dieser Gürtel hat eine Tasche, worinn das Schloß liegt; an dem einem Ende wird die Schnalle, an das andere der Schlußriemen bevestigt, der Fig. 72. nicht viel ungleich ist.

Bevor man diese Bandage anlegt, muß der Bruch gut zurückgebracht worden seyn, alsdenn setzt man die Pellote, welche im ganzen Umfange um einige Linien über die Bruchstelle hervorragen muß, auf den erweiterten Nabelring. Indem der Kranke mit einer Hand das Federgehäuß, und die Pellote auf die Bruchstelle andrückt, umgürtet der Wundarzt den Unterleib, und schnallet die Gürtel an der linken Seite zu, wobey man aber Sorge tragen muß, daß man weder zu vest noch zu locker schnalle, damit die Elastizität der Feder nicht gehemmt wird.

§. 156.

Sollte ein solches Bruchband bey etwas magern Kranken immer nach aufwärts vorrücken, so bedient man sich mit großem Nutzen folgenden Beyhülfs-Gürtel. Man macht einen Gürtel, wie der vorige, welcher den ganzen Unterleib umgiebt, dessen eines Ende eine Schnalle, das andere aber mehrere Löcher hat, nur ist er weniger breit, als der erste, und wird unter derselben oberhalb dem Schaambeine angelegt. An diesem Gürtel bevestiget man

ein

ein Stück feine doppelte Leinwand, die 5 bis 6 Zoll hoch, und beyläufig 1 Schuh, oder 14 Zoll in die Queere breit ist, das man das Fürtuch nennt. Dieses verbindet und bevestiget man mittelst kleiner Schnüre an dem Schloß des obern Gürtels, von woaus es sich einige Zoll auf die Seite erstrecket; rückwärts bey D. auf dem Rückgrad, werden diese beyde Gürtel abermal mit 3 kleinen Schnüren oder Bändgen vereinigt. Die auf solche Weise miteinander verbundene Gürtel umfassen und unterstützen den Unterleib, und bewirken auf der Bruchstelle einen unveränderlichen Druck.

Herr Juville gebrauchte diese Bandage mit Sicherheit bey mehreru Kranken, die bis zu 5 theils Nabeltheils Bauchbrüche zu gleicher Zeit an verschiedenen Stellen hatten. Bey diesen verschiedenen Fällen muß das Schloß des Nabelbruchbands einen größern Umfang haben, um den Druck zu vermehren; er läßt daher dasselbe an seinen vier Ecken auf ein beynahe ganz durchlöchertes Eisenblech (das er den Panzer nennt) vest nüten. Dieser Zusatz erschwert die ohnehin nicht schwere Bandage nicht viel.

An diese also zubereitete Bandage bringt er verschiedene Pelloten an, die der Stelle und Größe der Brüche anpassen; da der Panzer zwischen beyden Gürteln sich befindt, läßt man das Fürtuch weg. So biegsam diese Bandage auch ist, hat sie dennoch ihren festen Stützpunkt auf dem Rükgrad, den sie auf dem ganzen Umfang des Unterleibs bis auf den Kompressionspunkt ausbreitet.

§. 157.

§. 157.

Ein dem Jubillischen ganz ähnliches Nabelbruch,
band Tafel 11. Fig. 72., das hier zur Hälfte kleiner ist,
hat Herr Hofrath Hartenkeil mir freundschaftlich mitgetheilt. AAAA. ist eine stählerne fein polirte Platte,
wie Fig. 75. 76. BB. sind zwey zur Verlätgerung derselben aufgelötete Stücke. CC. sind zwey Stahlbleche,
die mittelst der Schraubenköpfe EE. in eine Rinne oder
Falz DD. der Platte laufen. Man muß sich hier das
Schloß in seiner Wirkung denken, wie Fig. 75. F. ist
ein schraubenförmiger, einen Zoll langer Stiel, an dem
eine runde Platte, die 15 Linien im Durchschnitt hat,
eigentlich der Schild der Pellote bevestiget ist. GG. sind
zwey Zugeischen, welche mit den Blechen CC. verbunden
sind, an dasigem Ende einen Falz oder Rinne haben,
um das Zurückweichen derselben zu begünstigen. Diese
spannen die zwey Schlagfedern HH., welche bey EE.
einen Kloben oder Queerhacken bilden, unter welchen die
Stahlbleche CC. laufen. II. sind zwey Schlefen, an
denen die Riemen KL. bevestiget sind. Der Gurt besteht
aus einem weichen Riemen, der mit Taffet oder Atlas
überzogen ist. M. ist die Schnalle; damit diese aber nicht
drucke, ist unter derselben ein weiches Kissen NN. angenähet. OOOO. ist der vorstehende innere Polster ebenfalls
von Atlas. P. ist eine Art Schurzfells von Leinwand mit Atlas überzogen, womit mittelst den Bändern
RR. SS. das Schloß bedecket wird. QQ. ist ein Stück
roher

rothes Safian-Leder, das die äussere Seite des Polsters ist. Dieser ist weich, abermal mit Atlas überzogen, und einen Finger breit vom Rande abgestochen. In der Mitte ragt die Pelote, welche die Grösse einer Wallnuß hat, hervor, die man durch den Schraubenstiel höher oder tiefer stellen kann. Zur Verschönerung wird der äussere Umfang, wo das Schloß an das Leder angenähet ist, mit einem Taffetband garniret. Bey K. und L. sind breite von Seidenfäden verfertigte Schleifen.

§. 158.

Es ereignet sich zu Zeiten, daß wegen übel angelegter Bandage der Bruch angewachsen ist, da denn ein Druck sehr schädlich seyn würde. In diesem Falle wird statt der konvexen Pelote dieselbe vielmehr wie Fig. 67. ausgehöhlt: ist dieses Bruchband gut und mit Fleiß gemacht, so kann das Anwachsen nach und nach, wie schon gemeldet worden, vermindert, und der Bruch allmählig zurücke gebracht werden.

§. 159.

Alle diese elastischen Nabelbruchbänder haben doch einen Fehler, setzt Herr Richter bey, der nicht zu bessern ist. Die Wirkung der Feder in diesen Bändern besteht darinn, daß sie den Riemen immer zu verkürzen suchen; die Folge davon ist, daß der Riemen immer vest um den Körper liegt. Dieß aber ist nicht die Absicht des elastischen

Bruch-

Bruchbands. Freylich wenn der Riemen um den Umfang des Leibs vest anliegt, liegt auch die Pellote auf dem Nabel vest, aber jeder einzelne Theil des Riemens drückt auf die Stelle, worauf er liegt, eben so stark, als die Pellote auf den Nabel drückt. Das heißt eigentlich, der Riemen drückt mehr als nöthig ist, und die Pellote nicht stark genug.

Zweyter Unterabschnitt.
Die Bauchbruchbänder.

§. 160.

Diese unterscheiden sich im wesentlichen von den Nabelbruchbändern nur darinn, daß die Pellote grösser, als bey diesen ist, weil die Basis der Bauchbrüche, die sie ganz bedecken muß, gar oft sehr breit ist. Die besondere Gestalt der Pelloten muß nach der Stelle des Bruchs verschieden seyn, da fast keine Stelle im ganzen Umfange des Unterleibs ist, an der nicht ein Bauchbruch entstehen könnte.

Bey der Gattung Bauchbrüchen, die in der weissen Linie einen Spalt bilden, durch den die Eingeweide hervordringen, muß die Pellote genau die Grösse und die Gestalt der Spalte haben, in die der Bruch eintritt, so daß dieselbe den Spalt aufs genauste anfüllt und verschlüßt, das

das ist, sie muß eyförmig und desto konvexer seyn, je tiefer der Spalt liegt. Indem aber eine solche Pellote die Spalte immer offen läßt, unterhält sie den Bruch und hindert die gründliche Heilung. Zwar hat Herr Richter nach dem Gebrauche eines solchen Bruchbands oft gesehen, daß der Bruch verschwunden ist; allein dieß kann nur unter gewissen günstigen Umständen sich ereignen, worauf man nicht vertrauen darf, indem dieses Band wirklich der Absicht entgegen wirkt, die man bey der Radikalkur dieses Bruchs haben muß. Als ein Palliatirmittel, das den Darm hindert, in die Spalte einzutreten, und die davon erfolgende Beschwerden verhütet, kann und soll es doch gebraucht werden.

Herr Trekourt hat ein Bruchband vorgeschlagen, das aus einem Riemen besteht, an dessen beyden Enden zwey länglichte, wohlausgestopfte Peloten befindlich sind, die neben der Spalte zu liegen kommen, und mittelst einer Schnalle auf der Bruchstelle bevestiget werden.

Bey länglichten Spalten, die vom schwerdförmigen Knorpel bis zum Nabel laufen, könnte ein solches Band die Absicht erfüllen, und vielmehr noch, glaube ich, wenn statt des Riemens zwey stählerne Halbzirkel, mittelst zwey gleichen querlaufenden, aber mehr flachgestopften Peloten, damit sie die Bedeckungen besser fassen, und die Bänder den Spalt mehr zusammenschieben, den Druk bewirken, die wie Fig. 69. vereiniget werden könnten.

In

In den Fällen, wo der Spalt zur Seite des schwerdförmigen Knorpels oder der weissen Linie ist, könnte dies Bruchband nicht dienlich seyn. Hier erreicht man durch den ununterbrochenen Gebrauch einer Schnürbrust, nach den Erfahrungen des Herrn Pipelets und Garengeots *), am zuverlässigsten die Radikalkur. Wenn man eine solche Schnürbrust ein paar Monathe getragen, und dadurch die Spalte beständig geschlossen wird, kann man hoffen, daß sie sich gänzlich schließt und völlig heilt.

Man kann allenfalls, sagt Hr. Richter, dem Kranken den Rath geben, den Körper nie vorwärts zu beugen, wodurch nothwendig die Ränder in einem länglichten Spalte von einander entfernt werden; nie viel auf einmal zu speisen, und alle heftige Anstrengung der Kräfte aufs sorgfältigste zu meiden. Erreicht man auch die Absicht einer gründlichen Heilung nicht, und vermuthlich erreicht man sie nicht, wenn die Spalte nicht länglicht ist, so muß man sich mit der Palliatirkur begnügen.

§. 161.

So lang und breit die weisse Linie ist, kann auch überall eine Art von Bruch bey solchen Personen entstehen, wo vorher entweder bey der Leibwassersucht, oder während der Schwangerschaft, diese Theile sehr angespannt

---

*) S. Herrn Richters Abhandlung von Brüchen, Kap. 34. auch dessen chirurgische Bibliothek, B. 1. St. 1. S. 50.

spannt gewesen sind, oder auch, wo bey schweren Geburten die Personen viel daran gelitten haben.

Man hat bey Leichenöffnungen gefunden, daß die geraden Bauchmuskeln sich drey Finger breit von einander trennten. Dies ist die Ursache, warum diese Gegend sich so sehr ausdehnt, besonders unter dem Nabel, und gleichsam einen zweyten Bauch bildet, wenn das ganze Gewicht der im Unterleibe befindlichen Eingeweide darauf drükt, und sie stets sofort herauspreßt. Herr Garengeot hat einen Bauchbruch dieser Art gesehen, der bis an die Mitte der Schenkeln reichte. Der sel. von Haen schikte eine mit einem Bauchbruche dieser Art behaftete Frau zu seinem Lehrer Albinus. Dieser gab den Rath, eine aus stärkender, im rothen Wein und Wasser gekochten Arzney, verfertigte warme Bähung zu gebrauchen, und eine weiche, bequeme Bruchbandmaschine, worinn die Lenden und der Schmeerbauch bis an den Nabel gut eingeschlossen ruhen können, und die mitten am Bauche mit einer weichen seidenen Schnur Anfangs ganz locker, nachher aber vester zusammengeschnürt wurde, nach der Art Th. II. Abth. 1. Tafel 4. Fig. 48. verfertigen zu lassen.

Die Umschläge machte man nicht lange; das Bruchband aber wurde um den Leib gelegt; Anfangs wollte es der Frau nicht gefallen, weil sie dasselbe vermuthlich zu veste zusammengeschnürt hatte, endlich aber gewöhnte sie sich dergestalt daran, daß sie ihre Gesundheit und Leben

dieser

dieser Bandage zuschrieb. Sie wurde abermal schwanger und gebahr glüklich. Dabey hat sie immer diese Bandage getragen, sie nach Erforderniß der Umstände bald enger, bald weiter gemacht, und sie nicht mehr entbehren können; denn sobald sie solche nur einen Tag ablegte, zeigten sich sogleich Schwäche, Schwindel, Uebelkeiten, und sie verlor sogleich alle Festigkeit, sich gerade zu halten im Gehen und Fortbewegen. Herr von Haen hat noch verschiedene Fälle gehabt, wo diese Bruchbinde, bey Weibspersonen, die besten Dienste leistete *).

Sechster Abschnitt.
Von den Bandagen bey Brüchen des eyförmigen Lochs.

§. 162.

Da die Pellote, welche den Bruch wieder hervorzutreten hindern soll, jederzeit den Weg, durch welchen er hervortritt, genau ausfüllen und schliessen muß, ist es nothwendig, daß sie immer genau die Gestalt und Grösse der Vertiefung habe, die man nach der Zurükbringung des Bruchs gemeiniglich an der Bruchstelle ganz deutlich fühlt. Die Gestalt der Pellote wird daher sehr verschieden seyn müssen. Einige dieser Brüche sind rund, andere eyförmig und länglicht; wahrscheinlich wird also diese

---

*) A. de Haen, Braelectiones in H. Boerhaavii Institut. patolog. T. I. p. 316.

diese Pellote zuweilen rund — zuweilen länglicht seyn müssen *).

Der Hals des Eisens muß hier länger, als beym Leistenbruchbande seyn, und ohne Schenkelriemen wird die Pellote niemal der Absicht entsprechen. Es scheint, daß sich durch eine solche Pellote oft eine Radikalkur bewirken läßt. Garengeot fand nach 5 Tagen, daß die Vertiefung, die man gleich, nachdem der Bruch zurüktrat, sehr deutlich bemerkte, bereits verschwunden war. Er legte daher die Pellote bey Seite, und bedekte die Bruchstelle mit einer dicken Kompresse und Binde. Nach einem Monat nahm er auch diese ab, und der Bruch erschien nie wieder. Ein Bruchband solcher Art habe ich noch niemal — auch nicht abgezeichnet — gesehen. Allein der Wundarzt soll nicht verlegen seyn, im Nothfalle ein schickliches verfertigen zu können, wenn er im Stande ist, ein gutes Leistenbruchband zu verfertigen.

*) Herrn Richters Abhandlung von den Brüchen. K. 43.

Siebenter Abschnitt.
Von dem Bruchbande beym Blasenbruche.

§. 163.

Man hat die Urinblase in den Leisten- Schenkel- Mutterscheid- und Mittelfleisch- Brüchen gefunden. Ja, man hat Fälle beobachtet, wo sie zu gleicher Zeit in zwey verschiedenen Brüchen befindlich war. In den Leisten- und Schenkelbrüchen wird er durch die Bruchbänder dieser Gattung zurücke erhalten. In der Mutterscheide wird durch einen schiklichen Mutterkranz, wie bey den Brüchen, der Zwek erreicht.

Für einen Blasenbruch im Mittelfleische, bey einem Manne, beschreibt Herr Pipelet *) folgendes Bruchband. Er machte eine Pellote, welche 2 Zoll breit, an beyden Seiten halbmondförmig ausgeschnitten, und mit Wolle wohl ausgestopft war. In der Mitte derselben machte er eine Vertiefung, gleich einer Rinne, welche, wenn das Kissen angelegt wurde, auf dem Harngang, der vom Drucke der Pellote frey seyn mußte, zu liegen kam.

Dieses Kissen legte er auf das Mittelfleisch, und bevestigte es mit 4 Gürteln an ein Bruchband, welches der

*) S. Herrn Richters chirurgische Bibliothek. B. 1. St. 1, S. 46.

der Kranke wegen einem Leistenbruch trug. Der Gebrauch dieser Bandage befreyete den Kranken von allen Beschwerden. Im Falle der Kranke kein Bruchband getragen hätte, würde der Gürtel samt dem Riemen Tafel 14. Fig. 96. dienlich seyn.

Achter Abschnitt.
Die Bandagen beym Mittelfleischbruch.

§. 164.

Bey Frauenspersonen gebraucht man gewöhnlich Mutterkränze; doch wird hier der Fall selten seyn. Bey Männern kann entweder sogleich die (§. 162.) beschriebene Pellote, oder eine ähnliche ovale angebracht werden, die man ebenfalls mit dem Beinriemen Fig. 96. oder 103. bevestigt.

Neunter Abschnitt.
Die Bandage beym Mutterscheidenbruche

§. 165.

wird bey den Vorfällen der Mutterscheide beschrieben.

Zehnter Abschnitt.
Die Bandagen beym Gebährmutterbruche

§. 166.

sind die nämlichen, die bey der Stelle des Bruchs gebraucht werden.

Eilfter Abschnitt.
Von dem Bruchbande beym Hüftbruche

§. 167.

habe ich kein Beyspiel gefunden. Es läßt sich schwerlich, sagt Hr. Callisen, ein anderes Hülfsmittel brauchen, als eine sorgfältige Anwendung einer Tragbinde, wodurch wenigstens das Wachsthum des Bruchs einigermaſſen verhindert wird.

Zwölfter Abschnitt.
Von der Bandage beym Bruchschnitt.

§. 168.

Normals war der Gebrauch eine Wicke (§. 15. Th. 1.) in den Bauchring zu stecken, die Wunde mit Charpie anzufüllen, mit Kompreſſen zu bedecken, und sämmtliches

ches mit einer langen Binde — die Spica inquinalis genannt — zu beveſtigen. Auch dieſe Verbands-Methode iſt verbeſſert worden.

Man bedekt die Wunde mit einer dünnen Leinwand, auf welche weiche Charpie gelegt wird, und beveſtiget dieſes mit Streifen von einem Klebpflaſter; über dieſes wird entweder ein rundes, platt gedruktes, aus weicher Leinwand verfertigtes, und mit Wolle oder feiner Charpie ausgeſtopftes Kiſſen, das etwa ein Drittheil gröſſer iſt, als der Umfang des obern Theils der Wunde, auf den Bauchring und den obern Theil des Bruchſaks gelegt; oder man bedekt das ganze mit einer vierfachen Kompreſſe, und beveſtiget dieſes mit der T Binde.

Wenn einige Tage nach der Operation alle Gefahren einer innern Einklemmung entfernt bleiben, ſo müſſen die Wundlippen mittelſt eines Heftpflaſters an einander gebracht werden, während daß der untere Theil der Wunde, des Abfluſſes der eiterigen Flüſſigkeiten wegen, offen erhalten wird. Das Kiſſen oder die Kompreſſe werden im Fortgange der Kur auch kleiner.

Nach acht bis zwölf Tagen iſt daſſelbe gemeiniglich gar nicht mehr nöthig. Die Plumaſſeaus, womit der untere Theil der Wunde bedekt wird, müſſen ſo groß ſeyn, daß ihrer zwey, höchſtens drey, die ganze Wunde bedecken. Die Kompreſſe muß gleichfalls die ganze Wunde bedecken, das iſt, vom Bauchringe bis auf den Boden des Hodenſaks reichen, und dieselbe gelinde drücken. Gemeiniglich giebt man ihnen eine dreyeckigte Gestalt (s. Th. 1. Tafel 2. Fig. 12. B.), und legt sie so auf, daß ihr breiterer Theil die Gegend des Bauchrings, die abgestumpfte Spitze aber den Boden des Hodensaks bedekt.

Die T Binde ist sehr bequem, sie hält die Verbandstücke vest an; vorzüglich aber kann man sie leicht und geschwind, und ohne den Kranken im geringsten zu bewegen, öffnen und schliessen. Sie besteht aus dreyen Stücken (s. Tafel 11. Fig. 29.), nämlich: aus dem Leibstücke A., dem Bruchstücke B., und dem Beinstücke C.

Das Leibstük wird so angelegt, daß seine beyden Enden vornen auf der gesunden Seite sich begegnen und aneinander, mittelst Bänder, vereiniget werden, wodurch man in der Folge die Binde vester anziehen, oder lockerer machen kann, ohne den Kranken im geringsten zu bewegen.

Das Beinstük wird am Aufgrab ans Leibstük vest angenäht, so, daß das breite vordere Ende B. vorn in der Leistengegend, bey jedem Verbande, mittelst kleiner Bänder, vom Leibstücke abgelößt und abermal bevestiget werden kann. Auf diese Art kann man mit der grössten Bequemlichkeit und Leichtigkeit, ohne den Kranken im geringsten zu bewegen, und ohne genöthiget zu seyn, das Beinstük jederzeit zwischen den Füssen zurük, und wieder hervor

vor zu ziehen (was vormals, da die Binde verkehrt gemacht wurde, nicht geschah), den Verband öffnen und wieder schliessen. Ist das vordere Bruchstük durch das Eyter unsauber und unbrauchbar geworden, kann man es vom schmälern Theile abschneiden, und ein neues annähen. Dieser Theil muß so groß seyn, daß er die ganze Wunde, vom Bauchringe bis an den Boden des Hodensackes, bedekt; auch muß dieser Theil der Binde, aus einer doppelten Lage Leinwand, die hie und da durchnäht ist, bestehen, daß er sich nicht ziehet. Sehr wohl thut man auch, wenn man die beyden Seitenränder dieses vordern Theils, mittelst eines starken Fadens, ein wenig zusammenzieht, und ihm dadurch die Gestalt eines Tragbeutels giebt, in welchem der ganze Hodensak liegt. Der mässige Druk dieses Beutels auf den Hodensak, vermindert die allzustarke Anschwellung und Eyterung desselben. Es ist zur Heilung sehr zuträglich, wenn man den Hodensak mit etwas Weichem wohl unterstüzt, damit derselbe zwischen den Beinen nicht zu tief herabsinkt, wenn er anschwillt und groß und schwer wird.

Herr Richter hält es für unnütz und schädlich, die Binde vest anzulegen, denn ein allzustarker Druk macht leicht die Wunde und den Saamenstrang schmerzhaft; die andauernde Lage auf dem Rücken, und die auf dem Bauchring gelegte Pellote, samt Kompressen, schützen den Kranken genug für einem neuen Vorfall, ohne daß ein Druk erfodert wird.

Den nämlichen Verband kann man auch

Dreyzehnter Abschnitt.
bey der Castration

§. 169.

anwenden. Herr Hunzovsky z. B. *) giebt die Anweisung, die ganze Wunde mit Charpie auszufüllen, damit, mittelst der Leistenbinde, an dem Orte des abgeschnittenen Saamenstrangs, gegen die Schaamknochen ein angemessener Druk veranlaßt wird. Nach Herrn Marschalls in Straßburg neuest empfohlenen Operationsmethode, den abgesonderten und abgeschnittenen Saamenstrang in den Bauchring hineinzuschieben, ist dieser Druk des Verbands theils unnütz, theils schädlich; er muß vielmehr so leicht, als es immer möglich ist, ohne zu drücken, angelegt werden. Man läßt den Kranken in einer so viel möglich horizontalen Lage ruhen, wobey die Füsse gleich ausgestrekt, doch etwas auseinander gesperrt sind. Die Schmerzen, welche die Kranken nach geschehener Vernarbung empfinden, wenn sie sich aufrichten wollen, überzeugen uns von der Nothwendigkeit dieser vorgeschlagenen Stellung.

Damit der Verband bey dieser sowohl, als beym Bruchschnitte, vom Harn nicht angefeuchtet, und dadurch die Wunde verunreint werde, thut man gut, wenn man
über

---
*) Anweisung zu chirurgischen Operationen, für seine Vorlesungen bestimmt. 1785.

über denselben ein Stük Wachstaffent, das mit einem Loche zur Ruthe versehen ist, bevestiget.

§. 170.

Wenn man das Stük B. kleiner macht, und weniger mützenförmig zusammenzieht, hat man die Binde

Vierzehnter Abschnitt.
zur weichen Beule.

Die Kornähre zu dem Leistenbruche (Spica inquinalis)

Funfzehnter Abschnitt.

§. 171.

welche man vormals (§. 112.) gebraucht hat, war eine Binde, welche 14 bis 16 Ellen lang, und ohngefähr 4 Finger breit, und auf einem Kopf gerollt. Nachdem die Bruchstelle mit dreyeckigten graduirten Kompressen (Th. 1. Tafel 2. Fig. 12. B.) bedekt war, machte man um den Leib zwey Zirkelgänge, indem man an der gesunden Seite anfieng, stieg man um den obern Theil des kranken Schenkels hinab, um denselben herum, so, daß man von der inwendigen Seite wieder hervorkam, die Binde über der Bruchstelle kreuzte, und um den Leib abermal herumgieng. Dieses wiederholte man noch zweymal, und machte eine Kornähre. War dies geschehen, gieng man noch einmal herum, indem man auf der inwendigen Seite des Schenkels hervorkam, stieg dann mit der Binde

gerade

gerade bis an die Brust in die Höhe, und führte sie eben
den Weg zurük, um hinterwärts den Schenkel zu umfassen,
und von da über den in die Höhe geführten Gang
um den Leib herum zu gehen, und die Binde zu endigen.

Diese Binde ist eben so beschwerlich anzulegen, als
lästig zu tragen, und ohne Nutzen, deshalb sie nicht mehr
gebraucht wird.

Sechzehnter Abschnitt.
Von den Bandagen zum künstlichen After.

§. 172.

Der künstliche After ist bekanntlich eine Stelle am Unterleibe,
wo statt des natürlichen Wegs durch den
Hintern, durch diese der Koth beständig ausgeleert wird.
Diesen zu bilden, trägt die Natur das meiste bey. Der
Wundarzt muß dabey genau untersuchen, welches das
oberste Ende des Darms ist. Zwar zeigt dies der Kothabgang
an; der Sicherheit wegen ist es aber besser,
wenn man den Kranken einige Löffel voll Oel verschlucken
läßt, da sich denn aus dem öligten Abgang die Gewißheit
des obern Endes ergiebt. Durch dieses nun durchsticht
man einen Faden, und heftet ihn mittelst eines
Heftpflasters an die äussere Wunde an, damit sich solches
nicht

nicht in die Bauchhöhle zurücke ziehen kann. Anstatt das untere Ende, wie einige fälschlich riethen, zu unterbinden, läßt man es in der Wunde liegen, um alle Beschwerden, die durch das Eindringen in die Bauchhöhle könnten verursacht werden, zu verhüten. Die Wundlefzen wachsen insgemein mit der Wunde der einschliessenden Theile, oder mit dem Netze — dem Gekröse — mit andern Gedärmen — mit der Leber — Milz — u. s. w. zusammen. Nur muß man die in denselben vorhandene Unreinigkeiten durch Klystire und purgirende Einspritzungen reinigen *).

Man hat Beyspiele, daß sich die zerschnittenen Ende nach und nach wieder vereiniget haben, und der künstliche After geschlossen worden ist.

Was der Druk vermöge, den künstlichen After zu heilen, hat Herr Desault neuest durch eine Geschichte bestätigt **). Dieser war die Folge einer Schußwunde. Nach einer heftigen Bewegung trat die innere Fläche beyder getrennten, und jetzt an der Wunde angewachsenen Darmende hervor. Das obere Darmende hing 9 Zoll lang ausser dem Leib, das untere lag neben dem obern, und beyde waren durch den beständigen Reiz verdikt.

Herr

---

*) Richters Abhandlung von Brüchen. K. 29.
**) Journal de Chirurgie par Mr. Desault, Tom. I. 1791. in der medicin. chirurg. Zeitung N. 78. B. 3. 1791. recensirt.

Herr Desault umfaßte diese Geschwülste, drükte sie einige Minuten lang, und fand, daß sie sich verkleinerten. Zufolge dessen legte er eine einfache Binde an, und ließ dabey die Oeffnung, durch welche der Koth ausfloß, frey. Noch an eben demselben Tage mußte er den Verband, der locker gewordenen Binde wegen, erneuern. Den vierten Tag hatte der Darm seine natürliche Größe; nun stekte Herr Desault einen Finger in die Oeffnung, und schob, während er mit der andern Hand entgegen drükte, den Darm in sich selbst zurük, welches auch bey dem untern Ende von statten gieng. Die Oeffnung verschloß er mit einer Tuxunde. Nach einigen Tagen bekam der Kranke Schmerzen im Unterleibe, worauf Winde durch den After abgiengen; bald hierauf zeigten sich Colikschmerzen und Stuhlzwang, denen eine starke Ausleerung von einer halbverdauten, flüssigen Materie, und in der folgenden Nacht noch 8 Leibesöffnungen folgten. Die Ausleerungen verringerten sich nach und nach, und wurden vester. Nun legte er statt der Wiecke einen Charpiebausch über, den ein elastisches Bruchband vest andrükte. Nach drey Monathen nässete die Wunde nur noch sehr wenig, und der Kranke verließ unter diesen Umständen das Spital. Man findet bey den Observatoren mehrere Beyspiele glüklich geheilter künstlicher After, wobey die wohlthätige Natur das meiste bewirkte.

Da nun alle Darmunreinigkeiten durch diese Oeffnung unwillkührlich ausfliessen, so erhellet es von selbst, daß
dieses

dieses dem Kranken eine nicht geringe Beschwerniß macht. Diese zu erleichtern, und den Unrath aufzufangen, hat man Flaschen von Horn — blechstarkem Leder — Elfenbein, mittelst eines Riemens am Leibe zu bevestigen, empfohlen, so, daß ihre Oeffnung, auf der Oeffnung des künstlichen Afters ruhet.

Um diesen Ungemächlichkeiten abzuhelfen, geben die Herren Chaupart und Desault *) den Rath: den Theil oft mit Wein und Wasser abzuwaschen, und eine Kapsel von Eisenblech, deren Oeffnung genau um den widernatürlichen After passe, zu tragen, diese Kapsel bevestiget man auf dem After durch einen biegsamen Gürtel, wenn es ein Nabelbruch ist, und durch einen stählernen Reifen, welcher so, wie der des Bruchbandes beschaffen ist, bey dem Leisten- und dem Schenkelbruche, oder, welches besser ist, man bevestigt auf dem widernatürlichen After durch den nämlichen Gürtel folgende Maschine.

Sie besteht aus einer elfenbeinernen Platte, die nach der Quere eyförmig, einen Zoll breiter, als der After, und in ihrer Mitte schief, von innen nach aussen, und von oben nach unten, wie ein Trichter durchbohrt ist; aus einer elfenbeinernen Röhre, welche einen Zoll lang, oberwärts wie ein halber Mond ausgeschweift, und mit einem rükwärts gehenden Rand, der die Gestalt eines Kammes hat, versehen ist, um sich in die welchen Theile hinein-

*) a. a. O. B. 1. S. 378.

hineinzudrücken, und zu verhindern, daß sich die scharfen Feuchtigkeiten weiter verbreiten können, welche sich ferner unten in eine elfenbeinerne Klappe endigt, und von derselben bedecket wird; diese Klappe bewegt sich an der einen Seite durch ein Gelenk, und ist an der andern Seite und auswendig mit Bley versehen, damit dieses Ventil, wenn der Kranke steht, fällt, und den Kanal für den Durchgang der Materie frey läßt, und damit es, wenn er liegt, sich unter der Oeffnung anlegt, und die Rückkehr der Materie nach dem After, verhindert. An dieser Röhre befindet sich ferner an ihrem äussern Umkreise, und nahe bey der Platte, ein Rand, mit einer Furche, um daselbst, mit einem rund herumgezogenen Faden, das schiefe Ende eines Kanals zu bevestigen, welches von Gemsfell gemacht wird, an dem hintern oder äussern Theile zwey Zoll, und vorn sechs Linien lang ist, und dessen unteres Ende an einem zylindrischen Kanal genähet wird, welcher von dickem und geschmierten Leder gemacht wird, funfzehn Linien zum Durchmesser hat, und auch eben so lang ist, und dessen untere Extremität mit gewichstem Faden, welcher durch die um den obern Theil eines zinnernen oder silbernen Rings herum befindlichen Löcher gezogen wird, bevestigt wird; dieser Ring ist inwendig mit einer Schraubenmutter versehen, um daselbst eine Kapsel, von dem nämlichen Metall, in Gestalt eines flachen Herzens, welche auf zwey und einen halben Zoll Breite drey Zoll lang ist, einzuschrauben.

Da

Da diese Maschine sich zu der Figur des Afters, sowohl am Nabel, als auch in den Weichen, oder am Schenkel, schikt, und ihre Ränder die Ränder dieser Oeffnung nicht zusammendrücken, so kann sie — sagen ihre Urheber — weder schädlich werden, noch den Materien, sich in die Kleidungsstücke zu verbreiten, verstatten, wenn sie durch einen Gürtel gut angehalten und bevestiget wird.

§. 173.

Tafel 12. Fig. 82. ist die Abbildung einer ähnlichen, von Herrn Juville verfertigten, und von der königlichen Akademie der Wissenschaften in Paris bestättigten Maschine, zu dem künstlichen After in den Leisten. Sie besteht aus einem gewöhnlichen, elastischen Leistenbruchbande, da statt der Pellote ein elfenbeinerner Ring A. bevestigt ist, an diesem ist die Röhre B. von elastischem Harze, an deren unterm Ende eine Kapsel C. von Zinn — oder Silber angeschraubt wird. DDDD. ist das elastische Band. Fig. 82. stellt diese Maschine Stückweise dar. A. ist die innere Fläche des elfenbeinernen Rings. BB. die Röhre vom elastischen Harze. CC. die Schraube, wodurch die Kapsel D. bevestigt wird. Fig. 84. ist die äussere Fläche der elfenbeinernen Pellote AA., die sich äusserlich in einem Zylinder B. endigt, der ohngefähr 8 Linien lang ist, eben so viel im Durchmesser hat, und mit vielen kleinen Löchern unterwärts versehen ist, wodurch die Röhre an ihm bevestigt wird. Am Ende dieses Zylinders ist eine

Klappe

Klappe D. von Elfenbein, die mit dem Zylinder durch ein goldenes Charnier E. verbunden ist. Diese Klappe hat einen Schnabel von Bley, wodurch der Zylinder geöffnet, oder geschlossen wird, je nachdem der Kranke steht, oder sich beugt, um den Koth den Durchgang zu erleichtern, oder zu verschliessen.

Der Ring A. Fig. 82, 83. ist ein viereckigtes Stük Elfenbein, das 2 Zoll lang, und 2 Zoll, 6 bis 9 Linien breit ist, wovon 3 Ecke desselben nach der Gestalt der Pellote abgerundet sind. Die Mitte der hintern Fläche ist beynahe ganz ausgehöhlt, und hat eine durch das ganze Stük senkrecht laufende Oeffnung. Unterwärts an dieser Fläche ist ein etwas erhabener, halbmondförmiger Rand a a. — dessen Seitentheile aufwärts gerichtet stehen, damit sich die Pellote vest an dem Körper anschließt, und das Herabfliessen der dünnern Unreinigkeiten verhütet, die übrigen Ränder sind ganz glatt.

Das zweyte Stük dieser Maschine ist eine Röhre von elastischem Harze BB., welches die Feuchtigkeiten, ohne davon Schaden zu leiden, erträgt. Diese Röhre hat ohngefähr 2 Zoll im Durchmesser, und ist $2\frac{1}{2}$ Zoll lang. Oben ist sie mit der elfenbeinernen Röhre, unten aber mit der silbernen — oder zinnernen Kapsel, mittelst der Schraube cc. bevestigt, welches der dritte Theil der Maschine ist, worinn die Darmunreinigkeiten aufbewahrt werden. Diese drey Stücke machen nun die ganze Maschine

ſchine aus, in welche die Exkrementen einflieſſen, und die man abermal, wenn man ſie abſchraubt, ausleeren kann. D. (Fig. 82. 84.) iſt ein Stük des hier zur Erſparniß des Raums — gleichſam abgebrochenen elaſtiſchen Bandes, das auſſerhalb mit 2 Schrauben an der elfenbeinernen Röhre beveſtigt iſt. Der Globen H. Fig. 84. dient den Riemen durchzulaſſen, um ihn an dem Haken G, deſſen Spitze hier aufwärts gekehrt ſteht, einhängen zu können.

Dieſe Maſchine wird wie ein gewöhnliches Bruchband angelegt, ſie liegt auf der Fiſtelöffnung veſt, ohne ſie zu beläſtigen, und hindert nicht nur allein allen Rükfluß der in ſie ergoſſenen Unreinigkeiten, ſondern auch allen üblen Geruch, weßwegen der Kranke ſeine Geſchäfte berichtigen, ſelbſt Geſellſchaften beſuchen kann — ohne jemanden wegen dieſem — läſtig zu werden. Um zu verhindern, daß die äuſſere Luft zur Zeit, da der Kranke die mit Unrath angefüllte Kapſel ausleert, nicht in die Fiſtelöffnung eindringe, braucht er mehr nicht, als die elaſtiſche Röhre mit den Fingern zuſammenzudrücken, wodurch er zugleich verhindert, daß die ausflieſſende Darmunreinigkeiten die Kleider nicht beſchmutzen, noch, wenn er den Druk höher anbringt, an den Rändern der Fiſtelöffnung ſelbſt hängen bleiben.

Man kann ſich aber nicht in allen Fällen, wo ein künſtlicher After nothwendig iſt, dieſer Maſchine unveränderlich bedienen; denn die Stelle des Unterleibs, wo er entſte-

entstehen kann, und die Ursachen desselben sind verschieden.

Gemeiniglich ist er eine Folge eines vernachläßigten Leistenbruches, wenn der eingesperrte Darm brandig geworden ist, da man denn manchmal, wenn nicht frühzeitig Hülfe geschaft worden ist, einen grossen Theil des Brandigen mit dem Messer absondern muß. Ist die Oeffnung des Darms nicht beträchtlich — oder dem Bauchringe — nicht mit andern Zufällen komplizirt, kann obige Maschine die Heilung bewirken, indem der untere Rand des elfenbeinernen Rings, die untere Lefze der Wunde stets gegen die obere andrükt, und somit die Vereinigung derselben veranlaßt. Wäre aber diese Oeffnung tiefer, und näher beym Schaambogen, kann die Pellote obiger Maschine nicht gebraucht werden, weil sie an diesen Theilen nicht anschließt. Man muß der Pellote eine solche Gestalt und Richtung geben, welche diesen Beckentheilen ganz angemessen ist, damit die Darmunreinigkeiten einfliessen können.

Es giebt Fälle, wo ein Theil des Darms vorfällt, und eine, 1. auch 2 Zoll lange Geschwulst, bildet, unter welcher die Darmunreinigkeiten aus der Fistelöffnung herausfliessen. Der Hoden ist dabey gewöhnlich, bald an der innern Seite, bald unterhalb der Oeffnung, heraufgezogen, manchmal derselben so nahe, daß man die Maschine,

ſchine, ohne dem Kranken zu ſchaden, ſehr ſchwer anle=
gen kann *).

Es kann ſich ereignen, daß nebſt dieſer Darmfiſtel=
öffnung zugleich ein Bruch vorhanden iſt. Hier muß man
dieſer Maſchine eine ſolche Richtung geben, daß ſie zwar
den Koth aufnimmt, die angränzenden Theile aber nicht
drükt, daher die Pellote zugleich eine Höhlung, wie jene
Fig. 67., haben muß, um beyden Zufällen zu begegnen,
ohne welches der Bruch abermal vorfallen würde, da
denn manchmal der Darm ſich in einander ſchiebt, oder
ſich unterſtürzt.

Eben ſo nothwendig iſt auch der elaſtiſche Halbzirkel,
um die Pellote zu beveſtigen; denn, verſchiebt ſich die
Oeffnung der elfenbeinernen Röhre nur um eine Linie,
würde ſie die in der Fiſtel gelegenen, oder angränzenden
Theile, vornehmlich den Hoden quetſchen, und deßhalb
den Gebrauch dieſer Pellote verhindern.

§. 124.

Dieſe Juvilliſche Maſchine ſcheint Herrn Richter
eine vortreffliche Erfindung zu ſeyn, er fürchtet aber,
daß

---

*) Dies war der Fall, wo Herr Juville dieſe Maſchine an=
wandte, und Herr Sabatier dieſelbe auf Befehl der König=
lichen Akademie prüfte. Die Geſchwulſt war innerhalb der
Oeffnung — der Hoden auſſerhalb, an dem untern Rande;
die elaſtiſche Röhre lief ſenkrecht über dieſe herunter, ohne
denſelben zu beſchweren.

daß sie die Winde nicht aufhalte, und also den üblen Geruch nicht verhüte, hiebey kömmt noch, sagt er *), daß die elfenbeinerne Oeffnung der Pellote, bey den verschiedenen Bewegungen des Körpers, den Umfang des künstlichen Hintern gemeiniglich reibt — drükt — und schmerzhaft macht. Auch ist die Oeffnung des künstlichen Afters nicht immer so gelegen — und ihr Umfang nicht immer so beschaffen, daß man die Oeffnung eines solchen Gefässes, so genau darauf anlegen und bevestigen kann, daß nichts vom dünnen Unrathe vorbeyfließt. Es kann, wie schon oben gemeldt worden ist, durch den künstlichen After ein Darmvorfall entstehen, ja er kann wegen Mangel des Schließmuskels, und weil der Darm zunächst hinter der Oeffnung des künstlichen Afters nirgends, als an das Gekröße bevestiget ist, hier leichter entstehen, als durch den natürlichen Hintern, wovon er Beyspiele von Haen — Sabatier — Hildan — Albinus — **) u. a. m. anführt.

Alle diese Unbequemlichkeiten, die mit einem künstlichen After verbunden sind, zu heben, glaubt er, das beste Mittel zu seyn, wenn unter ein elastisches Bruchband ein Schwamm gelegt und bevestiget wird. Dieser bedekt und schließt die Oeffnung des künstlichen Afters —

läßt

---

*) S. Abhandlung von den Brüchen.
**) Archiv der praktischen Arzneykunst. B. 1. S. 115. auch B. 2. S. 68. —

läßt weder Wind noch Koth durch — vertritt die Stelle
eines Sphinkters — und reizt — und reibt die Oeffnung
nicht. So oft der Kranke Winde — und Koth ausleeren
will, muß er es abnehmen.

Auch Herr Löfler *) hat wahrgenommen, daß
der Kranke von dem Gebrauche dieser Bandage Kolikschmerzen und Leibesverstopfungen erlitten hat. Der künstliche
After wurde in seinem ganzen Umfange wund und entzündet, weßwegen die Bandage das zweytemal mußte abgenommen werden. Herr Löfler glaubte, daß dieses von
der beständigen Näße des unter der Pellote gelegenen
Schwamms und dessen Reibung herkam. Er ließ daher
eine andere Maschine machen, welche dem Kothausfluß
freyen Lauf verstattete, auf folgende Art:

---

*) Von Haen erzählt eine Geschichte vom Albinus. Der
Grimmdarm war quer durchgeschnitten, und die Lefzen des
Darms waren an die Lefzen der Wunde angewachsen. Wie
es aber bey Vorfällen am After zu gehen pflegt, so gieng es
auch hier. Beyde Stücke der zottigten Haut traten eine
Spanne lang heraus, und wurden hart wie Warzen. Lag
der Kranke auf der rechten Seite (die Wunde war in der
linken), so trat das oberste Stük ganz zurük hineinwärts,
das unterste aber weit weniger. Diesen zweyten After führte
der Soldat vier Jahre lang; er heurathete, zeugte Kinder,
und 20 Jahre darauf hat Albinus ihn noch also gesehen.
Praelect. in H. Boerhaav. Inst. Patholog. T. I.

In die Pellote des Bruchbandes ließ er eine Oeffnung machen, die im Durchschnitte einen Zoll hatte; an dem äussern Rande beveftigte er einen ledernen Schlauch, der von innen mit einem Firniß überzogen war; den innern Rand der Pellote ließ er weich überziehen, und etwas erhaben ausfüttern. Die Entzündung und Exkoriation des künstlichen Afters heilten in einigen Tagen durch den Gebrauch des kalten Wassers. Diese Maschine trug der Kranke mit der größten Bequemlichkeit, und hatte von dieser Zeit nicht einen einzigen Zufall — der Kolikschmerzen — wieder bekommen. Also kömmt es, fährt er fort, bey einem künstlichen After in einigen Fällen auf den ungehinderten Abfluß der Unreinigkeiten an, auf die der Wundarzt bey Ereignung widriger Zufälle aufmerksam seyn muß; sie werden bey dem Gebrauche eines solchen Bruchbandes fortdauern, und dieses wird offenbar mehr schaden, als nutzen, weil die Zufälle in einer von aussen angebrachten, mechanischen Ursache, und nicht in einem innern Fehler, ihren Grund haben.

§. 175.

Eine andere Ursache, warum ein künstlicher After nothwendig wird, kann seyn, wenn ein Darm durch eine Verwundung entzwey geschnitten wird, und derselbe sich, aus Furcht einer erfolgenden Verengerung, nicht wieder vereinigen läßt, oder, weil ein Stük desselben verlohren gegangen ist — oder, weil die Ende desselben schon einiger germaßen mit der äussern Wunde so verwachsen sind, daß man keine Vereinigung derselben mehr hoffen kann.

In diesen und dergleichen Fällen, vornehmlich in der Nabelgegend, kann die Maschine die obige Gestalt nicht haben, man muß sie vielmehr — wie ein Nabelbruchband — nach Beschaffenheit der Umstände verfertigen lassen.

Die Herren Fum *) und le Blanc **) sollen dergleichen Flaschen beschrieben haben, das mehrere über den künstlichen After kann man bey Herrn Richter ***) nachlesen.

Siebenzehnter Abschnitt.
Von den Bandagen des Hodensaks und der Ruthe.

§. 176.

Da der Hoden vielerley Zufällen unterworfen ist, sind auch verschiedene Verbände vonnöthen. Erstens, eine besondere T Binde (s. Tafel 11. Fig. 80.). Diese besteht

---

*) S. Abhandlungen der Harlemer Gesellschaft. 1. B.
**) Precis d'operation de Chirurgie. T. II. T. 2.
***) Abhandlung von den Brüchen.

besteht aus 2 Theilen, aus dem Leibgürtel, welcher drey bis vier quere Finger breit, und so lang ist, als es der Umfang des Körpers erfodert. In der Mitte desselben ist eine zwey Hände breite und eine Spanne lange Leinwand, in deren Mitte ein Loch E., um die Ruthe durchzubringen, das übrige ist in der Mitte gespalten, und bildet zwey Köpfe b b. Indem man mit dem mittlern Theil den Hodensak bedekt, führt man die Ende b b. über den Damm, kreuzt sie allda, und knüpft sie seitwärts an den Leibgürtel.

§. 177.

Zweytens. Die Schleuder zum Hodensak. Diese Binde ist eine gute Elle lang und sechs Finger breit, und an beyden Enden so gespalten, daß sie in der Mitte zwey Hände breit bleibt. Diese applizirt man nach der Länge, so, daß zwey Köpfe um den Leib gebunden werden, und der ganze Theil über den Hodensak geführt wird, die Ruthe läßt man zwischen den obern Köpfen durchgehen. Die zwey untersten Ende zieht man durch die Beine kreuzweis, und heftet den linken Theil hinten auf der rechten Seite, den rechten aber auf der linken Seite des Patienten, an. Beyde Verbände dienen Arzeneyen auf den Hodensak zu appliziren.

§. 178.

Der dritte ist die einfache Tragbinde des Hodensaks. Diese ist 7 bis 8 Ellen lang, 4 Querfinger breit, und ist auf einen Kopf gewickelt. Man fängt damit an,
zwey

zwey Zirkelgänge um den Leib zu machen, das Ende damit zu bevestigen, worauf man an einer Seite, vorwärts am Leibe, damit einen Umschlag macht, welchen man mit einer Nadel an den gemachten Zirkelgängen bevestiget, und sodann führt man die Binde gerade herunter um den Hodensak, um denselben so viel, als nöthig ist, in die Höhe zu halten. An der andern Seite führt man die Binde wieder gerade in die Höhe bis zur Brust hinauf, macht auch hier einen Umschlag, bevestiget denselben mit einer Nadel an den Kleidern, oder an einer Art der Skapulierbinde, oder man läßt vorerst die Binde hier halten, und nachdem man mit dessen Anlegung fertig geworden ist, macht man mit dieser Tour ein paar Umschläge nach unten, und bevestigt diese mit einer Nadel an den Zirkelgängen; darauf führt man die Binde wieder gerade herunter, unter den ersten Gang, um den Hodensak, und auf der andern Seite wieder gerade in die Höhe, bis zu den Zirkelgängen, die um den Leib laufen. Hier macht man abermal einen Umschlag, bevestiget solchen mit einer Nadel an den Zirkelgängen, und endiget darauf die Binde mit Zirkelgängen über erstere um den Unterleib. Das bis zur Brust hinaufsteigende Ende dienet, daß man den Hodensak damit entweder mehr hinauf oder herunter, nachdem es nöthig ist, lassen könne. Bey den Umschlägen muß man alle Ungleichheiten vermeiden.

Man bedient sich dieser Binde bey Entzündungen des Hodensaks, um denselben in die Höhe zu halten, und Bähungen u. dergl. anbringen zu können, wenn man die folgende Binde nicht bey der Hand hat; der Kranke bleibt damit im Bette liegen.

§. 179.

Tafel 12. Fig. 85. 1. bis 5. sind verschiedene Arten von Tragbeutel (nach Bell) abgebildet, die man von Leinwand, Barchent oder Flanell machen kann; doch schikt sich weicher Barchent am besten dazu. Ein jeder derselben besteht aus einem Leibgurt, und dem damit verbundenen Sak oder Beutel. Der Unterschied beruhet blos auf der Gestalt des Beutels, und der Art, wie er an dem Gurt bevestiget ● Nr. 1. 2. 3. 4. ist er hinten und vorne bevestiget. Herr Bell zieht aber Nr. 3. den übrigen vor.

Wenn man diesen Beutel verfertigen will, legt man z. B. den Barchent zusammen, und schneidet ihn, so wie Nr. 6. mehr oder weniger groß — oft muß das Stük a. länger, oft bey b. kürzer und mehr gerundet seyn. Man näht alsdenn beyde Stücke von d. bis b. zusammen, doch soll die Nath nach aussen kommen, von c. bis d. wird eine Oeffnung zur Ruthe gelassen.

Wenn der Hodensak bis zu einem solchen Umfang ausgedehnt ist, daß der Beutel von selbst vest hält, so braucht derselbe nicht mit Schenkelriemen hinten bevestiget zu werden. Ein solcher Tragbeutel ist der Nr. 5.

§. 180.

§. 180.

Die Binde zur Ruthe beschreibt Herr Heister also: Man nimmt eine Binde, die eine halbe Elle lang, und einen Finger breit ist, an dem einen Ende ist ein etwa einen Daumen langes Loch, das andere Ende aber wird ein paar Hände breit gespalten.

Wenn man diese Binde anlegen will, steft man das gespaltene Ende durch das Loch, umfaßt damit die Ruthe, gleich, als mit einer Schlinge, an dem schabhaften Ort, (welcher vorhero mit gehörigen Arzeneyen und Kompressen versehen seyn soll), umwindet damit den leidenden Theil (Ort), und endlich macht man diese Binde durch die Zusammenknüpfung des gespaltenen Endes vest. Man bedient sich dieser Binde bey Wunden, Geschwüren, Aderlässen, Vorhautsverengerung und andern Zufällen desselben. Bey Geschwüren, oder andern Uebeln der Eichel und Vorhaut, legt man über die nothwendige Arzeneyen eine Kompresse, in Form eines Maltheserkreuzes, welche aber in der Mitte ein Loch hat, damit der Harn durch dasselbe ausfliessen könne, welche man nachher mit obiger Binde bevestiget.

Ein leinerner oder von baumwollenem Zeuge gemachter Beutel, den man an eine um den Leib herumgehende Zirkelbinde, oder an zwey Zwirnbändern bevestiget, ist zur männlichen Ruthe der beste Verband.

§. 181.

§. 181.

Die Cyprische Göttin ist oft so graufam, daß sie ihre treuesten Diener mit der Amputation der Ruthe bestraft u. s. w. Diesen Verlust, wenn er total ist, kann der Wundarzt nicht ersetzen. Herr Callisen will zwar gelesen haben, daß er gewissermaßen wieder ersezt wurde. Wie aber, ist mir unbekannt; Herr Callisen meldet auch mehr nicht davon *).

Vier-

---

*) Eine besondere Gattung einer künstlichen Ruthe hatte ein gewisser in Mainz, München und Augsburg vor mehrern Jahren renomirter Graf von Danis. Er war in Augsburg verheurathet, und im Begriffe zur zweyten Ehe, als die gerichtliche Untersuchung allda entdekte, daß Titl. Herr Graf ein Mädchen war — was sie manchem zwar als ein Geheimniß vertrauete, indessen sie andere äffte. Die an dem Becken bevestigte Maschine, welche einer Ruthe sehr ähnelte, konnte mittelst einer Feder gespannt werden. Der Mechanismus d'ella bella inventione, ma grandissimo peccato, wurde sehr klug unterdrükt. Mitschuldige bewirkten durch Bestechungen der Wache die Flucht und die Bestrepung von der verdienten Strafe.

Viertes Kapitel.

Von den Verbandstücken, Instrumenten und Werkzeugen bey den Krankheiten der Gebähr-mutter und Mutterscheide.

Erster Abschnitt.
Von den Mutterkränzen überhaupt.

§. 182.

Ein Werkzeug, das in die Mutterscheide gebracht, vermög seiner Gestalt und Struktur, das untere Segment der Gebährmutter und die Mutterscheide unterstützt, und den Vorfall derselben verhütet, wird ein Mutterkranz, Mutterring, Mutterzäpfchen, Mutterhalter, (Pessarium, Suppositorium vterinum) genannt. Man hat zu diesem Endzwecke verschiedene Mutterkränze von allen Zeiten her ersonnen und angewandt, aber auch mit eben so verschiedener Wirkung.

§. 183.

Will man einen brauchbaren Mutterkranz verfertigen, oder auswählen, muß man eben jene Regeln beobachten, welche wir oben (§. 109.) bey der Verfertigung der Bruchbänder gegeben haben. Eine kurze Wiederholung wird nicht überflüssig seyn. Diese sind

§. 184.

§. 184.

Erstens. Der Endzwek.

Die Mutterkränze werden angezeigt und gebraucht:
1) Beym Vorfalle, oder örtlicher Schlaffheit der Mutterscheide.
2) Bey der Verengerung derselben.
3) Bey dem mit dem Vorfalle oft vermengten Mutterscheidbruche.
4) Bey der Senkung und Vorfalle der Gebährmutter; auch
5) Umbeugung derselben. Auch kann
6) Eine Gattung Mutterkranz nothwendig werden, wenn eine Frauensperson wegen Schlaffheit nicht vermögend ist, den Harn zu halten, und
7) Beym Vorfalle des Mastdarms bey Frauenspersonen.
8) Hunold empfiehlt sie auch bey verstopfter monatlicher Reinigung, und
9) Bey unterdrüktem weissen Flusse.

§. 185.

Man muß diese mit jenen vormals üblichen Mutterzäpfchen nicht verwechseln, die eine Art eines äussern Arzeneymittels waren, auch noch sind, welche, wie die Stuhlzäpfchen, die Härte eines Pflasters hatten, und gemeiniglich so lang und dik, wie ein Finger waren. Man pflegte sie auch mit Leinwand zu überziehen, und in die Mutterscheide zu stecken; der Zwek war meistentheils zu reitzen.

Hunold

Hunold glaubt, daß unsere Mutterkränze eben dieses vermögen. Indessen mag es Fälle geben, wo diese entweder nicht angebracht werden können, oder nicht die nämliche Wirkung leisten. Tissot erzählt *) nach Galen und Zacutus, Fälle, wo scharfe Mutterzäpfchen gute Wirkung leisteten, da unsere Mutterkränze wahrscheinlich nicht würden geholfen haben.

§. 186.

Zweytens. Die Becken-Höhle, die Mutterscheide und die Gebährmutter, sind diejenigen Theile, denen man diese Werkzeuge anwendet.

Wir haben oben (§. 111.) bewiesen, daß der äussere Umfang des Beckens uns die Form bestimme, welche ein gutes Leisten- und Schenkelbruchband haben soll. Eben dieses gilt auch bey den Mutterkränzen, in Hinsicht der innern Gestalt, insbesondere der Axe des Beckens und der darinn enthaltenen Eingeweide.

Das Becken müssen wir, wegen seiner zwischen zwo Oeffnungen eingeschlossenen Höhle, als einen Körper betrachten, der aus zweyen zusammengesezt ist, davon jeder seine eigene Axe oder Central-Linie hat, die sich in der Beckenhöhle in einem stumpfen Winkel berühren, dergestalt, daß die Centrallinie des untern Theils von dem Horizonte ab- und vorwärts fällt, da indessen die obere

nach

---

*) Von der Onanie, S. 221.

nach) obenzu verlängert durch den Nabel geht, wodurch sie gleichsam die Diagonallinie des Zwergfells und der Bauchmuskeln ausmacht. (f. Tafel 14. Fig. 97. A C B. auch 98. u. 99.) Besonders muß die bogichte Fläche des Heiligenbeins uns leicht auf den natürlichen Gedanken bringen, daß sich das Becken einem gebogenen Zylinder, oder einem demselben ähnlichen Körper — sehr nähern müsse, daß folglich die beyden Schenkel des stumpfen Winkels in eine krumme Linie übergehen, somit die Axe des Beckens eine Bogenlinie beschreibe, wie dieses nach Herrn Camper Herr Hofr. Stein schon überzeugend bemerkt hat *).

Die Mutterscheide, in welche der Mutterkranz eingebracht wird, ist, wie bekannt, ein länglichter, nach der Beckenaxe gekrümmter Kanal, der stets warm, sehr empfindlich, auch stets mehr, oder weniger befeuchtet ist. Ihre Lage ist im kleinen Becken, zwischen dem Mastdarm und der Urinblase; die Länge beträgt zwischen vier und fünf Zoll; der Durchschnitt, der sich gegen die äußere Oeffnung immer etwas verengert, beträgt im gesunden Zustande ohngefähr einen Zoll, bey krankhafter Erschlaffung 1½ bis 2 Zoll.

Die

*) Das mehrere von diesem kann man in einer Schrift: Die Axe des weiblichen Beckens, beschrieben von D. J. Ch. Sommer, gr. 8. 1791. m. 1 Kupfer lesen. Eine, jedem Geburtshelfer wichtige Abhandlung.

Die Gebährmutter, welche der Mutterkranz unterstützen soll, ist einem umgekehrten Kegel ähnlich, dessen Spitze frey in der Mutterscheide hängt. Sie liegt im natürlichen Zustande im obern, auch mittlern Theil des kleinen Beckens, in einer Richtung, daß ihre länglichte Axe mit der obern Axe des Beckens gleichlaufend ist. Bey der Senkung und dem Vorfalle weicht sie mehr, oder weniger von dieser Lage und Richtung ab. Aus dem Gebährmutter-Munde und der Mutterscheide ergiessen sich Feuchtigkeiten, deren Abfluß nicht gehindert werden darf, und die manchmal sehr scharf werden. Nach vorne ist die Harnblase und Harnröhre, nach hinten der Mastdarm damit verbunden, welche, wenn es nicht absichtlich geschieht, vom Drucke verschont werden müssen.

Wir wissen, daß das Becken nicht allezeit gleich gebildet ist; das Heiligebein kann kürzer und mehr gewölbt, oder länger und flächer seyn; der Vorberg kann mehr oder weniger hervorragen — der Ausgang des Beckens kann enger oder weiter seyn, das Becken endlich selbst eine widernatürliche Bildung haben. Bey dieser grossen Verschiedenheit kann denn ein und der nämliche Mutterkranz, wenn er auch übrigens passend wäre, ganz verkehrte Wirkung leisten.

Eben so macht das Alter, der ledige oder verheurathete Stand, ob die mit dem Vorfalle behaftete Kranke ein arbeitsames, oder müssiges Leben führt, ob der Vorfall

fall mit mehr Krankheiten vermischt ist, ob er noch frisch, oder schon veraltet u. s. w. einen grossen Unterschied.

Daß eine Frauensperson empfangen kann, obgleich ein flacher, durchlöcherter Mutterkranz im Grunde der Scheide liegt, beweißt die Erfahrung, ohne dieses wird diese Verrichtung gehindert. In der Mitte der Schwangerschaft kann er dann, wenn er die gesenkte Gebährmutter unterstüzt hat, füglich herausgenommen werden, denn ist die Geburt nahe, ist es gefährlich ihn herauszunehmen, und besonders, wenn er lange darinn gelegen hat.

§. 187.

Drittens. Der Gestalt nach überhaupt muß jeder Mutterkranz nach dem Endzwecke verschieden seyn. Man hat platte, kugelförmige, eyförmige, runde, ovale, dreyeckigte, viereckigte, tellerförmige, zylindrische und stielförmige, einfache und zusammengesezte. Eben so verschieden ist

§. 188.

Viertens der Stoff, woraus sie bestehen. Man bereitet sie aus Schwamm, einem Darm, oder Blase, aus Zwirn, Wolle, Wachs, ausgehöhlten Nüssen, Leinwand, die mit elastischem Harz überzogen ist, aus dem elastischen Harze selbst, aus Kork, Birken- oder Buxbaumholz, Weidenruthen, Horn, Elfenbein, Eisendrath,
Sil-

Silber, Gold, die aber hohl bearbeitet werden. Es erhellet von selbst

§. 189.

Fünftens, daß nicht jeder Stoff, und nicht jede Gestalt zu einem Mutterkranz gleich angemessen ist; die besondere Gestalt bestimmt den Endzwek. Diesem zufolge soll ein Mutterkranz beym Senken und Vorfalle der Gebährmutter folgende Eigenschaft haben. Er muß leicht und bequem einzubringen seyn, das untere Segment der Gebährmutter unterstützen, ohne Schmerzen, und ohne zu grosse Ausdehnung der Scheide zu verursachen. Er soll in der Mitte eine Oeffnung haben, damit die Flüssigkeiten derselben frey abfliessen können. Diese soll aber nicht zu groß seyn, damit der Muttermund sich in dieselbe nicht einsenke, und eingezwengt werde. Er soll weder dem Mastdarm, noch die Harnblase drücken, aus einem zwar leichten Stoffe bestehen, der aber nicht reizt, und nicht so leicht von den warmen, oft scharfen Feuchtigkeiten, zerstöhrt werden kann, folglich nicht faul, oder zerbrechlich ist. Endlich muß er ohne Beschwerden wieder herausgenommen werden können.

Bey dem Vorfalle der Scheide muß der Mutterkranz nebst obigen Eigenschaften noch folgende haben. Er muß die Scheide in ihrem ganzen Umfange zur Unterstützung ausfüllen, ohne die Nebentheile zu drücken; denen Flüssigkeiten freyen Ausfluß begünstigen, oder öfters gewechfelt werden können. Eben |diese Eigenschaften, nur etwas mehr ausdehnende, werden von einem Mutterkranze erfodert, welcher einen Mutterscheidbruch zurücke halten soll. In dem Falle, daß er das Unvermögen, den Harn zu halten, erleichtern soll, muß er mehr auf die Harnröhre einen Druk machen.

§. 190.

Sechstens. Was den vortheilhaften Stüzpunkt derselben betrift, kann derselbe eben so wenig stets der nämliche seyn. Einigen, z. B. den runden, ovalen, kugelförmigen u. s. w. dient die Mutterscheibe, vornehmlich die Sitzbeine, da indessen für andere, den zylindrischen, stielförmigen u. s. w. der äussere Umfang des Beckens darzu gebraucht werden muß, in den Fällen nämlich, da die Sitzbeine, und die entweder zu sehr erschlaffte, oder zu sehr reizbare Mutterscheibe, zu dieser Verrichtung unfähig sind.

§. 191.

Siebentens. Die Gestalt desjenigen Theils des Mutterkranzes, der den Druk ausübt, oder die Unterstützung unterhält, muß dem Endzwecke gemäß gewählt werden. Soll die gesenkte oder vorgefallene Gebährmutter unterstüzt werden, so ist nothwendig, daß die Gestalt des Kranzes so beschaffen seye, daß das untere Segment derselben darauf ruhen kann, ohne abzugleiten, ohne sich einzusenken. Bey einem vollkommenen Vorfalle der Mutterterscheibe, und vielmehr bey einem Mutterscheidbruche, muß der Mutterkranz die Eigenschaft haben, daß er sich mehr auf die Seite ausdehnt, wenigstens muß derselbe mehr dick als lang seyn. Hier würde ein kielförmiger Mutterkranz nicht zwekmässig seyn, der doch im ersten Falle dienlich ist. Wird aber nur ein örtlicher Druk auf die Harnröhre, oder eine örtliche Erschlaffung der Mutterscheide erfodert, ist es genug, wenn der Mutterkranz mehr flach, aber breiter ist.

§. 192.

Achtens. Die Länge, Breite, Dicke und Stärke eines Mutterkranzes, wird durch den Endzwek desselben, und die Durchmesser der Beckenhöhle bestimmt.

Die Mutterkränze können auf eine dreyfache Art sich verschieben.

1) Entweder fallen sie wieder heraus, oder

2) Sie wälzen sich in der Scheide, oder

3) Der Muttermund verschiebt sich über denselben, da denn entweder die vordere Fläche der Gebährmutter, anstatt des Mundes, auf die zu seiner Aufnahme bestimmte Oeffnung zu liegen kommt, oder der Muttermund senkt sich zwischen dem Kränzchen und dem Heiligenbeine in die Mutterscheide ein.

§. 193.

§. 193.

Dies vorausgesezt theilen wir die Mutterkränze
1) In a. einfache, und b. zusammengesezte.
2) In einfache, welche aus einem weichen Stoffe bestehen.
3) In einfache, welche aus einem harten Stoffe bestehen.
4) In elastische,
5) In zylindrische,
6) In stielförmige.

Zwenter Abschnitt.
Die Mutterkränze insbesondere.

Erster Unterabschnitt.
Die einfachen Mutterkränze, welche aus einem weichen Stoffe bestehen.

§. 194.

Das einfachste, was die Eigenschaft eines Mutterkranzes einigermaßen hat, und bey einem noch neuen Vorfalle der Scheide dienlich seyn kann, ist ein Pfropf von Flachs, Hanf, Leinwand, den man nach Maasgabe der Weite und Tiefe der Scheide bildet, und mit einem

Bind-

Bindfaden an dem untern Ende zum Herausziehen versieht. Man nennt diesen **Mutterzapfen.** Hypokrates bediente sich derselben schon, um den allzuhäufigen Abgang der monathlichen Reinigung zu stillen, die gegenwärtig in dieser Absicht unter dem Namen Tampon bekannt sind, und von Leroux, um die Blutflüsse bey Wöchnerinnen zu stillen, sehr empfohlen werden *). Man kann diesen Pfropf, wenn er die Stelle eines Mutterkranzes versehen soll, mit stärkenden Arzeneyen befeuchten, und den Kranken eine ruhige Lage verordnen.

Cosmas Viardel pflegte die von Hanf zubereitete Mutterkränze mit Wachs zu überziehen, da dieses aber sich bald ablößt, wird ein solcher Kranz bald unbrauchbar **).

X 4 §. 195.

*) Beobachtungen über die Blutflüsse der Wöchnerinnen, und über die Mittel sie zu stillen, von Herrn Leroux ꝛc. aus dem Französischen, 8. Königsberg 1784.

**) Merkwürdig ist die Krankheitsgeschichte, welche Stöller (Beobachtungen und Erfahrungen aus der innern und äussern Heilkunst. K. 8. 1777. zweyte Beobachtung. S. 41. ꝛc.) erzählte. Nachdem ein alter und sehr grosser Mutterscheiden-Vorfall (der allda abgebildet ist), in welchem sich ansehnliche Steine erzeugt hatten, glücklich zurükgebracht wurde, machte er kalte Einspritzungen von Chinarinde, Myrrhen, Granatäpfelrinde, Tormentillwurzel in Löschwasser gekocht, denen nachher noch etwas Eisenvitriol zugesetzt

§. 195.

Ein Stük eines aufgeblasenen Darms in die Mutterscheide gestekt, kann ebenfalls die Stelle eines Mutterkranzes bey einem neuen Vorfalle der Scheide vertreten. Beyde verhindern den Ausfluß der Feuchtigkeiten, und müssen öfters gewechselt werden.

§. 196.

gesezt wurde, und stekte eine lange, und mässig dicke Wieke (Pfropf) aus Kannenkraut (Hb. Equisetum), die mit weicher Leinwand überzogen, und öfters in obiger Brühe ausgedrukt wurde, in die Mutterscheide, die er denn mit Bändern an einer Leibbinde, und mittelst Kompressen und der T Binde befestigte, mit bestem Erfolge.

Man versuchte zu wiederholtenmalen der Kranken mehr Bequemlichkeit im Gehen, durch Beybringung allerley Arten von den gewöhnlichen Mutterkränzen, zu verschaffen, aber sie thaten, wegen der Schlaffheit und Schwere der Mutterscheide, die gewünschten Dienste nicht; sie blieben nicht vest, oder nicht ohne Schmerzen sizen, und die zusammengesezten des Frieds, Thebesius u. dergl. liessen ein gleiches, und mehr Unbequemlichkeiten vermuthen; sie bediente sich daher einer Wieke, oder eines Stöpsels von vest gewickelter Leinwand, mit oben beschriebener Bevestigung, noch einige Zeit, aber nicht beständig, noch so lange, als er wünschte, und legte ihn bald ganz bey Seite; und dennoch erlitte sie weiter keinen Vorfall, war und blieb vollkommen wohl; — ihr Mann wohnte ihr ohne alle schmerzhafte Empfindung ehelich bey; der Urin, welcher zuvor unwillkührlich abgieng, gieng nun natürlich ab, und sie verrichtete nachher ihre Geschäfte unausgesezt auf öffentlicher Strasse wieder.

§. 196.

Daß ein Stük weicher Schamm von gehöriger, mit der Gestalt der ausgedehnten Scheibe übereinstimmender Gröſſe, zu einem Mutterkranz gebraucht werden kann, ist schon im Ersten Theil dieser Lehrsäze §. 24. Nr. 3. nach Gallandat *) gemeldet worden. Bell, Callisen, Richter u. a. m. empfehlen ihn ebenfalls unter gehöriger, schon bemerkter Vorsicht; beym Vorfalle der Mutterscheibe der Schwangern, kann der Schwamm, wenn er täglich gewechselt wird, der Anzeige ein Genügen leisten.

---

*) Da ich S. 70. sagte: "Wenn der Schwamm lange in der "Mutterscheibe bleibe, ziehe er den Urin an sich," fragte ein Recensent: Wie kömmt denn aber der in die Mutterscheide? Antwort. Daß ein Stük befeuchteter, abermal ausgedrukter Schwamm, leichter in die Mutterscheide kann eingebracht werden, und dieser dennoch sich abermal ausdehnt, und die Mutterscheide ausfüllt, lehrt mich die Erfahrung.

Wie er aber den Urin an sich ziehe, wenn er lange in der Scheide liegt, geht so mechanisch zu, daß es mich wundert, wie Herr Recensent hat fragen können.

Der Schwamm zieht die Feuchtigkeiten an sich — er wird von dem Schleime der Mutterscheide überzogen, sinkt nach und nach bis zum Eingange der Scheide. Caetera finge tibi! Vielleicht hatte diese überflüſſige Frage eine andere Absicht zum Grunde?

Chopart rathet, ein zylindrisches Stük Schwamm, stark zusammengepreßt in ein feines Zeug einzunähen, und bey einem Mutterscheidbruche in die Scheide zu legen; das denn so viele Vestigkeit haben soll, daß es dem Vorfalle des Bruchs hinreichend widerstrebt.

Bell gebraucht dazu ein Stük gewöhnlichen Preß=schwamm, das man in die gehörige Figur schneidet, und mit einem kleinen Beutel von weicher, gewichster Lein=wand, überzieht. Dadurch glaubt er, werde das Ein=bringen des Schwamms mehr erleichtert, und man verhü=te, wenn nach geschmolzenem Wachs, oder Leim, der Schwamm sich ausdehnt, daß die Mutterscheide wund ge=rieben werde.

Zweyter Unterabschnitt.
Die einfachen Mutterkränze, welche aus einem harten Stoffe bestehen.

§. 197.

Da die Mutterkränze von Silber oder Gold ganz ausser Mode gekommen sind, werden sie gegenwärtig von Buxbaum= oder Birnbaumholz, auch von Kork verfertigt, und mit Wachs oder Firniß überzogen; Mauricau hat es schon erfahren, daß sie ohne dieses leicht anschwellen, faulen, und in der Folge beschwerlich sind.

Mauri=

Mauriceau *) Deventer **) und Heister ***) haben in ihren Schriften verschiedene zirkelrunde, eyrunde, eyförmige, dreyeckigte und viereckigte Mutterkränze, die theils von hartem Holze, z. B. vom Lebensholze, theils von Kork verfertigt wurden, abgebildet hinterlassen. Die drey- und viereckigten haben ihren Beyfall verlohren, weil ihre Gestalt mit der Bildung der Scheide- und Beckenhöhle weniger übereinstimmt, entweder sich leicht verschieben, oder mit ihren Ecken zu stark drücken und reitzen. Von den eyförmigen hat Thebesius †) uns noch ein Muster aufbewahrt, welches, weil es unburchlöchert ist, somit den Flüssigkeiten der Gebährmutter und der Scheide den Ausfluß nicht begünstigt, dermalen, bey dem Vorrathe vieler besserer, nicht mehr gebraucht wird. Wir haben daher noch drey Gattungen: die zirkelrunden, eyrunden (ovale), und kugelförmigen.

§. 198.

Die zirkelrunden (s. Tafel 13. Fig. 86. 87.) haben nach Bauhin den berühmten Smellie zum Vertheidiger, denen auch neuerlich Hr. Hofr. Stark ††) und Hunold †††)

das

---

*) Von den Zufällen und Krankheiten der schwangern Weiber und Kindbetterinnen. 1630. pag. 451.
**) Neues Hebammenbuch ꝛc. 1761. Fig. 15. a. b. c. d.
***) Chirurgie. 1763. Tab. XXXIV. Fig. 6. 7. 8. 9. 10.
†) R. I. C. Thebesii etc. Hebammenkunst. Tab. 10. Fig. XVI.
††) Archiv für die Geburtshülfe. St. 1.
†††) T. Hunold de Pessariis Speciatim etc.

das Wort sprechen, weil sie nicht nur leicht einzulegen, sondern auch mit der Bildung der Beckenhöhle mehr einstimmen, bequem sollen getragen werden können, und nicht so leicht, wie die ovalen herausfallen. Andere, unter denen Herr Callisen *), machen ihnen hingegen den Vorwurf, daß sie den freyen Abgang des Harns und der Exkrementen oft hindern. Bey einer einfachen Senkung der Gebährmutter, bey einer örtlichen Swäche der Scheide, und dem Unvermögen den Harn zu halten, können diese Mutterkränze mit Nutzen gebraucht werden.

Die Starkischen werden also verfertiget. Man läßt von Birn- oder Buxbaumholze Ringe drehen, deren Kreis etwa 4 bis 5 Linien breit, und 3 bis 4 Linien dick ist, und die 2 bis 3 Zoll im Durchmesser haben. Diese senkt man mittelst eines Fadens in zerflossenes Wachs, zieht sie schnell wieder heraus, und läßt sie erkalten. Dies wiederholt man noch 2 bis 3 mal; nach diesem schneidet man den Faden ab und ebnet diese Stelle.

§. 199.

Man muß sowohl bey diesen, als bey Verfertigung der ovalen Mutterkränze, als eine Hauptregel sich merken, daß man die innere Oeffnung nie allzugroß und genau in die Mitte mache.

Man

---

*) System der neuen Wundarzneykunst, zum öffentlichen und Privatgebrauche. Th. 2. §. 738.

Man hat Beyspiele *)., daß das untere Segment der Gebährmutter sich in diese weitere Oeffnung eingesenkt und eingeklemmt hat. Herr Zeller **) fand einstmal die Gebährmutter selbst durch das Kränzchen gedrungen, und konnte erst dann, nachdem er daßelbe mit einer Scheere entzwey geschnitten, und herausgenommen hatte, die vorgefallene Gebährmutter zurükbringen, die dann auf einem Kränzchen mit einer kleinen Oeffnung besser ruhete ***).

Von der Haar hat dieses zweymal erfahren, obgleich die Oeffnungen kleiner waren, als man sie gemeiniglich zu machen pflegt; er berichtete dem Herrn Camper †) dabey, daß die durch die Oeffnung durchgedrungenen Theile der Gebährmutter, wie ein Hünerey angeschwollen gewesen wären, und daß es ihm in Ansehung der Gedärme, die in dergleichen Fällen leichtlich eingepreßt und verstopft würden, viele Schwierigkeit verursacht habe.

§. 200.

*) s. Richters chirurgische Bibliothek. B. 2. St. 3. S. 51.

**) Grundsätze der Geburtshülfe. S. 131.

***) Mir ist ein Beyspiel bekannt, da ein Chirurgus einen von Messing verfertigten runden Mutterkranz aplizirte; der Muttermund senkte sich ein, es erfolgten auch, wegen dem Grünspane, die heftigsten Zufälle, die nicht gemindert werden konnten, denn er konnte seinen wohlweisen und übelspekulirten Mutterkranz nicht abfeilen.

†) Betrachtungen über einige Gegenstände aus der Geburtshülfe. S. 110.

§. 200.

Die eyrunden oder ovalen (Fig. 88.) Mutterkränze, welche nach Levret die Herren Richter, Callisen, Bell, Juville u. a. m. zu Freunden haben, werden meistens, und am besten von Kork auf folgende Art verfertigt.

Man nimmt ein Stük Kork, welches sehr troken, (Levret ließ es in einem Bakofen, gleich unmittelbar wenn das Brod heraus ist, eine Viertelstunde lang troknen) nicht allzudicht, aber ohne Rizen, und nicht wurmfrässig ist, und verfertigt mittelst einer Feile, einen eyförmigen Mutterkranz von gehöriger Grösse; der grosse Durchmesser ist gewöhnlich 2 bis 3 Zoll lang, der kleine aber um den 6ten oder 7ten Theil kürzer; die obere Fläche wird konkav, die untere konvex, in die Mitte das verhältnißmässige Loch gemacht. Ist dies geschehen, nimmt man einen Zwirnfaden, und bindet das eine Ende desselben um einen länglichten Kieselstein, der ein wenig schwerer, als der Kork ist, das andere Ende aber um eine grosse zweyköpfigte Nadel, so, daß die Länge des Fadens zwischen der Nadel und dem Steine, nicht viel mehr beträgt, als die Dicke des Mutterkranzes; alsdenn bringt man die Nadel durch die Oeffnung des Kranzes, und legt sie quer über dieselbe. Den Mutterkranz mit dem Steine legt man dann in ein flaches Gefäß, füllt dieses mit einem Wachs an, und sezt es in ein anderes Gefäß, worinn kochendes Wasser ist. Man läßt das Gefäß mit dem Wachs eine Stunde in dem kochenden Wasser stehen, trägt aber

Sorge,

Sorge, daß kein Wasser in das zerschmolzene Wachs komme. Alsdann nimmt man das Gefäß aus dem Wasser, und sogleich auch den Kranz mit einer Zange aus dem Wachs, und taugt ihn sogleich und so lange in kaltes Wasser, bis er ganz kalt ist. Nun löst man den Stein ab, und legt den Kranz in eine trockene, doch nicht zu warme Luft, daß er ganz abtrockne. Obgleich das Wachs durch dieses Kochen in den Kork eindringt, und ihm Vestigkeit giebt, ist er dennoch nicht genug vor der Verderbniß bewahrt; früher oder später, je nachdem in die erschlafften Theile mehr Feuchtigkeiten, selbst durch den Reiz des Kranzes hergelokt, und diese noch scharf werden, wird das Wachs in diesem warmen Orte aufgelößt: es bekömmt Risse, blättert sich ab, die Feuchtigkeiten dringen ein, dehnen den Kork aus, treiben das Wachs ab, und der Mutterkranz wird faul, weßwegen er mancherley Beschwerden der Kranken verursacht, und unter vielen Schmerzen derselben muß herausgenommen werden. Fiquet war einmal genöthiget, einen solchen Kranz mit der Levretschen Zange heraus zu nehmen, die er um denselben, wie um den eingetheilten Kopfe eines Kindes, anlegte. Um dies zu verhüten, überzieht man nach Herrn Richters Vorschrift den Kranz mit folgender Mischung: Man nimmt neun Theile Wachs, und einen Theil feinen, durch ein seidenes Tuch gestäubten Gyps, setzt dieses, wie obiges, in ein Gefäß, und läßt es abermal in kochendem Wasser schmelzen, indem man es durch fleißiges Umrühren mit einem

nem elfenbeinernen Griffel in beständiger Mischung erhält; in diese wird der Mutterkranz eingetaucht, und dies so oft wiederholt, bis er in allen Punkten, etwa eine Linie dick, mit Wachs überzogen ist. Dies Eintauchen muß aber so geschwind, als es möglich ist, geschehen, damit das Wachs, das sich schon angesezt hat, nicht wieder abschmilzt; und jedesmal muß man den Kranz, bevor man ihn wieder eintaucht, kalt und trocken werden lassen, dadurch sezt sich bey jedesmaligen Eintauchen eine neue Lage Wachs an, das denn weniger absplittert. Ein auf diese Art zubereiteter Mutterkranz ist selten ganz platt und eben; die kleinen Erhabenheiten schaden aber nichts, vielmehr helfen sie bey, ihn in der Lage zu bevestigen. Gröffere, von ungleicher Mischung und Eintauchen entstandene Erhabenheiten, würden die Mutterscheide reitzen, und den Wundarzt nöthigen, denselben wieder heraus zu nehmen; denn auch die polirtesten bringen oft einen so starken Reiz hervor, daß man sie ganz und gar nicht brauchen kann.

Obgleich ein solcher Mutterkranz zehn bis 15 Jahre brauchbar seyn kann, muß man ihn dennoch öfter wieder herausnehmen und reinigen, ohne welches er früher faul und reitzend wird. Was von allen Mutterkränzen zu bemerken ist.

Einige pflegen au dergleichen Mutterkränze eine feine, seidene Schnur, oder eine Saite, gleich einer Handbebe, zu beveſtigen, mittelſt welcher der Kranz leichter herausgenommen werden kann. Sie werden aber manchmal mürb und faul, und brechen entzwey. Man nimmt ſie ſicherer, was ſchon **Mauriceau** gerathen hat, mit den Fingern heraus. Mit dieſen Kränzen kommt der, den **Aſtruc** empfohlen hat, überein, nur daß er zum **Wachs** noch Terpentin und weiſſes Harz miſchte.

§. 201.

Nach eben dieſer Form verfertigt Herr Prof. **Pickel** in Würzburg andere lakirte Mutterkränze, die ſehr leicht und dauerhaft ſind. Der Fig. 89. abgebildete doppelte Mutterkranz iſt von eben demſelben, und mag in den Fällen, wo nebſt der Senkung der Gebährmutter, auch eine örtliche Schlaffheit der Scheide vorhanden iſt, mit Nutzen gebraucht werden. Dergleichen hat auch **Aitken** *) Tab. XXVIII. Fig. 15. abgezeichnet.

§. 202.

Staudes Erfindung, einen platten eyförmigen Mutterkranz aus **Ruthen von der weiſſen Weide** zu verfertigen, verdient hier beſchrieben zu werden. Man ſchneidet dieſe Ruthen in dünne, ſchmale Theile, ſchabt ſie dann bis ohngefähr zur Dicke von zwey Linien ab, und weicht

---
*) Grundſätze der Entbindungskunſt, mit einigen Anmerkungen von D. Spohr überſetzt.

weicht sie in frischem, kaltem Wasser ein, damit sie recht
zähe werden; dann wird davon ein eyförmiger Rand ge-
flochten, von verschiedenem Durchmesser; den Umkreis
faßt man denn mit noch dünnern Ruthen ein, troknet,
und umwickelt ihn mit Baumwollenfäden, dadurch kann
das Wachs, in welches er eingetaucht wird, desto besser
anhängen. Dieser Mutterkranz soll vor andern folgende
Vorzüge haben. Er hat keine so breiten Ränder, ist weniger zerbrechlich, kann leichter herausgezogen werden, indem er sich zusammendrücken, und in eine längere Form
bringen läßt. Die Weiden schwellen in den Feuchtigkeiten
nicht auf, und machen auch sonst keine Beschwerde.

§. 203.

Die Anlegung dieser Mutterkränze geschieht auf folgende Art. Nachdem der Vorfall in einer horizontalen
Lage der Kranken zurükgebracht worden ist, nimmt man
den mit Oel oder Pomade bestrichenen Kranz zwischen dem
Daumen und Zeigefinger, z. B. der rechten Hand, und
führt ihn nach der Richtung des langen Durchmessers so,
daß seine zwey flachen Seiten nach den Hüftbeinen gekehrt
sind, in die Scheide. Sobald sein oberer Theil in dem
Grunde der Mutterscheide ist, richtet man den untern
Theil in die Höhe, so, daß der Kranz nun horizontal
liegt, der Muttermund auf die ausgehöhlte Fläche und
die Oeffnung, die Ende aber des grössern Durchmessers

bey

bey dem eyrunden, auf die Erhabenheiten der Spitzbeine zu liegen kommen. Bey dem runden Mutterkranz ist es einerley, mit welchem Durchmesser man eingeht. Liegt der Mutterkranz gehörig, bedekt man die Schaam sogleich mit einer dicken Kompresse, die man mit einer T Binde bevestigt. Die Kranke muß alsdann die Schenkel aneinander drücken, und so lang liegen bleiben, bis der Mutterkranz sich gleichsam seine Lage gedrukt, und sich allda bevestiget hat; alsdenn kann sie zwar aufstehen, sie muß aber in den ersten Tagen alle starke Bewegungen vermeiden, die Treppen behutsam auf- und absteigen, und wenn sie zu Stuhle geht, die Schaam mit der Hand bedecken, und gelinde drücken, die härtere Leibesöffnung aber durch ein Klystier erweichen. Bey unverheuratheten, oder solchen Frauenspersonen, die keine Kinder gebohren haben, ist die Anlegung mit mehrerer Schwierigkeit verbunden. Man läßt den Abend vor dem Tage, der zur Operation bestimmt ist, die Kranke ein Dampfbad brauchen, und beym Schlafengehen die Schaamtheile mit frischer Butter wohl einschmieren; den Morgen darauf, ehe sie das Bette verlassen hat, legt man den Mutterkranz ein. Sobald dieses geschehen ist, macht man stärkende Einspritzungen, um den erschlafften Theilen die vorige Stärke wieder zu verschaffen, welche überhaupt zur Beförderung der Heilung sehr vieles beytragen. Es ist immer besser, zuerst einen kleinen Mutterkranz zu versuchen. Sollte dieser abermal herausfallen, legt man dann einen grösseren ein, und abermal einen grösseren, wenn dieser zu klein wäre, und so im Gegentheile.

§. 204.

Diese Mutterkränze haben verschiedene Unvollkommenheiten, wegen welchen sie oft unbrauchbar, selbst schädlich werden.

1) Die Gebährmutter kann durch sie nicht in ihre natürliche Höhe und Stelle gebracht und erhalten werden.

2) Da die Mutterscheide ihnen zum Stützpunkte allein dient, fallen sie entweder, wenn sie etwas zu klein sind, gerne wieder heraus, oder, so sie grösser sind, dehnen sie die durch den Vorfall schon geschwächte Mutterscheide noch mehr aus, und machen daher einen grössern Mutterkranz nothwendig, wenn sie nicht zugleich mit der Gebährmutter sollen herausgepreßt werden.

3) Entweder drücken sie die Harnröhre und den Mastdarm zu viel, und verhindern dadurch diese Ausleerungen, was man den zirkelrunden zur Last legt, oder sie verschieben sich, so, daß sie mehr vertikal, als horizontal liegen. Manchmal drücken sie in die Mutterscheide eine Art von Rinne, in welche die aus der Gebährmutter abfliessende Feuchtigkeiten sich absetzen, allda scharf werden, eine unerträgliche Hitze, Brennen, Reiz, Geschwüre und andere dergleichen beschwerliche Zufälle erregen, was man den eyförmigen zum Vorwurf macht.

4) Sind beyde Gattungen, wenn der Vorfall der Gebährmutter vollkommen, oder die Senkung derselben schon

schon alt, mit einem Vorfalle der Scheide, oder einem Mutterscheidbruche u. dergl. komplizirt ist, unzureichend. In diesen Fällen muß man zu andern seine Zuflucht nehmen.

§. 205.

Die kugelförmigen Mutterkränze waren ehedem zu Skultets und Hildans Zeiten auch im Gebrauche. Man verfertigte sie aus Holz, Kork, Silber, Gold (ausgehöhlt), Zwirnsknäulen, Wachs und ausgehöhlten wälschen Nüssen, die man, um sie desto leichter herausziehen zu können, unten mit einem Faden versah.

Th. Denman hat in einem Briefe an D. Simsons *) einen dergleichen von Sandys fabrizirten bekannt gemacht; er besteht aus einem tellerförmigen Holze, welches gut ausgedreht, leicht und dünne ist. Er hatte denselben bey allen Arten Vorfällen, oft im höchsten Grade, die verschiedene Mutterkränze von den geschiktesten Geburtshelfern ohne Nutzen versucht hatten, gebraucht, ohne daß ihm ein einziger Fall vorgekommen, wo er in seiner Erwartung wäre betrogen worden. Nicht nur hielt derselbe die Gebährmutter bey weitem am besten zurük, sondern es war auch viel leichter, ihn einzubringen, und das Tragen desselbigen war mit viel weniger Beschwerde und Unbequemlichkeit verbunden, indem er die Theile, auf denen er ruhete, nicht allzustark drükte; sit Fides penes Autorem! Weil diese Mutterkränze nicht durchlöchert sind, haben

---

*) Journal für Geburtshelfer. 1, St.

haben sie einen wesentlichen Fehler, und sind deßhalb um so weniger zu empfehlen, da wir viel bessere haben. In diese Klasse kann man auch Simsons und Juvill's elastische Mutterkränze zählen.

Dritter Unterabschnitt.
Die elastischen Mutterkränze.

§. 206.

Simsons kugelförmiger und elastischer Mutterkranz bestehet aus zwey kleinen, ausgehöhlten Halbkugeln, welche mit fünf seidenen Schnüren an dem obern Rande vereinigt sind, worauf die Gebährmutter ruhen soll; an diesen Halbkugeln sind zwey kleine, 2½ Zoll lange Handheben bevestiget, welche mittelst einer inwendig angebrachten Stahlfeder können erweitert, und durch die an beyden untern Enden von aussen bevestigten Bändchen nach Willkühr zusammengezogen werden. Diese mehr sinnreiche, als nutzbare Erfindung, kann bey Aitken (a. a. O. Tafel 28. Fig. 16.) in Augenschein genommen werden.

§. 207.

Goelicke scheint der erste gewesen zu seyn, der einen elastischen, kegelförmigen Mutterkranz erfunden hat. Er bestehet aus mässig dicken Stahlfedern, die inwendig mit Leinwand, auswendig mit weichem Leder überzogen sind.

ſind. Man kann ſeine Abbildung in Heiſters Chirurgie Tafel 34. Fig. 11. ſehen.

§. 208.

Saviards Mutterkranz beſtehet aus einem Leibgürtel, der mit einem Stahlblech oder Faden verſehen iſt, daß man bis in die Scheide kommen kann, und woran ein kleines Kiſſen iſt, welches der Gebährmutter zur Stütze dient. Mehr von dieſem wußte Heiſter nicht; denn Saviard übergieng deſſelben Geſtalt und Verfertigung mit Stillſchweigen. Vielleicht gab er dem Herrn Aitken Stoff zu dem Fig. 20. Tab. XXXVIII. abgebildeten. Das Kiſſen iſt mit Haaren ausgeſtopft, weich und elaſtiſch gemacht, und ruhet auf einer Springfeder, welches denn auf dem mit einem Stiele verſehenen Mutterkranz beveſtigt iſt. Man ſiehet ohne meine Erinnerung, daß dieſe Erfindung von geringem Nutzen iſt.

§. 209.

In dem Journal für die Geburtshelfer St. II. Tab. III. Fig. 2. iſt ein elaſtiſcher Mutterkranz von ſpiralförmig gewundenen, und unter ſich abermal verbundenen — vielleicht mit Seide umwundenen — Drathe abgebildet. Dieſer, nebſt vier andern bezeichneten Mutterkränzen, gehören (ſagen die ungenannten Verfaſſer S. 287.) zu der, in einem der folgenden Stücke nachzuliefernden Abhandlung über die Mutterkränze, welche aber noch nicht erſchieschienen ist; so viel mir, und denen, die ich hierüber berathete, bekannt ist.

§. 210.

Einen elastischen Mutterkranz dieser Art hat Hoin *) zu bereiten empfohlen. Man überzieht mit einem Stük Pappe, oder mit einer ganzen Karte eine Docke aus Holz, welcher man den Umfang giebt, der ein Verhältniß zu der Oeffnung hat, welche man dem Mutterkranz zu geben entschlossen ist. Hierauf überzieht man die Pappe mit einem Stük Leinwand, das länger seyn muß, als man es nachher läßt; und nachdem man es seiner Länge nach zusammen genäht hat, sondert man es von der Pappe ab, dreht es, wie einen Handschuhfinger um, um es von neuem, und zwar die Nath nach innen gerichtet, über die Pappe und Docke wieder anzulegen. Hierauf wickelt man spiralförmig um die Leinwand einen Messing-Drathfaden mittlerer Grösse, und sorgt dafür, daß der Drath bey jedem Umwinden sich berühre.

Diesem beweglichen Kanal giebt man die für den Sitz der Krankheit, gegen welchen man ihn anwendet, schikliche Länge. Hierauf umwickelt man ihn noch mit zwey andern Stücken Leinwand, nämlich mit einem, mit welchem man unmittelbar den Drath auswendig umkleidet, und ein anderes, welches breiter seyn muß, und welches man

---

*) S. Richters Abhandlung von den Brüchen, auch Bernsteins praktisches Handbuch. Th. 2. S. 389.

man sowohl mit diesem, als auch mit dem, über welches man den Drath wickelt, und zwar da, wo die Spitze ist, zusammen macht. Zwischen die zwey äussern Stücke Leinwand umstopft man eine hinlängliche Menge gekämmte Baumwolle, um einen für die Erfodernisse verhältnißmäßigen, grossen Mutterkranz zu haben. Bevor man die Wände der Maschine mit Baumwolle ausfüllt, muß man die Docke und die Pappe hernehmen, und die grosse Hilfe umbeugen, damit die Nath nach inwendig komme, und damit man einen leeren Fleck zwischen den beyden letztern Stücken Leinwand, welche man an den Enden zusammengenäht hat, hervorbringen könne. Indem man sie ausfüllt, sorgt man, daß die Nath, welche die drey Stücke Leinwand an der Spitze zusammen vereiniget, durch die Rundung, welche den Eingang zum Kanale umgeben muß, verdekt werde. Die nämlichen Stücke näht man auch auf der andern Seite zusammen, und zieht noch eine stärkere Schnur durch. Damit aber dieser Zylinder nicht so, wie der Schwamm, die Feuchtigkeiten der Mutterscheide einsaugen, und dadurch gar bald unbequem und unbrauchbar werde, kann man nach Löflers Rath, statt der Baumwolle, ein paar Lagen Leinwand mehr machen, und jede Lage mit geschmolzenem Wachs überziehen, und die Leinwand in Terpentinöl eintauchen.

Löfler hat diesen Mutterkranz bey einem Vorfalle, welcher von einer Umkehrung der Gebährmutter, die nach gewaltsamer Ablösung des Mutterkuchens erfolgte, mit Nutzen

Nutzen gebraucht. Man muß aber mehrere biegsame Mutterkränze bereiten, damit die Kranke sie abwechselnd gebrauchen, und die gebrauchten wieder reinigen kann. Besser ist es, wenn man, der Reinlichkeit wegen, alle Tag ein neues nimmt. Wenn man diese Maschine anlegen will, überzieht man sie mit Oel, Butter, oder einer reinen Pomade.

Dieser berühmte Wundarzt hat diesen Mutterkranz auch bey einer Verengerung der Mutterscheide, die von venerischen Geschwüren erfolgte, mit folgender Veränderung mit Nutzen gebraucht. Ueber ein dünnes, rundes und glattes Stäbchen, näht er einen Ueberzug von starker Leinwand, und umwickelt dasselbe mit starkem, elastischen Drathe. Hierauf läßt er ihn etwas nach, damit er den leinenen Ueberzug leicht abziehen kann. — Beyde Ende des Draths bevestiget er gut, daß er nicht aufspringen kann; über den Drath zieht er einen Zoll weiten Zylinder von Leinwand; diesen verengert er über den Drath, durch die in die Länge laufenden Falten, und hält sie durch eine Auflösung von arabischem Gummi in ihrer Lage. Hierauf läßt er beyde Ende des Draths, damit sich derselbe aufwinden könne, wenn der Widerstand gehoben wäre, und nähet beyde Lagen Leinwand zusammen, zieht darauf den hölzernen Stok heraus, und bestreicht den Mutterkranz mit geschmolzenem Wachs. Diesem, auf diese Art verfertigten Mutterkranz, welcher so dünne war, daß er durch die verengerte Stellen bequem durchkonnte,

brachte

brachte er auch zur Hälfte durch, und daneben ließ er die verengerte Stelle mit einem erweichenden Oele bestreichen; des andern Tags empfand sie einige Schmerzen. Da er den dritten Tag denselben herausnahm, fand er, daß zwar die verengerte Stelle schon etwas erweitert war, einige Drathgewinde aber sich von einander entfernt hatten, und es schien, als wenn sich die verengerte Stelle zwischen sie eingeklemmt hätte. Er legte, um dieses bey einer neuen Verfertigung der Mutterkränze zu verhüten, einige dünne fischbeinerne Stäbchen dazwischen. Nach fünf Wochen war die Verengerung merklich gehoben.

§. 211.

Unter den elastischen Mutterkränzen sind jene der Gebrüder Bernard und Juvill's merkwürdig. Erster besteht nach Kling *) aus Leinwand, welche mit einer Auflösung des elastischen Harzes getränkt ist, die Gestalt desselben ist eben die nämliche, wie der Levretsche Fig. 88. bezeichnete, und §. 196. beschriebene Mutterkranz. Nur ist der Bernardische leichter, er beschwert und reizt die Mutterscheide weniger, und kann wegen seiner Federkraft leichter eingebracht werden. Doch erinnere man sich seines Stoffs!

§. 212.

---

*) de Procidentia uteri. 1787. übersetzt in den neuen Sammlungen der auserlesensten und neuesten Abhandlungen für Wundärzte. St. 23.

§. 212.

Juvill's Mutterkranz aus elastischem Harze, wird aus einer kleinen Flasche, von der Gestalt einer Feige, oder borsdorfer Apfels verfertigt (f. Taf. 13. Fig. 90. a a.); oben und unten soll er eine Oeffnung von etwa 3 Linien im Durchschnitte haben, damit die Feuchtigkeiten durch selbe abfliessen. Man kann an beyden Seiten ein Seidenband annähen, mittelst welchen man denselben wieder herauszieben kann.

Indem man diese Flasche einbringen will, drükt man sie mit den Fingern zusammen; sobald sie eingebracht ist, dehnt sie sich wieder aus, und nimmt ihre vorige Gestalt wieder an; den Grund der Flasche drükt aber die Gebährmutter nieder, und einwärts, dadurch erhält sie die Gestalt eines Trichters C, in welchem der Gebährmuttermund fest und sicher liegt. Damit sich die obere Oeffnung nicht selbst erweitere, und der Muttermund sich in dieselbe einsenke und einklemme, worauf heftige Schmerzen, ja der Brand der Gebährmutter erfolgen kann, wenn der Mutterkranz in einem solchen Falle nicht bald abgeschnitten wird, legt man einen goldenen Trichter C. in denselben, welcher das Einsenken gänzlich verhütet. Ein Trichter von Glas leistet das nämliche; welches wir Hrn. Prof. Fischer verdanken. b b. ist ein Band von Seide, um den Kranz damit herauszunehmen zu können. Man kann diesen Mutterkranz noch vollkommener machen, wenn man auch den untern Theil der Flasche einwärts drükt, und

dadurch

dadurch der Flasche die Gestalt eines Apfels giebt (Fig. 92.), den Trichter C. aber ebenfalls einlegt. Sie ist alsdenn beynahe gar nicht hohl, hat folglich mehr Vestigkeit, sie unterstüzt die Gebährmutter besser, und liegt im Becken, dessen merklichen Theil sie ausfüllt, vester.

Herr Juville giebt indessen diesem Mutterkranz keinen bestimmten Vorzug, denn einige Frauen lobten diesen, andere jenen Mutterkranz. Will man diesen in die Mutterscheide einbringen, drükt man die Flasche mit dem Daumen und Zeigefinger ebenfalls zusammen, und schiebt sie so ein, wie einen Löffel in den Mund; ist der Kranz in seiner Stelle, drukt man den untern Theil mit dem Finger hinauf, wodurch er die besagte Gestalt erhält. Jedesmal taucht man die Flasche in eine Abkochung von Eibischwurzel, oder in Oel ein.

Nicht jede dergleichen elastische Flaschen, die man verkauft, sind zu Mutterkränzen gleich brauchbar. Einige sind zu steif, und unbiegsam (dergleichen ich eine besitze); da andere hingegen zu weich und nachgiebig sind. Man muß sich jederzeit eine schikliche aussuchen.

§. 213.

Es giebt Fälle, sagt Juville, da auch diese Mutterkränze nicht im Stande sind, die Gebährmutter zu unterstützen, wenn der Vorfall vollkommen, und mit demselben die umgekehrte Scheide, die Harnblase, oder den

Mast-

Maſtdarm nach ſich gezogen hat, was manchmal die Folge einer ſchweren Geburt iſt. Auch wenn bey einem weiten Becken die Geburt geſchwind erfolgt iſt, die Hebamme, um die Nachgeburt zu entbinden, an der Nabelſchnur ſtark gezogen hat — bey Frauen, die oft gebohren haben — deren Mutterſcheide durch einen anhaltenden weiſſen Fluß ſehr erſchlafft und weit iſt — um ſo mehr, wenn mit dieſem ein Mutterſcheiden=Darm= oder Blaſen=Bruch vermengt iſt.

Herr Juville ſagt, er habe in dergleichen Fällen mit folgender Beyhülfs-Bandage ſichere Hülfe geleiſtet. Er nahm das oben Tafel 9. Fig. 70. bezeichnete doppelte Leiſtenbruchband, beveſtigte auf jeder Seite an der Stelle des Kopfs ein, einen Finger breites, biegſames, ſtähler⸗ nes Blech, das ſchief nach der Schaam hinabſtieg, ſich allda kreuzte, und eben ſo hinten ſchief, nach der Art des Beinriemens, hinauf bis zum Bande lief, woran es beveſtigt wurde. Um es dem Leibe anpaſſend zu machen, hatten beyde Bleche Schlußhaken, wie Fig. 66. Taf. 8. c. Auf der Stelle ihrer Vereinigung wurde der Mutterkranz, mittelſt eines beyläufig drey Zoll langen Stiels, an dieſe Bandage, zur Unterſtützung der Gebährmutter, beveſtigt. Juville beruft ſich auf die Erfahrung, daß dieſe Art Mutterkranzes, ohne Beſchwerden der Kranken, in kurzer Zeit den Vorfall geheilet habe.

§. 214.

§. 214.

Tafel 13. Fig. 92. ist der von Herrn Hunold *) neuerlich erfundene elastische Mutterkranz. Er bildet einen Ring a. b. von schwachem Fischbeine, der, wenn man ihn zusammendrükt, leicht eine eyförmige Form erhält. Diesen umwickelt er mit Wolle, bis er eine Dicke erhält, welche einem Tabakspfeifenrohr gleich ist. Die innere Oeffnung wird denn an der untern Fläche mit einem Netze von Menschenhaaren c. c. c. durchgeflochten. Dabey ist zu merken:

1) Die Haare müssen bandförmig werden.

2) Sollen sie weich und lang seyn, daher die Menschenhaare die besten sind.

3) Von einem gesunden Menschen genommen werden.

4) Sollen sie nicht zu stark gespannt werden.

5) Sollen die nothwendigen Knöpfe an der untern Fläche angebracht werden, damit weder der Rand, noch weniger die obere Fläche, auf welcher die Gebährmutter ruht, ungleich, und der Muttermund gereizt werde. Nachdem dies geschehen ist, wird der noch übrige Ring mit Haaren umwunden, bis man von der Wolle nichts mehr sieht. Um dies zu bewirken, muß man die längsten Haare aussuchen, damit das öftere Zusammenknüpfen vermieden werde. Eben so muß man auch den Ring, damit er gleicher und schöner werde, stärker umwinden. Man sieht von selbst, daß dieses Netz die Gebährmutter genug unterstützt, und den Ausfluß der Flüssigkeiten begünstigt.

*) de Pessariis speciatim.

günstigt. Der Durchmesser dieses Mutterkranzes muß zum Gebrauche verschieden seyn. Der Fig. 92. ist 1 Zoll 9 Linien gleich. Hunold glaubte, daß dieser Mutterkranz vor allen der dauerhafteste sey, ob es gleich möglich ist, daß das Ende eines einzigen gebrochenen Haares den Gebrauch dieses Kranzes verhindern könnte.

Die Einbringung dieses Mutterkranzes ist von den andern runden und eyförmigen nur darinn verschieden, daß man diesen mit den Fingern der rechten Hand in eine ovale Figur zusammendrükt, und dann mit dem Zeige- und Mittelfinger in die Scheide so weit hinein schiebt, bis ein Widerstand bemerkt wird. Nun schiebt man auch die untere Fläche in die Höhe, damit das Kränzchen die Mutterscheide ausfülle. Nachdem die Kranke behutsam aufgestanden ist, untersucht man nochmals die Lage desselben, und verbessert dieselbe, so es sich sollte verrükt haben. Will man diesen Mutterkranz wieder herausnehmen; so drükt man ihn abermal zusammen, und zieht ihn mit leichter Mühe wieder heraus.

§. 215.

Der von Herrn Aitken erfundene Luft-Mutterkranz soll die erfoderliche Eigenschaft in einem höhern Grade besitzen, als irgend ein anderer, den der Erfinder desselben kennt *). Dieser Kranz bestehet aus einer kleinen
Blase,

---

*) Grundsätze der Entbindungskunst, aus dem Englischen übersetzt von Dokt. C. F. Spohr, mit 31 Kupfert. S. 140. Tab. XXX.

Blase, die weich ist, Luft hält, und vor ihrer Oeffnung eine Klappe hat; sie wird von der Kranken in die Mutterscheide hineingebracht, und dann vermittelst einer langen biegsamen Röhre aufgeblasen, die man dann wieder wegnimmt. Dieses Instrument ist sehr leicht, füllt die Mutterscheide völlig aus, und unterstützt die Gebährmutter vollkommen. Will man es wieder herausnehmen, stößt man die Klappe zurük, da es denn gleich zusammenfällt. Gewiß ein sehr einfacher Mutterkranz! man kann ein Stük Darm, oder eine kleine Blase, ohne eine Klappe, dazu machen. Sein Nutzen erstrekt sich so weit, daß er auch den Mastdarmvorfall zurücke hält; nur verstopft er die Scheide, und muß deßhalb öfters herausgenommen werden. Einige nennen diese Erfindung windig.

§. 216.

Die elastischen Mutterkränze wirken durch die Ausdehnung viel, da aber die Mutterscheide dadurch erweitert wird, sind sie beym Vorfalle der Gebährmutter nicht zu gebrauchen.

Der Saviardische etwan ausgenommen, welcher ohnehin entbehrlich ist. Hauptsächlich sind sie beym Mutterscheidbruche angezeigt. Da indessen die Elastizität derselben

Tab. XXX. Fig. 1. allwo Tab. XXVIII. mehrere Figuren verschiedener Mutterkränze zu sehen sind.

selben verschieden ist, kann der Nutzen derselben nicht der nämliche seyn. Der Reiz, den die Mutterkränze in der Scheide veranlassen, verursacht einen stärkern Zufluß der Säfte, und mehr Absonderung des Schleims, der manchmal ziemlich scharf ist. Man hat daher zu befürchten, daß die vom Drathe verfertigten, davon abgefressen, rostig und schädlich werden.

Herr Theden hat es schon bemerkt, daß das elastische Harz in einer Wärme von 20 Grad, nach Maasgabe der Dicke, weich, und die Elastizität vermindert werde.

Herr Juville hat deßhalb, damit sich die Oeffnung im Grunde der Flasche nicht zu sehr erweitere, und der Muttermund sich einsenke, den Trichter angebracht. Eben so werden sie durch die lange Befeuchtung in der Scheide klebricht, und zur fortgesetzten Unterstützung unfähig; sie erfodern daher eine öftere Erneuerung, das mancher Kranken sehr lästig seyn dürfte. Weniger wirksam ist aus diesen Gründen der Bernardische §. 211. welcher seine ohnehin geringe Elastizität in kurzer Zeit ganz verliert.

Herr Richter *) hält diese von elastischem Harze verfertigte Flasche, in den Fällen, wenn die Mutterscheide sehr

*) chirurgische Bibliothek. B. 8. S. 400.

sehr erschlafft und weit ist, z. B. bey denen, die oft gebohren, oder den weissen Fluß haben, nicht für zureichend; wenigstens sind die Versuche, die er mit diesen Mutterkränzen gemacht hat, beynahe nicht ein einzigesmal zu seiner Zufriedenheit ausgefallen: sie liegen nicht vest, und fallen aus, wenn der Vorfall stark ist, und die Gebährmutter nur einigermassen tief herabsinkt. Dies muß Herr Juville selbst erfahren haben, daher er derselben eine Unterstützung giebt (§. 213.). Ob diese Erfindung wirklich ohne Mängel und Unbequemlichkeit ist, muß die Erfahrung lehren.

Vierter Unterabschnitt.
Die zylindrischen Mutterkränze.

§. 217.

Garengeot war der erste, der den zylindrischen Mutterkranz gebrauchte. Nach einem glüklich zurükgebrachten Mutterscheidbruche stekte er einen ovalen Mutterkranz in die Scheide. Den ersten Tag half er, den zweyten aber schadete er mehr, weil der Darm zwischen dem Rande des Kranzes und dem Schaambeine ein wenig herausgetreten war, worauf sich alle Zufälle eines eingeklemmten Bruchs bald äusserten. Er nahm ihn heraus und brachte einen andern Kranz hinein, der die Gestalt eines Zapfens oder Faßspundes hatte, und in der

Mitte hohl war; worauf sich die Frau immer ganz wohl befand. An diesen brachte er zwo Schnüre an, damit er konnte herausgezogen werden, wann es nöthig wäre ihn zu reinigen, oder zu ändern. Von Haen, der diese Geschichte erzählt *), glaubte aber, der Mutterkranz könne von der Hand besser herausgezogen werden, weil die Schnüre von dem Schleime der Mutterscheide, und Schärfe des Urins, leicht aufgelößt werden.

§. 218.

Unter den zylindrischen giebt man dem Juvillischen Mutterkranz den Vorzug; er ist aus zweyen Stücken zusammengesetzt.

1) Aus einem elfenbeinernen Zylinder (Fig. 93.), der aber aus drey Stücken besteht. a. gleicht einer offenen, eyförmigen Schaale, oder einem halb durchschnittenen Ey. Der grosse Durchmesser hat 18, der kleine aber 15 Linien, und die Tiefe beträgt ohngefähr 1 Zoll. Die obern Ränder sind etwa eine Linie dick, platt, wohl abgerundet; der vordere Rand steht etwas niederer, als der hintere, um den Gebährmuttermund besser zu halten, der zu Abweichungen sehr geneigt ist. Diese Schaale hat in dem Boden eine Oeffnung, und wird an den Zylinder b. angeschraubt, welcher 3 Zoll lang und 7 Linien breit ist; das obere sowohl, als das untere Ende desselben

---

*) A. de Haen Praelect. in H. Boerhaave Instit. Patholog. T. 1. p. 310.

selben c., hat zwey einen halben Schraubengang. An dieses schraubt man das Stük Fig. 94., das ein längliches Viereck mit abgerundeten Ecken, welches 12 bis 15 Linien lang, 8 Linien breit, und 1 eine halbe Linie dick ist. An den Enden sind kleine Löcher, in welche man die vier Bänder b. b. b. b. bevestigt, mittelst welcher der Zylinder auf den vier elastischen Beinriemen ruhet.

2) Aus einem Gürtel von Leder, der drey Querfinger breit, und mit Barchent, auch Atlas oder Taffent überzogen wird; eben so, wie Fig. 111. Tafel 16.

An diesen werden die vier Beinriemen bevestiget. Die hintern gehen in einer Entfernung vom Heiligenbeine von 1 bis 2 Zoll über die Hinterbacken; die vordern aber über die Leisten zu dem Gestell C. In diesem sind die eingreifende Federn, nach der Art des elastischen Beinriemens Fig. 66., die mit Taffent locker überzogen sind. Mittelst dieser Federn fügen sich die Riemen zu allen Leibesstellungen und Bewegungen des Körpers.

– Dieser Mutterkranz unterstüzt die Gebährmutter, begünstigt den Einfluß der Flüssigkeiten, und die Kranke kann ihn selbst anlegen und wieder abnehmen. Anstatt der vier mit Federn und Haken versehenen Beinriemen, könnte man eben so viele Stücke elastisches Harz, deren jedes 1 Zoll breit und 3 Zoll lang ist, gebrauchen, und mit Taffent ebenfalls locker überziehen. Wenn man diese braucht,

braucht, werden an die obern Ende der Beinriemen doppelte Bänder bevestigt, wodurch sie an die an dem Gürtel befindlichen Schleifen angebunden werden können.

§. 219.

So vollkommen auch dieser Mutterkranz scheint, hat er dennoch einen beträchtlichen Mangel. Man könnte glauben, Herr Juville habe bey Bearbeitung desselben vergessen, was er §. 109. Num. 2. lehrte, wenn er nicht den vordern Rand der Schaale etwas niederer gemacht hätte; dies ist aber nicht ergiebig genug. Immer bleibt der Zylinder eine gerade Stütze in einer bogenförmigen Höhle, und unterstüzt die Gebährmutter niemals hinreichend, ohne daß sie verrücke. Elfenbein läßt sich nicht so bearbeiten; ein von Horn bearbeiteter Zylinder, von dieser Grösse, läßt sich nicht krümmen, ohne daß sein Kanal verengert werde; Horn ist auch nicht dauerhaft genug. Anstatt des Zylinders B. könnte man eine gebogene Röhre von feinem Silber verfertigen lassen, dessen äussere Fläche man bey Reichen annoch vergolden könnte, wodurch der Mutterkranz leicht und bequem gemacht würde — zwar etwas theuer — doch immer noch wohlfeiler, als einer von Elfenbein, der weniger brauchbar ist; auch wird das untere Stük C. gewiß den meisten Frauen beschwerlich seyn, könnte man ihm nicht vielmehr eine ovale Gestalt geben, welche den Schaamtheilen weniger empfindlich seyn würde?

§. 220.

§. 220.

Herr Callisen ziehet die zylindrischen Mutterkränze, deren oberer und breiterer Rand etwas ausgehöhlt ist, allen übrigen vor, besonders wenn sie zugleich biegsam sind, dergleichen diejenigen sind, welche aus einem spiralförmig gewundenen, mit Taffent und elastischem Harze überzogenen Drathe gemacht werden. Ausser den oben §. 205. und §. 207. angezeigten, ist mir keiner bekannt. Herr Callisen hat auch die Schrift nicht bemerkt, wo ein solcher, ausser Koppenhagen, gefunden werden könnte. Der §. 193. bemerkte, kömmt diesem sehr ähnlich. Sollte ich noch so glüklich seyn, hinreichende Auskunft hierüber zu erhalten, soll er im dritten Theile als ein Zusatz nachfolgen.

§. 221.

Wird dieser zylindrische Mutterkranz in der Mitte mehrmal durchlöchert, damit die Flüssigkeiten der Mutterscheide einen freyern Ausfluß haben, kann man ihn nach Thebesius Rath *) gebrauchen, wenn die innere Haut der Mutterscheide durch erlittene Beschädigungen entzündet, und eiteret, um das Zusammenwachsen derselben zu verhüten.

---

*) Hebammenkunst. Tab. 31. Fig. C. §. 553.

Fünfter Unterabschnitt.
Die stielförmigen Mutterkränze.

§. 222.

Herr Camper erzählt *), daß, als er in Paris war, habe er beym berühmten Suret einen Mutterkranz gesehen, der aus einem Ring bestand, und von Elfenbein oder Horn verfertigt seyn kann, welcher auf drey, $\frac{3}{4}$ Zoll langen, schiefen Stielen, die sich endlich in einem 2 Zoll langen Stiel endigten, ruhete. Am Ende dieses Stiels war eine kleine Halbkugel, die in einer Büchse rollte; an dem Deckel, der angeschraubt werden konnte, waren zwey lange Bänder kreuzweise angeheftet, welche von vorne an den Weichen, und hinten über die Hinterbacken wegliefen, und an einem Bandgurt bevestigt wurden. Der jüngere Fried hat denselben in seinen Anfangsgründen der Geburtshülfe Tab. VI, Fig. 2. abgezeichnet uns hinterlassen.

Camper überschifte Smellie einen davon, und versuchte es auch selbst. Smellie meldete ihm, daß er einmal gefunden habe: die Gebährmutter sey in dem Ring hinein, zwischen die Stiele getreten, die Kapsel sey bald undurchsichtig geworden, und wäre verfault (vielleicht war der Ring zu weit, und von Horn verfertigt), auch preß-
ten

*) Betrachtungen über einige Gegenstände aus der Geburtshülfe.

ten die Bänder so stark, daß die Weiber sie selbst nachliessen. Camper fand neben der Pressung, die bey einem einfachen Ringe ist, fast das nämliche. Von der Haare fand, daß die Gebährmutter, wenn der Ausfall beträchtlicher war, über das Mutterzäpfchen wegdrang, und ebenfalls vorfiel. Camper glaubte, daß man lezteres dadurch vermeiden könnte, wenn man gleich zu Anfange einen grossen Ring an dem Stiele bevestigte, und ihn nach und nach kleiner machte, bis er das erfoderliche Maas habe. Aber Campers Urtheil ist nicht richtig; wir werden die Ursache bey der Erklärung der Fig. 97. u. s. w. finden.

§. 223.

Das von Herrn Steidele *) empfohlene Kränzchen, ist dem Suretischen sehr ähnlich. Es bestehet in einem aus Elfenbein, oder einem harten Holze verfertigten Rande, dessen Durchschnitt 2 Zoll beträgt, die vier Stangen, worauf dieses Rad ruhet, laufen kegelförmig zusammen, und sind an einem Stiel, mit einer beweglichen Axe bevestigt. Er behauptet, daß die Maschine den Vorfall sicher zurücke halte, und keine Ungelegenheit und Schmerzen verursache. Das Fig. 95. abgebildete, ist diesem sehr ähnlich, nur daß hier der Durchschnitt des Kranzes nur $1\frac{3}{4}$ Zoll mißt, und der Stiel keine bewegliche Axe hat, was hier auch überflüssig ist.

§. 224.

*) Sammlung verschiedener in der chirurgisch-praktischen Lehrschule gemachten Beobachtungen. B. 3. S. 172.

§. 224.

Ein ähnliches ist auch in dem Journale für Geburtshelfer St. II. Fig. 1. abgezeichnet, und wird ein Juvillesches genannt, aber nicht beschrieben. Es ruhet auf einem Stahlblech, das an einem bruchbandähnlichen Gurt bevestigt, über die Schaambeine herabläuft. Ich zweifle sehr, ob die Frauen sich nicht über dasselbe zu beschweren Ursache finden werden. Wo Juville diesen beschrieben hat, weiß ich nicht — weder Kling noch Hunold melden etwas von diesem Mutterkranze; auch wollten ihn mehrere, die ich deßhalb befragte, nicht kennen. Vielleicht ist dieser Mutterkranz die erste Erfindung gewesen, die Juville nachher verbessert hat.

§. 225.

In Amsterdam zeigte Bonn dem Camper einen Mutterkranz von Roonhuisen. Dieser bestand aus einem ausgehöhlten Teller, der auf einem Stiel bevestigt war; an dem untern Ende desselben war ein Querstükchen mit zwo Oeffnungen, zur Bevestigung des Kranzes. Camper theilte dem Smellie ein Muster hievon mit, beyde verbesserten ihn, bis endlich der Fig. 96. daraus entstand, der aus dem Suretischen und Roonhuisenschen zusammengesezt ist, und

§. 226.

Der Camperische Mutterkranz genannt wird.

Er

Er besteht aus einem ausgehöhlten Teller a. b. der zwey rheinländische Zoll ohngefähr im Durchschnitte hat, und einen halben Zoll tief ist. In diesem sind drey, jede 3 Linien grosse Oeffnungen, damit die Flüssigkeiten aus der Gebährmutter frey abfliessen können; dieser Teller läuft in einem Stiele fort, der bey d. g. $\frac{3}{8}$ Zoll dick ist; das unterste Ende e. f. ist etwas platt gerundet, und $\frac{3}{4}$ Zoll breit, auch mit zwey Oeffnungen h. i. versehen, wodurch Bänder gezogen werden, mittelst welchen der Mutterkranz an einer Leibbinde bevestigt wird. Der ganze Mutterkranz ist $3\frac{5}{8}$ Zoll lang, $1\frac{15}{16}$ Zoll breit; die Dicke beträgt $\frac{3}{8}$ Zoll. Von der nämlichen Grösse und Länge waren Surets und Roonhuisens Mutterkränze. Dieser Mutterkranz wurde von Holz verfertigt, und mit Wachs überzogen; weil aber dieses sich bald ablöset, wird er jezt laquirt; wodurch er auch in dieser Hinsicht brauchbar ist.

Camper erkannte schon eine Unbequemlichkeit dieser Mutterkränze. Die Bänder, sagt er, welche hinten und vornen nach dem Leibgurt zulaufen, werden geschwind feucht, sie reiben die Schaamlefzen, besonders, wenn sie nicht alle Tage erneuert werden, deßwegen können sie auch kaum von den Armen, oder Arbeitsleuten, gebraucht werden. Den wesentlichsten Fehler haben Zeller und Hunold entbehrt, und verbessert.

§. 227.

§. 227.

Herr Zeller, Oberwundarzt am vereinigten allgemeinen Gebähr- und Krankenhaus in Wien *) bemerkte mit Grunde, daß, wenn ein Mutterkranz seiner Bestimmung vollkommen Genüge leisten soll, er so eingerichtet seyn, und erhalten werden muß, daß der Ring, worinn der Muttermund aufgenommen wird, mit der Linie, die vom Vorberge gegen die Schaambeine gezogen werden kann, so viel möglich parallel läuft (s. Taf. 14. Fig. 67. a a. b b.) folglich mit dem Horizont einen Winkel bildet, dessen Spitze gegen die Schaambein-Vereinigung gerichtet ist, und zwischen 30 und 40 Grad fällt. Diese Forderung gründet sich auf die eigentliche Lage der Gebährmutter (man vergleiche oben §. 186.), welche mit der Axe des Beckens meistens gerabwinklicht ist.

Nach dieser Prüfung weichen alle zylindrische und stielförmige Mutterkränze, wenn sie angewendet werden, mehr

*) Bemerkungen über einige Gegenstände aus der praktischen Entbindungskunst ꝛc. mit Kupf. 1789. Es ist auffallend in der Bibliothek der neuesten medizinisch-chirurgischen Litteratur für die oesterreichischen Feldchirurgen, B. 2. St. 1. 1790, worinn doch IV. S 41. der Commentationi chirurg. med. de Uteri prouidentia vfuque Pessariorum in hoc Morbo Auth. Klinge verdienter Raum gegönnet wurde, von dieser Zellerischen Verbesserung, die Herr Klinge nicht kannte, kein Wort zu lesen. Es ist bey uns, wie überall — darf vielleicht auch Herr Zeller sagen.

mehr oder weniger von dieſer Forderung ab. Einige bilden bey ihrer Anwendung mit dem Horizont einen ſpitzigen Winkel, dergeſtalt, daß deſſen Spitze gegen das Heiligenbein gerichtet iſt; andere laufen mit der Axlinie der Gebährmutter faſt gleich, oder liegen höchſtens in einer horizontalen Linie, meiſtens nach der untern Axe, und ſind alſo ganz zwekwidrig. Bey der geringſten Bewegung des Körpers gleitet der Muttermund aus der zu ſeiner Aufnahme beſtimmten Oeffnung, und die Gebährmutter kömmt mit ihrer vordern Fläche ganz auf das Kränzchen zu liegen, oder ſie ſenkt ſich rükwärts zwiſchen das Heiligebein und dem Mutterkranz in die Mutterſcheide. Dieſe mangelhafte Beſchaffenheit verbeſſerte er, da er dem Mutterkranz die Geſtalt Fig. 100. gab; die hier zur Hälfte kleiner gezeichnet iſt.

Zuerſt machte Herr Zeller einen aus Wachs, und gab ihm ſodann in einem trockenen Becken die gehörige Geſtalt und Richtung. Nach dieſem Model ließ er eines, das aus Horn und Holz zuſammengeſezt iſt, verfertigen.

Der Ring iſt von feſtem Holze; z. B. von Pflaumenbaum-Holze. Der Umfang iſt ganz rund, und mißt im äuſſern Durchmeſſer 2 Zoll, die darin befindliche Oeffnung 1 Zoll. Die Dicke des runden Holzes des Rings iſt $\frac{1}{2}$ Zoll, für manche, beſonders für ſolche, die noch nicht gebohren haben, muß der Ring im Umfange auch kleiner ſeyn. Herr Zeller meldet dabey nicht: ob dieſer

Ring

Ring auf 3 oder 4 Stielen ruhet, wie der Steidlische, oder ob er, wie der Camperische, tellerförmig ausgehölt ist; das erste ist wahrscheinlicher, das letztere scheint mir besser; auch ist der Ring zu dick. Der nach der Krümmung des Heiligenbeins, oder nach der Richtung der Bogenlinie D. E. gebogene Stiel dient zur Unterstützung. Er ist von vorn etwas dicker als ein Federkiel, und mißt in der Länge bis dahin, wo er in den Fuß des Kränzchens eingeschraubt ist, $3\frac{1}{2}$ Zoll. Die Höhe des ganzen Mutterkranzes macht in einer Bogenlinie $4\frac{1}{2}$ bis 5 Zoll; der Stiel ist von Horn, damit er nach der verschiedenen Krümmung des Heiligenbeins ebenfalls gekrümmt werden könne. Um dieses bequemer thun zu können, muß man ihn mit Unschlitt oder Talk gut beschmieren, und sodann über einer brennende Kerze erwärmen, wodurch, wie bekannt, alles Horn biegsam wird. Am Ende des Stiels befindet sich eine kleine Oeffnung, wodurch zwey Bänder gezogen werden, um dieses Werkzeug zu bevestigen. Die vier Ende dieser beyden Bändchen werden auf die Art um die Schenkel geführt, daß von den zweyen Enden eines Bandes eins vorne, das andere rückwärts nach aussen um den Schenkel gezogen wird, und da, wo sie zusammen treffen, entweder an einer irgend dazu um den Leib gebundenen Binde, oder an eines der untersten Kleidungsstücke bevestigt werden. Mehrere Personen tragen bereits ein solches Kränzchen — in Wien — ohne die geringste Unbequemlichkeit, und können nicht allein damit ganz gut gehen, sondern sogar ohne alles Ungemach reiten.

§. 228.

§. 228.

Herr Hunold beweißt durch die Figur 98. ganz offenbar, daß ein gerabstieliger Mutterkranz, weil er nicht anders, als nach der untern Axe stehen kann, da er doch nach der parabolischen Linie stehen soll, die gehörige Gestalt nicht hat, somit mangelhaft ist; die Gebährmutter wird nicht nur nicht gehörig unterstützt, sondern es werden noch andere widrige Zufälle erregt. Oben drükt die Kapsel den Mastdarm, und das zu dicke untere Ende die Harnröhre, was bey einem gekrümmten Stiel vermieden wird.

Herr Hunold hat die angemessene Lage des gebogenen Stiels durch Fig. 99. so anschaulich gemacht, daß sie keine fernere Erklärung bedarf. Zeller und Hunold verdienen daher allen Dank für diese der leidenden Menschheit so wichtige Verbesserung. Diesem Grundsatz gemäß verfertigte Herr Hunold schon im Jahr 1787. diesen Mutterkranz Fig. 100. Er wählte dazu das Holz von Birnbaum, weil es leicht, zäh und stark genug ist, ohne Verlust seiner Kraft gebogen zu werden *) und verfertigt ihn aus einem Stücke.

Der Teller ist der nämliche, wie ihn Herr Camper bildete, nur sind die Wände etwas dünner ausgedreht, so, daß ihre Dicke bey C. nur eine starke halbe Linie aus-

---

*) Doch wird ein auf solche Art gebogener Stiel nach und nach wieder gerade.

ausmacht. Der Durchmesser a. b. aber 1 Zoll 8 Linien beträgt, wodurch der Mutterkranz leichter wird. Er kann aber nach Erforderniß grösser oder kleiner gemacht werden. Eben so ist er auch nicht so tief, wie der Camperische. Der Teller hat ebenfalls drey, aber ganz runde Löcher d. d. Der runde Stiel g. g. ist nach der parabolischen Linie der Mutterscheibe gebogen. Die Länge und Krümmung ist aber verschieden, nach der Verschiedenheit des Beckens und des Vorfalls. Bey e. e. ist er drey Linien, das untere Ende ist ebenfalls etwas platt, und bey f. f. sieben Linien breit. Mehr platt muß aber dieses Ende deßhalb seyn, damit, da der Mutterkranz durch dieses an dem Leibgurt, mitelst der Bänder, beveftigt wird, die Oeffnung der Harnröhre weniger gedrukt werde, was bey dem Camperischen Mutterkranz ehender geschieht, weil der Theil f. gegen die Schaambeine gekehrt steht.

Dieses Ende hat ebenfalls zwey runde Löcher h. i., durch welche, zur Beveftigung, die Bänder gezogen werden. Die ganze gekrümmte Länge g. g. g. beträgt 5 Zoll.

Daß dieser Mutterkranz vor aller Verderbniß gesichert werde (wozu das Wachs zu schwach ist), wird er erstens in Leinöl so lange gekocht, bis das Holz ganz davon durchgedrungen ist, und benn abermal gut ausgetrofnet, und mit Firniß überstrichen; das Kränzchen muß aber allezeit wieder getrofnet werden, wenn man es aufs neue überstreichen will.

Folgen-

Folgender Firniß von Bernstein zubereitet, ist hiezu der beste, vornehmlich, wenn das Kränzchen nachher einigemal mit Kopal-Gummi überzogen wird. Man löse 5 Loth reines Weinsteinsalz in 10 Loth reinem Brunnenwasser auf, mit diesem besprenge man gröblichzerstossenen weissen Bernstein 9 Loth. Nachdem dieses aufgetroknet worden ist, werden 30 Loth von dem best rektifizirten Brandwein aufgegossen. Diese Mischung läßt man zur Auflösung durch 6 Tage und Nächte stehen, und seicht es dann durch.

Der Kopal-Firniß wird also zubereitet: Man nehme des best rektifizirten Brandweins 8 Loth, Terpentin-Spiritus 2 Loth, unter beständigen Umrühren mische man nach und nach von dem feinst gepulverten und reinsten Kopalgummi so viel bey, als der obige Spiritus auflösen kann, seicht es dann durch, und behält es zum Gebrauche.

Obgleich der erste Firniß den Mutterkranz schon genug vor dem, demselben so nachtheiligen, scharfen Schleim der Mutterscheide sichert, und ihn dauerhafter macht, als wenn er mit der Auflösung des elastischen Harzes überzogen worden wäre, wie dies die angestellte Versuche bestättigen, rathet Herr Hunold dennoch den leztern zum Ueberzug an, der demselben beynahe eine Glasur giebt, und somit am besten schüzt.

Dieſer Hunoldiſche Mutterkranz hat alle Eigenſchaften, die ihn anempfehlen können. Er hält den Vorfall der Gebährmutter zurücke, ohne andere Theile zu beläſtigen; die Kranke kann ihn ſelbſt einſetzen, und wieder herausnehmen; er iſt dauerhaft und wohlfeil.

§. 229.

Es iſt ſchon zum voraus bekannt, daß, bevor man einen Mutterkranz ſetzen will, man alles das hinwegräumen muß, was einige Hinderniſſe veranlaſſen könnte; Trökne, Entzündung, Geſchwulſt u. dergl. die vorgefallenen Eingeweide müſſen gehoben, und Harn- und Stuhlgang ausgeleert ſeyn. Vornehmlich muß man dies Frühe im Bette, und in einer Querlage vornehmen; manchmal iſt es nothwendig die Kranke mit dem Becken höher, und ſo zu legen, daß zugleich die Bauchmuſkeln erſchlafft ſind, wobey die Kranke ſich denn ganz ruhig verhalten ſoll.

Nach zurückgebrachtem Vorfalle faßt man dieſes wohl beſchmierte Kränzchen in der Mitte, ſo, daß der konvexe Theil deſſelben auf dem Mittelfinger ruhet, der Daumen und Zeigefinger aber den ausgehöhlten bedecken. Anfangs neigt man den Stiel, wenn man es mit der rechten Hand faßt, gegen dem linken Schenkel der Frau, und ſchießt den Seitentheil des Tellers in den Eingang der Scheide, da man mit dem Zeige- und Mittelfinger der
linken

linken Hand die Oeffnung ein wenig erweitert; nun führt man den Stiel zum rechten Schenkel hinüber, wodurch der übrige Theil des Kranzes, unter behutsamer Zirkelbewegung des Stiels, in die Scheide hineingeleitet, indem man Sorge trägt, daß der ausgehöhlte Theil desselben unter die Schaambeine zu liegen kömmt. Um den Kranz an seine gehörige Stelle zu bringen, fassen die nämlichen Finger nun das untere Ende des Stiels, und schieben so lange behutsam, bis sie durch den Widerstand erkennen, daß der Teller die Gebährmutter berührt.

Der vestgesezte Mutterkranz muß nun durch eine schikliche Binde in seiner Lage erhalten werden. Diesem Zwecke gemäß wird eine 4 Zoll breite Leibbinde angelegt, noch ehe man die Zurükbringung des Vorfalls, oder die Einsetzung des Mutterkranzes vorgenommen hat, die man von Leinwand, Barchent, Kottun u. dergl. machen kann. An dem hintern Theile derselben pflegt Herr Hunold zwey schmale Riemen von Hirschleder, jeden $1\frac{1}{2}$ Schuh lang, in einer Entfernung von 6 Zoll von einander, zur Seite anzunähen; eben dergleichen, aber auf 1 Schuh lange, bevestigt er in der Entfernung von 4 Zoll über den Schaambeinen; die zwey hintern Riemen werden durch die ihnen zunächst stehende Löcher h. i. des Stiels gezogen, und mit den vordern vereinigt. Damit diese Riemen einige Elastizität erhalten, und weniger reiben, werden sie mit Unschlitt bestrichen. Die Vermöglicheren können sich des Juvillischen Leibgurts Fig. 96. bedienen.

§. 230.

§. 230.

So sehr Herr Hunold den Nutzen der stielförmigen Mutterkränze erhebt, und unter diesen die gekrümmten auch den Vorzug verdienen, hat er doch erfahren, daß es Frauenspersonen giebt, deren Mutterscheide so reizbar und empfindlich ist, daß sie den Reiz der Riemen nicht ertragen, was schon Herr Camper erfahren hat, und selbst bey den elastischen nicht allezeit zu vermeiden ist. In diesen, und mehr andern dergleichen Fällen, sehen wir uns genöthigt der Erfahrung zu folgen, und zu einem runden oder ovalen u. dergl. Mutterkranz unsere Zuflucht zu nehmen.

Da jede Gattung Mutterkränze die Erfahrung für sich hat, kann man zwar theoretisch den Vorzug des ein- oder andern beweisen; bey der Anwendung derselben muß man alle Umstände, die einen Vorfall begleiten, wohl untersuchen, aus den mehreren einen schiklichen Mutterkranz aussuchen, und so, wie bey den Bruchbändern, demjenigen den Vorzug lassen, der dem Endzwecke entspricht. Wobey die Warnung: sich von der Neuheit und dem Ansehen nicht täuschen zu lassen, nicht überflüssig seyn wird; auch hier gilt das: Prüfet alles, und behaltet das Gute!

§. 231.

Eine Frauensperson, welcher ein Mutterkranz gesezt worden ist, soll alle heftige Leibesbewegungen, den

Beyschlaf — so viel möglich ist — das Stiegensteigen, auch das Spinnen beym Rabe u. s. w. vermeiden; sie soll nur solche Nahrungsmittel geniessen, die keine harte Exkrementen zurüklassen, vielweniger eine Leibesverstopfung veranlassen, wodurch nämlich öfters der Vorfall bewirkt wird. Die ersten Tage soll sie den Stuhlgang mehr liegend verrichten u. s. w. (§ 199). Indessen müssen dergleichen Vorschriften, den Umständen gemäß, jederzeit der Kranken gegeben werden. Den Mutterkranz soll sie öfters herausnehmen, und ihn entweder wechseln, oder reinigen, was allezeit vor Schlafengehen im Bette geschehen soll, denn dadurch wird der neue Vorfall verhütet; vornehmlich soll dieses Wechseln zur Zeit der monatlichen Reinigung öfters geschehen, damit das Blut nicht zum Schaden der Gesundheit stocke.

Fünftes Kapitel.
Von den Binden, Instrumenten und Werkzeugen bey den Krankheiten der Harnröhre.

Erster Abschnitt.
Von den Urin-Behältern bey dem männlichen Geschlechte.

§. 232.

Man hat zu dieser Heilanzeige verschiedene Hülfsmittel erdacht.

Der verbesserte Nuckische Zusammendrucker oder das Joch *).

Dieses Werkzeug bestehet aus einem Stük elastischen Stahl, der mit Sammet oder weichen Flanell überzogen ist. Man kann es vermittelst einer Schraube nach Gefallen weiter oder enger machen, und wenn man das kleine, innerhalb denselben bevestigte Kissen, auf die Harnröhre gelegt hat, so kann man, wenn man die Schraube, die mit dem Kissen verbunden ist, herumdreht, hierdurch einen nöthigen Grad des Druckes hervorbringen. Es wird, vermittelst dieses kleinen Kissens und der Schraube, der
Druk

*) Benjamin Bells Lehrbegrif der Wundarzneykunst Th. 2. Tab. IV. Fig. 23.

Druk vornehmlich auf die Harnröhre eingeschränkt, so, daß der Umlauf des Bluts durch den übrigen Theil des männlichen Glieds kaum unterbrochen wird. Es ergiebt sich von selbst, daß dieses Werkzeug in denjenigen Fällen, wo die Krankheit von einer Reitzung in der Gegend des bloßen Halses entstehet, nicht brauchbar ist. Hier sind Werkzeuge nothwendig, welche den ausfliessenden Harn aufbehalten. Diese sind

§. 233.

Behälter des Urins *), f. Tafel 15. Fig. 101. Man kann diesen von Zinn oder Silber, oder irgend einem andern Metall, z. B. weissen Eisenblech, machen. Er ist auf der einen Seite etwas erhaben, auf der entgegengesezten aber ausgehöhlt, daher derselbe sich gut an die innere Seite des Schenkels des Pazienten anschließt, allwo er auch so vest, als es möglich ist, allda angeschlossen bleibt, wenn er gehörig an einer um den Körper gelegten Binde bevestigt ist, da es dem Pazienten die gewöhnlichen Bewegungen und Veränderungen der Lage erlaubt. A. ist die ovale Flasche, oben konvex, unten konkav, die Seitentheile sind abgerundet; B. ist die proportionirte Röhre zur Aufnahme der Ruthe; an dieser sind E. zwey Oehre, womit sie an einem Leibgurt bevestigt werden kann; der Hals C. ist mehrmal abgekröpft, damit

---

*) In vorbemerkten Benjamin Bells Lehrbegrif der Wundarzney Th. 2, Tab. IV. Fig. 24.

damit der Rückfluß des Harns erschwert werde. D. D. sind zu beyden Seiten der Flasche kleine Bänder, womit dieselbe an dem Schenkel bevestigt werden kann; man könnte statt dieser die Flasche in eine eigens dazu in die Beinkleider gemachte Tasche stecken. Diese Flasche ist eine Nachahmung der **Bellischen** Th. 2. Tab. IV. Fig. 24., die mir gute Dienste leistete.

§. 234.

Daß eine solche Maschine wirklich vollkommen sey, muß sie nicht allein verhüten, daß der Urin die Kleidungsstücke nicht benetze, wovon der Kranke einen dem gesellschaftlichen Umgange widrigen Gestank erhält, sondern sie muß auch dem Kranken bey den verschiedenen Bewegungen des Körpers nicht lästig fallen. Diese Eigenschaft hat die Juvillische Maschine Fig. 102, 103, 104. vereinigt; sie bestehet aus drey Stücken, nämlich:

1) aus einer elfenbeinernen Mündung,
2) einer Röhre von elastischem Harze, und
3) einer Kapsel von Zinn oder Silber.

Die elfenbeinerne Mündung Fig. 103. hat die Gestalt einer Spielkarte, deren Ecken abgeschnitten und abgerundet sind. Sie ist ohngefähr eine Linie dick. Die Oeffnung ist rund und hat ohngefähr 18 Linien im Durchmesser. In ihrem äussern Umfange ist sie mit verschiedenen kleinen Löchern versehen, wodurch sie an dem Gürtel bevestigt wird; ihre innere Ueberfläche ist gelinde ausgehöhlt,

höhlt, damit sie desto genauer an die Gegend der Schaambeine anschließt; die äussere Ueberfläche ist gelinde konvex, und mit einem hervorstehenden Rande versehen, der hier und da durchlöchert ist, und an welchem die Röhre von elastischem Harze bevestiget wird.

Die Röhre B. vom elastischen Harze, muß aus einem einzigen Stücke bestehen, und ohne Nath, 4 bis 5 Zoll lang, und so weit seyn, daß das Glied bequem darinnen liegt; das untere Ende dieser Röhre, das ein silberner, 6 bis 7 Linien breiter Ring ist, der ein inneres Gewinde von $3\frac{1}{2}$ Schraubengang hat, wird an die silberne Kapsel angeschraubt; an dem obern Theil dieser Röhre sind 3 Stifte bevestigt, die sich innerlich einwärts in Gestalt eines Stern kreutzen, und dazu dienen, einen Schwamm zu bevestigen, den man in die Röhre legt. Ausserhalb, und in der Mitte auswärts dieser Schraubenröhre, sind zwey kleine, platte Knöpfe, um diese Kapsel beym An- und Abschrauben zu bevestigen.

In der silbernen Kapsel ist ein Trichter befindlich, dessen unteres Ende mit einer Ventil versehen ist, welches mittelst eines goldenen Charniers (weil dieses Metall allein der ätzenden Eigenschaft des Harns widersteht) mit dem Trichter verbunden ist.

Das dritte Stük, die Kapsel, ist von Silber oder Zinn. Ihr oberer Theil, der mit der silbernen Röhre, mittelſt eben ſo vielen äuſſeren Schraubengängen, vereiniget wird, hat einen Zoll im Durchſchnitte. Die Kapſel ſelbſt iſt platt, 3½ Zoll lang, 4 Zoll mehr oder weniger breit.

Fig. 104. iſt ein Gürtel von Barchent, oder Leder, woran die Maſchine, mittelſt der Beinriemen AAAA. und der Schnüre EEEEE., um den Unterleib befeſtiget wird.

Wenn die Maſchine angelegt iſt, kann ſie an der innern Seite eines Schenkels, allenfalls in eine kleine Taſche, die man daſelbſt in den Beinkleidern dazu verfertigen läßt, geſtekt werden.

Der Schwamm in der elaſtiſchen Röhre dient 1) den Harn einzuſaugen, der dann nachher in die Kapſel abtröpfelt. 2) Zu verhindern, daß wenn die Kapſel voll iſt, derſelbe bey Bewegungen des Körpers, z. B. beym Liegen u.⸺dergl. ſich nicht zurücke ergieſſe, wozu auch der Trichter und die Ventil beſtimmt iſt. Iſt die Kapſel angefüllt, darf man ſie nur abſchrauben und ausleeren, ohne daß man die ganze Maſchine abnimmt; man vergeſſe dabey nicht, die äuſſere Stelle, wo der Schwamm iſt, zu drücken, um den im Schwamm noch befindlichen Harn auszupreſſen. Da man denn die Kapſel wieder anſchraubt. Des Nachts kann man eine gröſſere, mehr runde Kapſel anſchrauben, weil dieſe im Bette nicht hindert,

dert, was in den Beinkleidern geschieht — damit der Kranke im Schlafe nicht gestöhrt werde.

Diese Maschine dient nicht nur dem, welchem der Harn unwillkührlich abgeht, auch jene, welche wegen dem harten Schlaf, und aus übler Gewohnheit des Nachts ins Bette bissen — schwer Kranken, welchen der Urin wider Wissen abgeht, oder die sich zur Entleerung nicht bewegen können, können Gebrauch davon machen.

Bey Weibspersonen ist diese Maschine unbrauchbar. Herr Juville aber glaubt, daß man sie auch diesen anwendbar machen könnte, wenn man einen biegsamen Catheter von elastischem Harze in die Harnröhre legt, und das äussere Ende desselben in der Oeffnung der angezeigten Maschine bevestigt. Nachfolgende machen dieses überflüssig.

§. 235.

Merkwürdig ist die Flasche, welche Herr Professor Bonn einem gewissen Mathias Ussem von Cölln gebürtig, der damals zwölf Jahr alt war, wegen einer widernatürlichen Bildung der Geburtstheile *) hat verfertigen lassen,

---

*) Der Knabe hatte keinen Nabel; an der gewöhnlichen Stelle der Schaambeine, war eine Geschwulst von einer lebhaft rothen Fleischfarbe, die durch das Zusammenschrumpfen seine Falten (Runzeln) warf, und beym Anfühlen sehr empfindlich war.

laſſen, wodurch der Knabe im Stande geſezt wurde, Hoſen zu tragen, und einen Weg von 12 Stunden, ohne die geringſten Beſchwerden, in einem Tag zu laufen.

Dieſe war. — Es war die innere Haut der Harnblaſe — ober dieſer aber fand man die Stelle, wo die Nabelſchnur geſeſſen hatte. Der Knabe hatte keine Harnröhre, ſondern die Geſchwulſt, welche durch eine bloſe Vertiefung in der Mitte gleichſam in zwey halbe runde Erhöhungen getheilet ſchien, lief nach beyden Seiten den Leiſten zu, in eine zizenförmige Verlängerung aus. Dieſe Verlängerungen umfaſſen, wie zwey kurze Hörner, den Rücken der ungeſtalteten Ruthe. In dieſen Hörnern, oder zizenförmigen Verlängerungen der Geſchwulſt, waren die Oeffnungen der Harngänge kaum ſichtbar, ausgenommen bey einer ſtrahlweiſen Entledigung des Harns, wenn er viel getrunken hatte, da denn, wenn ſich die Feuchtigkeit vermehrte, der Harn mit groſſen Tropfen von den ſchon gemeldten zizenförmigen Hörnern herab- und längſt den Beinen herunterfloß. Unter dieſem erhöhten fleiſchfarbigen Körper, ſah man die mißgeſtalte Ruthe, welche ſehr kurz, und dem Alter nach zu breit war. Bey genauer Unterſuchung ſchien die Harnröhre von dem Fraenulum an bis zur Vereinigung der Schaambeine geſpalten, und ſo geſpalten, daß die ſchwammigten Körper von einander abgebogen, durch nichts, als durch die geſpaltene Harnröhre, welche die ungeſtaltete Ruthe wie ein dünnes Häutchen umkleidet, verlohr ſich ſeitwärts in der natürlichen Haut der Ruthe. Durch die Spaltung der ganzen Ruthe war noch die Eichel auf der obern Seite getheilt, weßwegen ſie ſich auch von vorne ſo breit zeigte. — Wenn man die Eichel bey ihrer Vorhaut und

Frae-

Diese Maschine Fig. 105. bestehet in einem schildförmigen, an dem Unterleib anschliessenden, und an der Seite ausgeschnittenen Becken, von inwendig verzinnten Kupferblech-

Fraenulum faßte, und von der Geschwulst mehr niederwärts drukte, sah man, daß am Ende der flachen Grube der Harnröhre, unter dem Bogen der Geschwulst, ein bloser erhabener Körper herauskam; neben demselben waren zu beyden Seiten sehr kleine Oeffnungen, die aber schwer zu erweisen waren. Man könnte dieselben wahrscheinlich für das Caput gallinaginis, und für die Oeffnungen der abführenden Saamengefäßchen halten. Der Hodensak war einigermassen dreyeckigt und platt; die Hoden waren noch nicht heruntergesunken, und hiengen noch in den Leisten u. s. w. Die Beschreibung dieser sehr interessenten, und ähnlichen andern Bildungen, lese man in einer kleinen Schrift: Andreas Bonn, der Zergliederungskunst und Wundarzneyschafts Professor zu Amsterdam, über eine seltene und widernatürliche Beschaffenheit der Harnblase und Geburtstheile eines zwölfjährigen Knabens, aus dem Holländischen übersetzt von H. J. Arenz, D. A. W. B. Straßburg 1782. Herr Hofrath und Professor v. Leveling, Vater, hatte die Freundschaft, mir diesen Ussem im Jahre 1787. zuzuschiken, wo ich denn alles selbst so sahe. Bald darauf wurde mir ein dreyjähriger Knabe, von Steinheim gebürtig, zugeführt, wo ich das ähnliche bewunderte. Ich ließ diesem Knaben eben diese Flasche verfertigen; der Knabe zog Hosen an, gieng in die Kirche und Schule, und befindet sich dabey noch gegenwärtig erleichtert.

blech a. b. Der obere Theil des Randes c. wird hier unbedekt gezeigt, um den Rand zum Einfassen bemerkend zu machen. d. e. sind die Seitentheile, welche eben so, wie der ganze übrige Rand des Beckens, mit zartem Leder bekleidet, um das Reiben abzuhalten.

In diesem Becken lag die mißgestalte Ruthe, Blase, und Hodensak frey, ohne den geringsten Druk und Berühren, enthalten. Das innere des Beckens läuft trichterförmig f. aus, und leert sich durch eine kleine runde Oeffnung in einem angefügten kleinen Behälter aus, wovon g. die platte Seite, h. aber die vordere Seite desselben ist; dieser kann durch die Röhre i. willkührlich ausgeleert, und durch den Stöpsel k. abermal geschlossen werden. l. ist ein doppeltes Band, dessen Ende o. p. durch die zwey Augen m. n. des Beckens gehen, sich auf dem Rücken kreutzen, und vorwärts durch einen Knopf zusammengeheftet werden. Durch dieses wurde das Becken mehr im Gleichgewicht, und gegen den Bauch angehalten, und ohne die geringste Beschwerde getragen.

Herr Aretz beschreibt in einer Note zu S. 29. eine ähnliche Maschine, welche Herr Daniel Lobstein, geschikter Wundarzt, und Bruder des verstorbenen Professor Lobsteins, in Straßburg verfertigen ließ. Es war ein von Messingblech verfertigtes Becken, welches oben weit, nach unten hin aber trichterförmig auslief, damit die mißgestaltete Ruthe ganz frey darinn liegen konnte. An

dem

dem zugespizten Theil des Beckens war ein lederner Sak, der überzogen war, um den Leidenden nicht im Geringsten zu beschweren, bevestigt, in welchem sich der Harn aus dem Becken sammelte.

Das Becken selbst schloß sich durch eine angebrachte Klappe, dergestalt, daß, wenn der Sak auch voll Harn anlief, durch die Klappe der Zurükgang wieder in das Becken verhindert wurde.

Dieser Sak war an das Becken, vermittelst einer Schraube, bevestigt, wodurch das Ausleeren des gesammelten Harns erleichtert wurde, ohne daß der Leidende nöthig hatte, die ganze Maschine loszubinden. Die Anlegung der Maschine geschah vermittelst eines breiten Bandes, das um den Leib angeschnallt wird. Damit das Becken nicht schwanke, oder den Körper reibe, so giengen von dem breiten Hauptbande des Leibes zwey schmälere Bänder herab, die an das Becken bevestiget waren, alsdenn wurden sie zwischen dem After kreuzweis durchgezogen, und über die Lenden geführt, und an das breite Hauptband des Leibes vestgeschnallt.

Daduch erhielt diese Bandage eine Vestigkeit, die durch keinerley körperliche Bewegungen aus ihrer Lage verrukte, oder dem Kranken beschädigen konnte.

Da

Da Uffem zu Nachts die Better, wo er logirte, mit Harn verunreinte, hat die Lobsteinische Maschine einen Vorzug für der Bonnischen.

Zweyter Abschnitt.
Von den Urinbehältern bey Frauenspersonen.

§. 236.

Herr D. G. A. Fried hat *) uns folgenden hinterlassen. Tafel 16. Fig. 106. ist ein länglichtes, von Leinwand verfertigtes, und mit einem feinen Schwamme versehenes Gebände, welches vor das Geburtsglied gelegt, und mit den Bändchen a. a. an die Bändchen b. b. der Leibbinde Fig. 104. bevestiget wird. Man kann diese Bandage sowohl beym Unvermögen den Harn zu halten, als auch zur Zeit der monatlichen Reinigungen gebrauchen.

§. 237.

Herr Huhn **) hat für Frauenspersonen das Fig. 107. bezeichnete Werkzeug erfunden. a. a. ist ein Rie-

---

*) Anfangsgründe der Geburtshülfe Tab. VI.

**) Obseruationum medicarum, ac chirurgicarum. Fasciculus — Differt. inaugural. etc. Goettingae 1788.

Riemen nach der Art eines nicht elastischen Bruchbandes; b. ist ein Blech, das mit Leder überzogen ist, und auf dem Schaambogen gelegt wird. c. soll eine Stahlfeder seyn, die mit Taffent locker überzogen ist, an der d. ein Stük Kork, das abermal mit Leder überzogen und bevestigt wird, um den Druk auf die Oeffnung der Harnröhre anzubringen.

Herr Huhn glaubt, daß, wenn der Theil e. schraubenförmig, nach der Art des Aitkenschen lebendigen Hebels, gemacht würde, dies den Druk zu vermehren, oder zu vermindern, zwekmäſſiger, als die Feder wäre. Die Erfahrung muß den Werth dieses Werkzeuges bestimmen.

§. 238.

Herr Thebesius hat in seiner Hebammenkunst Tab. 31. Fig. 98. 99. eine bleyerne Muschel zu diesem Zwecke abgebildet, an welche eine Blase bevestiget wird; er sagt aber selbst (§. 562.), daß sie den Frauen sehr unbequem sey.

§. 239.

Tafel 16. Fig. 108. 109. stellen das von dem ältern Herrn Fried erfundene Gebände vor, dessen sich eine Weibsperson nach zerrissenem Blasenhalse, und daher erfolgenden Unvermögen, den Harn zu halten, bedienen kann.

A. Ist die innere Fläche einer länglichten, etwas ausgehöhlten bleyernen Muschel, welche in ihrem Umkreise mit einem Sammetbändchen umschlagen ist, und an ihrem untern Theile eine Oeffnung (o) hat; an welcher auf der äussern Seite (Fig. 109.) der Muschel B. eine kleine Röhre von Messing angelötet ist, welche aus zweyen Theilen bestehet, und der untere Theil durch (c) an den obern angehakt wird. Um den Ring (d) des untern Theils der Röhre, wird eine kleine Blase (e) gebunden, welche, wenn sie mit Harn angefüllt ist, mit dem untern Theile der Röhre abgenommen, und ausgeleert werden kann. Der obere Theil der Muschel wird durch ein kleines Gewinde (a) an einem dreyeckigten, mit Leinwand überzogenen, und ausgestopften Eisenbleche (f) bevestigt, welches an einer handbreiten Binde (g) angenähet wird. Zu beyden Seiten der hintern Fläche der Muschel B. sind zwey kleine Ringe (ii), in welche zwey Sammetbändchen (hh) bevestigt werden.

Die Anlegung dieser Binde geschieht auf folgende Art. Die Binde (g) wird über die Hüftbeine um den Leib, mit der Schnalle (n) bevestigt. Das Dreyeck (f) kommt auf dem Venusberg, und die Muschel A. vor das Geburtsglied zu liegen. Die Sammetbändchen (hh) werden zwischen den Schenkeln durchgezogen, und mit ihren Ringen (ll) an den Häftchen (mm) der Binde (g) angeheftet.

Sechs=

Sechstes Kapitel.
Von den Binden, Instrumenten und Werkzeugen des Afters.

Erster Abschnitt.
Die Binde des Mittelfleisches.

§. 240.

Die gewöhnlichste Binde beym Steinschnitt, der Zerreissung des Mittelfleisches, bey Wunden, Fistel-Operazionen, Geschwüren u. s. w. ist die einfache oder doppelte T Binde. Die Ansicht der Figuren 80. und 81. macht die fernere Erklärung überflüssig.

Zweyter Abschnitt.
Die Bandagen beym Vorfalle des Afters.

§. 241.

Bey dem Vorfalle des Afters ist die T Binde selten hinreichend. Man pflegt oft auch ein Stük Darm, wie in die Mutterscheide, zu stecken, und es aufzublasen

Bey Frauensperſonen wird ein runder Mutterkranz empfohlen.

Herr Bell *) beſchreibt eine Bandage von Goochs Erfindung, die auch Herr Calliſen empfiehlt. Tafel 16. Fig. 110. A. Iſt eine Platte von elaſtiſchem Stahl, die mit weichem Leder überzogen iſt, und genau auf das Heiligenbein paſſet, auf welchem ſie ruhet.

Der Polſter B. muß ſo voll geſtopft ſeyn, daß er einen gleichen und leichten Druk macht, wenn er auf die Maſtdarms-Oeffnung, nach zurükgebrachtem Vorfall, gelegt wird.

C. Iſt ein Riemen, der mit einer Schnalle an dem vordern Theil des Körpers, über den Schaambeinen, beveſtigt wird.

DD. Sind zwey Riemen, die mit dem obern Theil der Platte A. verbunden ſind, und welche, wenn ſie über die Schnalle gebracht, und durch kleine Knöpfe auf jeder Seite der Schnalle beveſtigt werden, dazu dienen, die ganze Binde in ihrer Lage zu erhalten. Wirkſamer, und in mehrerer Hinſicht brauchbarer iſt

§. 242.

*) a. a. O.

§. 242.

Die von Herrn Juville auch zu diesem Zwecke erfundene Fig. 111. Diese bestehet

Erstens, aus dem nämlichen Gürtel §. 219. AAAA.
Zweytens, aus dem Beinriemen BB., welcher hinten
an dem Gurt bevestigt ist, über das Heiligebein abläuft,
zwischen dem After und den Geburtstheilen sich in die
zwey Hälften DD. theilt, und vorne an dem Gurt auf
beyden Seiten bevestigt wird.

Das Mittelstük B. hat bey FF. inwendig die Feder
und eingreiffende Haken Fig. 112. Die vordere DD. bey
GG. eben die Federn, wie bey der Bandage Fig. 66.
die ebenfalls mit Taffent locker überzogen werden. Durch
diese können sich die Riemen verlängern und verkürzen,
nach den verschiedenen Stellungen des Körpers, ohne den
After zu beschädigen; die Kranke soll ohne Unbequemlichkeit reiten können.

Um den After zu unterstützen, wird auf dem Beinriemen B. genau in der Gegend des Afters, ein elfenbeinerner Fingerhut auf einem Polster gut bevestigt, der im
Umfange ohngefähr 18 Linien hat, $\frac{1}{2}$ Zoll lang ist, und
dessen oberer Theil mit verschiedenen kleinen Oeffnungen
durchlöchert ist.

Zuerst wird der Gurt A A. um den Leib gelegt, und zugeknüpft; alsdenn ziehet man das Mittelstük B zwischen den Schenkeln von hinten vorne durch, indem man es etwas dehnt, und den Fingerhut C. an den After anpaßt; zulezt werden die Stücke D D. in der Leistengegend bevestigt.

Will der Kranke zu Stuhle gehen, darf er nur diese zwey Stücke abknöpfen, und das Mittelstük zurükschlagen.

Ende
des zweyten Theils.

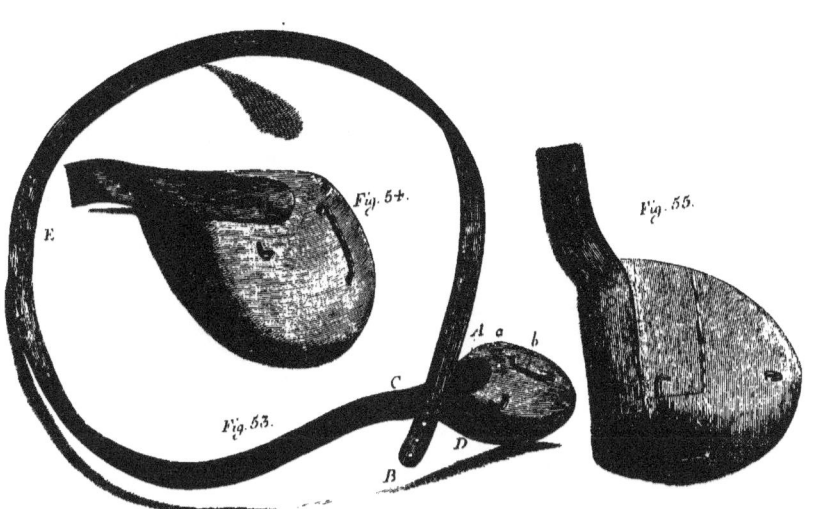

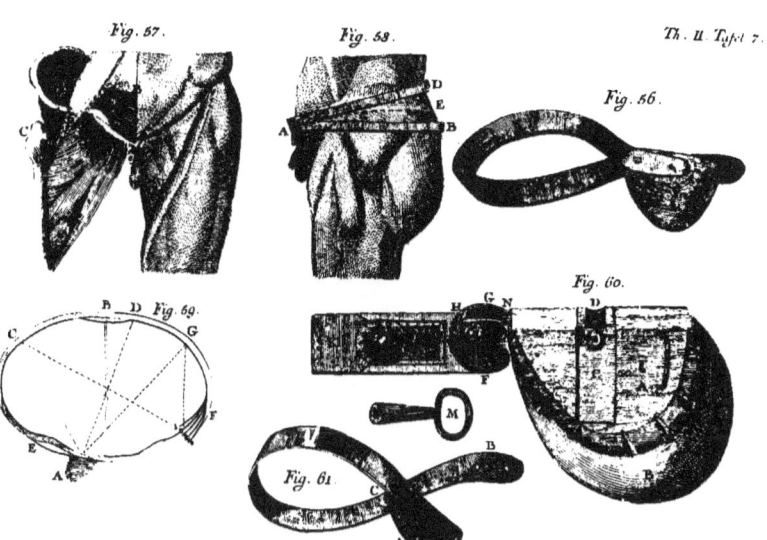

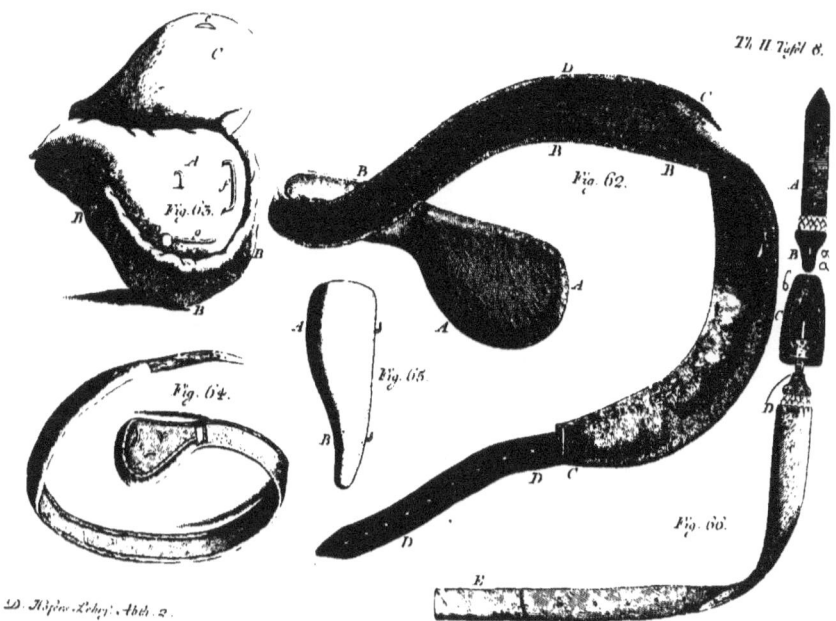

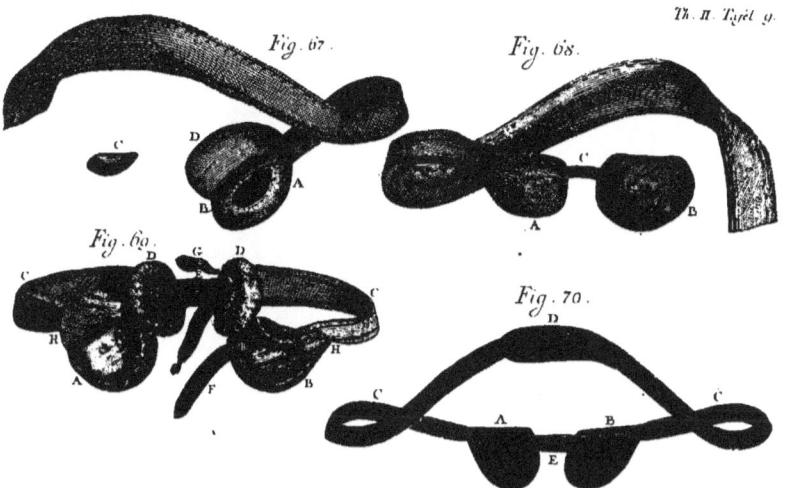

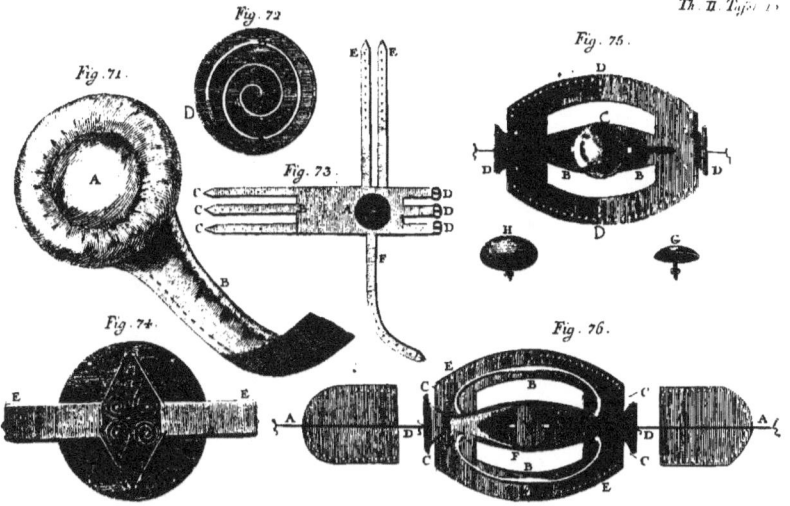

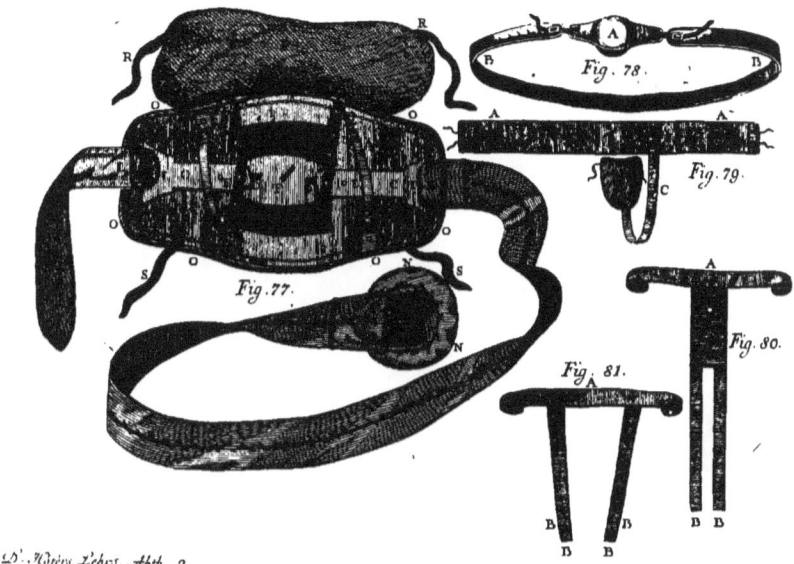

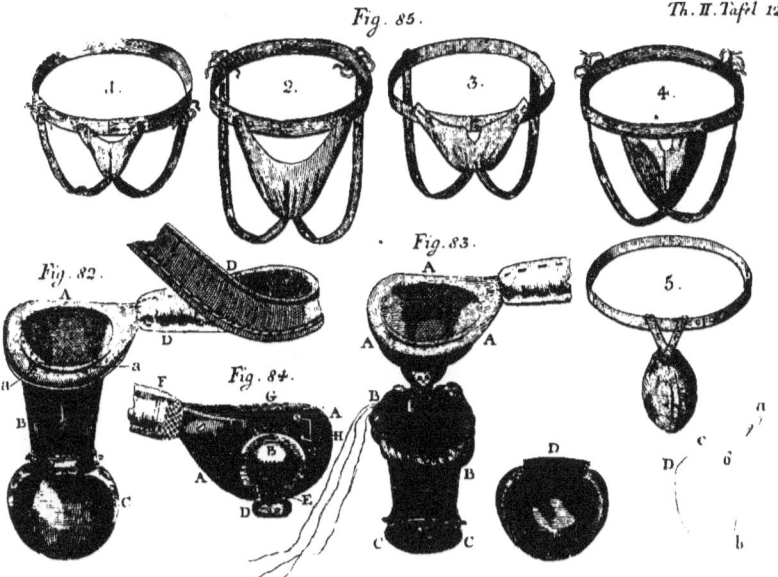

Th. II. Tafel 12.

Fig. 85.

Fig. 82. Fig. 83.

Fig. 84.

D. Höfers Lehrb. Abth. 2.

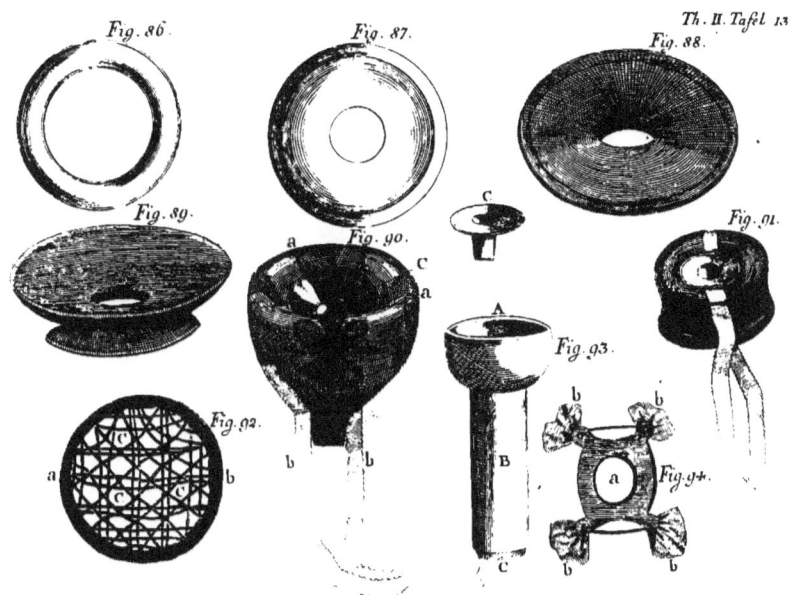

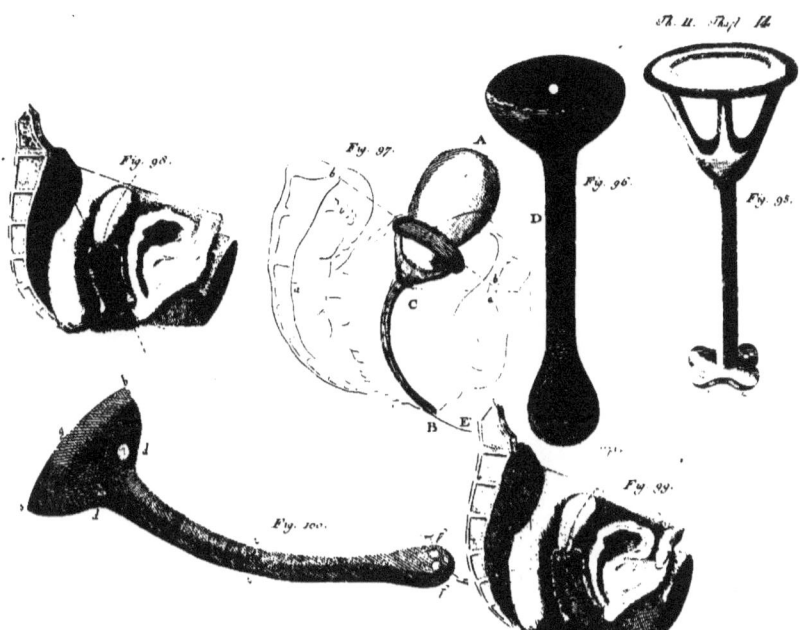

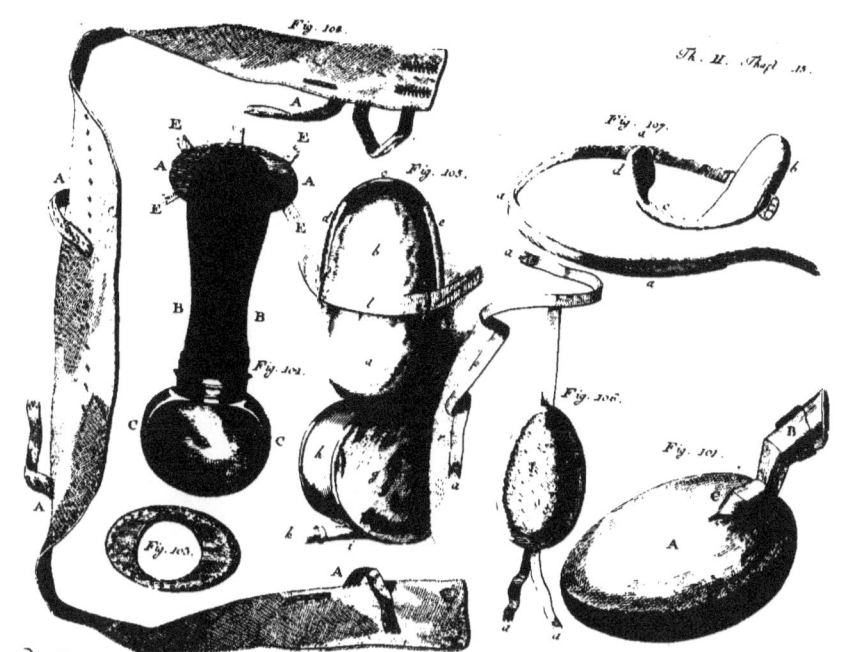

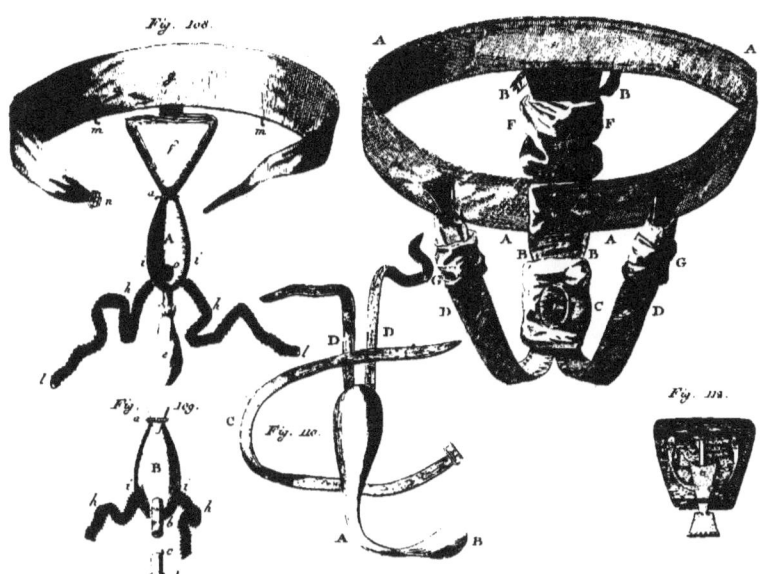

www.ingramcontent.com/pod-product-compliance
Lightning Source LLC
Chambersburg PA
CBHW020534300426
44111CB00008B/667